高层建筑联肢剪力墙抗震设计与施工技术

伍云天　杨永斌　候　超　付俊杰　王　斌　著

科学出版社

北　京

内 容 简 介

为了满足日益严格的抗震设防要求，近年来我国中、高烈度地区城市超高层建筑多采用钢板混凝土联肢剪力墙，由于连梁的耦合作用与双重抗震防线机制，钢板混凝土联肢剪力墙在强震作用下可充分发挥钢材和混凝土材料性能，以尽可能小的墙体厚度满足高轴压、高延性和良好耗能的需求，实现超高层建筑结构体系力学、施工、成本等各方面的综合最优。本书首先围绕建筑抗震基本理论介绍目前常用的抗侧力结构体系、建筑抗震设计方法的基本原理及高层建筑联肢剪力墙研究进展，然后采用试验验证钢框架钢板混凝土组合联肢剪力墙及基于螺栓连接的钢板混凝土组合联肢剪力墙的抗震性能，介绍基于耦联比的联肢剪力墙抗震设计方法，并采用有限元软件验证考虑耦联比的联肢剪力墙抗震性能及基于几何参数优化的联肢剪力墙抗震设计方法，最后结合多个工程实例对混合联肢剪力墙施工技术进行详细介绍。

本书可为从事高层、超高层建筑设计、施工、管理的科研人员和实践工作人员提供技术指导，也可供相关专业的本科生及研究生学习参考。

图书在版编目(CIP)数据

高层建筑联肢剪力墙抗震设计与施工技术/ 伍云天等著. —北京：科学出版社，2023.3（2024.3 重印）
ISBN 978-7-03-062030-9

Ⅰ.①高… Ⅱ.①伍… Ⅲ.①高层建筑–双肢剪力墙–防震设计②高层建筑–双肢剪力墙–建筑施工 Ⅳ.①TU973

中国版本图书馆 CIP 数据核字 (2019) 第 169049 号

责任编辑：陈 杰/责任校对：彭 映
责任印制：罗 科 / 封面设计：墨创文化

科 学 出 版 社 出版
北京东黄城根北街16 号
邮政编码：100717
http://www.sciencep.com

成都锦瑞印刷有限责任公司 印刷
科学出版社发行 各地新华书店经销

*

2023 年 3 月第 一 版 开本：787×1092 1/16
2024 年 3 月第二次印刷 印张：19 1/4
字数：456 000

定价：189.00 元
（如有印装质量问题，我社负责调换）

前　言

千百年来，地震始终是人类社会无法回避的。在无人居住的偏远地带，地震只是一种自然现象；在人口稠密、建筑物众多的城镇地区，地震则是危害性极大的一种自然灾害。牛顿第二定律告诉我们，有质量的物体一旦获得加速度，就会产生惯性力。地震发生时，地面的不规则运动为建筑物带来加速度，从而在建筑构件中产生惯性力，尤其是质量集中的楼板、楼盖，获得的惯性力巨大。如果惯性力不能从其产生的部位顺利传递到基础和地基中去，建筑结构将会被破坏，造成财产甚至生命的损失。经过长达一个世纪的实践和研究，以及历次地震的反复检验，人们逐渐积累了丰富的抗震经验，掌握了不同建筑结构体系的抗震性能，构建了理性的抗震设计方法，获得了丰富的施工经验，地震地带城市建筑的抗震能力也越来越强。

近年来，随着我国城市化的不断推进，建筑结构的高度不断增加，超高层建筑如雨后春笋般拔地而起，传统的钢筋混凝土或者钢结构抗侧力体系难以满足高层、超高层建筑规范的抗震设防要求，针对中、高烈度抗震设防区超高层建筑的新型结构构件和体系日益成为学者和工程师关注的研究热点。剪力墙作为一种传统抗侧力构件，经过多年的创新研发，在超高层建筑中也得到了广泛应用，尤其是钢-混凝土组合剪力墙，结合了型钢和混凝土的优点，其承载力高、侧向刚度大，非常适合作为超高层建筑结构底部楼层的主要结构构件。然而，任何形式的单肢剪力墙，地震作用引起的损伤都集中在其底部区域，这不但没有充分利用墙体其余区域的材料性能，也不利于震后的损伤加固和性能恢复。通过连梁将两肢或更多的剪力墙联结而成的联肢剪力墙，不仅能够克服单肢剪力墙的固有缺陷，更适合在超高层建筑的核心筒结构中应用。

作者团队针对超高层建筑联肢剪力墙进行了多年的系统性研究，而本书是主要研究成果的总结。全书共分为7章：第1章扼要介绍了主要抗震结构体系；第2章系统总结了高层建筑联肢剪力墙研究进展；第3章介绍了组合联肢剪力墙抗震性能的试验研究情况；第4章和第5章提出了基于耦连比的联肢剪力墙抗震设计方法及其抗震性能评估；第6章针对初设阶段耦连比难以确定的情况，采用双几何参数优化了抗震设计方法；第7章提出了高层建筑联肢剪力墙的系统施工方法。

本书所总结的研究成果都是在国家自然科学基金的资助下完成的，在此表示感谢！同时也感谢参与过本书相关工作的全体研究生和同事！

由于作者水平有限，不足之处在所难免，欢迎读者提供宝贵的意见和建议。

目　　录

第1章　抗震结构体系概论

1.1　水平地震作用及其效应

为了对建筑结构进行抗震设计，首先需要将地震时发生的三维地面震动转换为施加到建筑结构上的水平方向和竖向方向的地震作用。地震作用是一种间接作用，其作用效应主要是使得建筑结构产生水平侧向力引起的内力和变形。尽管建筑结构也会受到竖向地震作用，但建筑物自身的重力通常能够提供足够的抗力。因此，竖向地震作用只在特殊情形下需要考虑。水平地震作用是建筑结构抗震设计的主要依据。图1.1为1995年日本神户地震后一栋倒塌的建筑。图1.2为2008年四川汶川大地震的受灾现场。

图 1.1　1995 年日本神户地震现场　　　　图 1.2　2008 年四川汶川大地震受灾现场

计算建筑结构受到的地震作用的基本公式是：力=质量×加速度。该公式将地震作用的大小与建筑物自身的质量和加速度联系起来。建筑物的质量包括所有结构和非结构构件的质量，而建筑物受到的加速度表达为重力加速度乘以一个系数。显然，建筑物受到的地震作用是一种惯性力。

建筑物是空间体系，不管其平面形状是否规则，均可以根据其平面尺寸和结构布置特点，确立主轴方向以及与主轴方向呈 90° 的垂直方向。地震发生时，地震动的水平传播方向是随机而无法预知的，因此，为了方便，往往将任意水平方向的地震作用分解为沿着建筑物主轴方向和垂直方向的双向水平地震作用。如图 1.3 所示，当水平地震作用是沿着某结构构件（如剪力墙或框架）的平面方向时，该结构构件受到的是平面内地震作用 ［图 1.3(a)］；否则受到的是平面外地震作用 ［图 1.3(b)］。

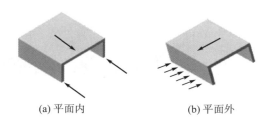

(a) 平面内　　　　　　　　　(b) 平面外

图 1.3　平面内与平面外水平地震作用

水平地震作用是一种惯性力，因此建筑物不同部位引起的水平地震作用与其自重相关。对于顶层而言，其惯性力来自屋盖及顶层层高一半范围内的竖向构件的总质量，对于中间楼层，其惯性力取决于楼盖及其上下楼层层高一半范围内的竖向构件的总质量。而从水平地震作用自上往下传递的路径来看，某一楼层需要传递(或承受)的水平地震作用是该楼层及其以上所有楼层的惯性力之和。因此，建筑物基础顶面受到的是所有楼层向下传递的水平地震作用的总和，亦称为底部剪力。

多层建筑进行抗震设计时，将底部剪力沿建筑高度分配到各层楼盖及屋盖。分配依据的是各层的从属质量及其到地面的高度。底部剪力分配的结果为上部楼层分配的水平力大于下层，形成"倒三角"水平力分布，大致符合地震发生时引起的水平地震作用的实际分布情形。如果设计的是侧向柔度较大的高层建筑，进行底部剪力分配时，需要在其屋顶层附加一定的水平地震作用，考虑所谓的"鞭梢效应"。

水平地震作用也会引起建筑物发生水平方向的变形。由于基础地面与地基土层的摩擦力以及地基土层对基础或桩基表面的侧向压力，建筑物在水平地震作用下不会发生水平滑动，但基础以上的上部结构会发生侧移。抗震分析、设计中一般会关注两种侧移，一是建筑物顶端发生的最大侧移，二是相邻上、下楼板间发生的相对侧移。

<h2 style="text-align:center">1.2　抗侧力结构体系</h2>

为建筑结构提供可靠的抗侧力结构体系，对于保护建筑结构具有关键的作用。抗侧力结构体系，指的是将建筑结构任何部位所受到的由地震作用引起的内力安全、可靠地向下传递到基础的上部结构体系。按照受力特征的不同，常见的抗侧力结构主要包括抗弯框架、剪力墙和支撑框架。此外，框架也经常与剪力墙或筒体组合形成复合抗侧力结构体系，共同抵御水平侧向力的效应。

1.2.1　抗弯框架

如图 1.4 所示，抗弯框架结构体系由框架梁、柱受力构件组成。框架梁、柱之间的连接节点一般被认为是刚性的。框架结构受到楼盖传递的水平地震作用后，在梁、柱构件中主要引起弯矩和剪力内力。对于常规建筑物，互相垂直的两个主轴方向需要单独配置框架梁，但框架柱可以同时满足两个方向的抗震需要。受弯框架具有良好的非线性变形能力。采用能力设计法时，一般会选择框架梁端部区域提供屈服后的塑性变形，确保框架柱具有超过考虑了超强因素的梁端塑性铰抗弯承载力，即所谓的"强柱弱梁"，从而保证框架柱保持在弹性范围内。如图 1.5 所示，如果设计不合理，会导致框架柱先于框架梁发生破坏，此时建筑结构受到的损伤将难以修复。受弯框架的侧向刚度较小，受到较强地震作用时会发生较大变形，因此，需要采取措施，防止框架梁、柱发生较大变形时非结构构件的破坏。

图 1.4 混凝土框架结构   图 1.5 混凝土框架柱破坏

1.2.2 剪力墙

剪力墙是一种竖向悬臂构件(图 1.6)。发生水平地震作用时，剪力墙内部产生弯矩和剪力，且越靠近底部截面，弯矩内力越大。由于剪力墙侧向刚度较大，处于低、中抗震设防烈度区域时，可以通过设计确保墙体基本处于弹性范围。随着设防烈度的提高，屈服后的塑性损伤主要集中在墙体底部区域，最终形成塑性铰区域，而剪力墙上部区域塑性损伤较小。底部区域形成塑性铰后，剪力墙会围绕塑性铰发生刚体转动。

对于单肢剪力墙而言，较为理想的破坏模式就是由于受弯而出现底部塑性铰。与之相对的是发生剪切破坏，如图 1.7 所示。因此，剪力墙抗震设计应保证"强剪弱弯"，从而避免剪力墙出现脆性的剪切破坏。

图 1.6 混凝土剪力墙   图 1.7 混凝土剪力墙剪切破坏

1.2.3 支撑框架

支撑框架这一抗震结构形式主要出现在多层钢结构建筑或工业厂房中。其基本特点是采用斜撑来传递水平地震作用引起的内力。斜撑构件通常是以一定倾角布置在框架梁、柱之间，以承受轴向拉力、压力为主。对于型钢斜撑构件而言，轴向受拉是最有利的，但水平地震作用的往复性决定了斜撑构件要承受轴向压力，因此需要考虑其长细比并采取恰当的构造措施，防止发生受压失稳破坏。

支撑框架分为两种基本类型：中心支撑框架（图 1.8）和偏心支撑框架（图 1.9）。

图 1.8　中心支撑框架　　　　　　　　　图 1.9　偏心支撑框架

1.3　建筑抗震设计方法的基本原理

1.3.1 建筑结构侧向力传力路径

如图 1.10 所示，一栋典型的建筑结构的侧向力传力路径包括楼盖(屋盖)及其与抗侧力结构的连接、抗侧力结构以及基础。由于楼盖(屋盖)一般具有最集中和最大的质量，地震发生时，各层楼盖及屋盖获得了加速度，产生惯性力，通过楼盖(屋盖)与抗侧力结构(如框架、剪力墙等)的连接将惯性力传递到抗侧向力结构，再通过抗侧力结构自身的传力机制，将惯性力传递至基础。

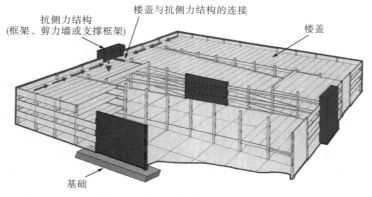

图 1.10　建筑结构侧向力传力路径

可见，为了确保侧向力传递路径的有效性和安全性，楼盖(屋盖)及其与抗侧力结构连接的可靠性非常重要。如图 1.11 和图 1.12 所示，屋盖、楼盖与周边剪力墙的连接部位均发生了破坏，其原因就在于连接部位强度不足，无法将屋盖和楼盖的惯性力传递到剪力墙。

图 1.11　屋盖与剪力墙连接部位破坏　　　　图 1.12　楼盖与剪力墙连接部位破坏

1.3.2　抗侧力结构的基本概念

如图 1.13 所示，采用"串联链条"的概念描述地震作用效应在建筑结构内部的传递过程，合理的抗震设计将确保其中一个环节发挥"保险丝"的作用，即其余的环节(构件)均基本维持弹性状态(或较低程度的塑性损伤)，而"保险丝"构件发生较大的塑性变形来耗散地震输入的能量，从而达到保护其他结构部位的目的。

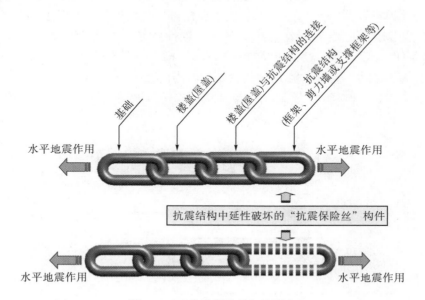

图 1.13　"抗震保险丝"的概念

可见，无论采用何种抗侧向力结构，其抗震设计的关键就是合理设置"保险丝"。对于受弯框架而言，通过"强柱弱梁"将梁两端设置为"保险丝"，率先进入受弯屈服，形成塑性铰，而柱基本维持完整和较低程度损伤；对于剪力墙而言，通过对其两端边缘构件及底部区域的合理设计和构造措施，确保底部受弯形成塑性铰。中心支撑框架是利用斜撑杆件的轴向受力屈服形成薄弱环节率先破坏，偏心支撑框架则是利用连梁段的剪切变形耗能。

1.3.3　楼盖和屋盖抗震设计

如前所述，屋盖和楼盖由于自身的集中质量，在地震发生时产生惯性力。屋盖和楼盖自身需要具备足够的抗力承受地震惯性力，此外，还需要确保其与竖向抗震构件的可靠连接，将惯性力传递下去。楼盖(或屋盖)向竖向抗震结构传递地震作用的方式较为复杂，需要考虑楼盖自身的刚性，也要考虑竖向抗震结构的相对刚性。楼盖可被简化为柔性楼盖或者刚性楼盖。当楼盖为柔性楼盖时(比如木结构楼盖)，可按照从属面积将楼盖地震作用分配到竖向抗震结构，类似于楼板向梁传递重力荷载的方式。不考虑强轴垂直于加载方向的竖向抗震结构。当楼盖(或屋盖)可视为刚性时(比如钢筋混凝土楼盖)，楼盖传递地震作用的机制需要考虑所有方向布置的竖向抗震结构的相对刚度，且需考虑楼盖自身偏心扭矩的传递分配问题。楼盖与竖向抗震结构的相对刚度大小同样会影响楼盖传递地震作用的方式，比如，如果竖向抗震结构采用的是柔性较大的抗弯框架而不是剪力墙，则楼盖对于地震作用的传递会更加接近刚性楼盖。

以图 1.14 所示为例，建筑结构两侧为剪力墙，作为该方向上的抗震结构体系，两端布置的两片剪力墙可以视为与之相连的楼盖(或屋盖)的两端支座。将楼盖(屋盖)所受地震作用简化为均布于平面内的荷载，则楼盖或屋盖在平面内的受力类似于一根深梁，虚线所示为变形后的形状，最大剪力(V_{max})发生在楼盖(或屋盖)与剪力墙连接的部位，最大的弯矩正应力(M)发生在楼盖(或屋盖)地震沿着惯性力方向的前后两端。以此为依据，进行楼盖(屋盖)的抗震设计。对于一般的钢筋混凝土楼板或者压型钢板-混凝土组合楼板，其自身强度往往足以承受图 1.14 所示的弯矩和剪力内力。楼盖(屋盖)抗震设计的难点和重点，一是与抗震结构(如剪力墙)的连接部位，二是楼盖(屋盖)承受最大弯矩正应力的能力。

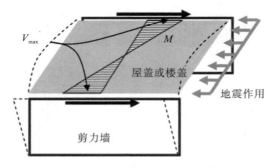

图 1.14　楼盖(屋盖)受力分析简图

如图 1.15 所示，考虑图示地震侧向力的作用方向，仍以剪力墙作为抗震结构，假定采用柔性楼盖。右侧剪力墙宽度与楼盖进深相同，两者全长度范围完全连接，需要传递的剪力(V_2)沿着全长均匀分布；左侧剪力墙宽度小于楼盖进深，只有部分楼盖与剪力墙连接，则只有楼盖与剪力墙直接连接的长度范围内的均布剪力(V_1)能够传递到剪力墙，其余部分剪力需通过设置集力构件来完成传递。对于楼盖的弯矩而言，沿着侧向力方向的近端和远端的楼盖边缘区域分别设置受压弦杆和受拉弦杆。

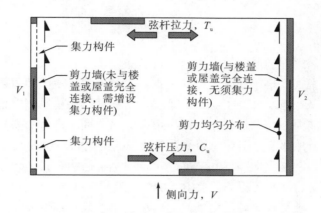

图 1.15　楼盖(屋盖)抗震设计简图

第2章　高层建筑联肢剪力墙研究进展

随着我国城市化进程加速、城市用地日益紧张以及社会需求日趋多样，大型复杂高层建筑仍然是我国未来几十年城市建设的重点。我国大部分地区都需要进行抗震设防，且很多地区的抗震设防烈度都在 8 度或 8 度以上。如何提高中、高烈度地震区复杂高层、超高层建筑的抗震能力，并确保其在大震作用下的安全性，是迫切需要关注和探索的重要问题。近年来，由外部钢框架和内部剪力墙核心筒组成的高层钢-混凝土混合结构在我国得到了广泛的应用，是我国高层和超高层建筑的主要结构形式之一，其中，作为主要抗侧力体系的剪力墙的抗震问题非常突出。2010 年智利地震和 2011 年新西兰地震的剪力墙震害现象均表明，承受较高轴压比的高层、超高层建筑底部剪力墙在受到较大弯剪作用时容易发生剪切破坏或压溃破坏，导致承载力和耗能能力明显下降，震后难以修复，甚至导致剪力墙结构的倒塌。图 2.1 所示为地震作用下剪力墙的破坏与倒塌。

图 2.1　剪力墙的破坏与倒塌

为了满足日益严格的抗震设防要求，近年来我国中、高烈度地区城市超高层建筑越来越多地采用钢板混凝土组合剪力墙，将钢板内置于钢筋混凝土墙体中，能够在不增加墙体厚度和数量的情况下，获得更高的轴向承载力、抗剪承载力、延性和耗能能力，从而有效提高高层建筑的抗震性能。如图 2.2 所示，传统组合钢板剪力墙是由钢框架及内嵌钢板、混凝土墙组合而成，结合了钢板抗剪强度高、延性好和混凝土墙侧向刚度大、能为钢板提供平面外约束的优势。与钢筋混凝土剪力墙和纯钢板剪力墙相比，其还具有节省占地空间、施工快捷和抗火性能好等优点。近年来对组合钢板墙的研究偏重以提高其延性与稳定的滞回耗能能力为目标，但相应的代价是组合钢板墙中钢与混凝土协同工作的整体性、刚度、极限承载力的相对下降和更高的施工难度与成本，而传统的现浇整体式组合钢板墙，由于其具有混凝土墙易开裂破坏的特点，导致无法充分发挥钢板延性和耗能能力好的优势，不利于组合钢板墙在复杂高层结构中的应用。图 2.3 为我国高层建筑常用组合钢板混凝土剪力墙形式。

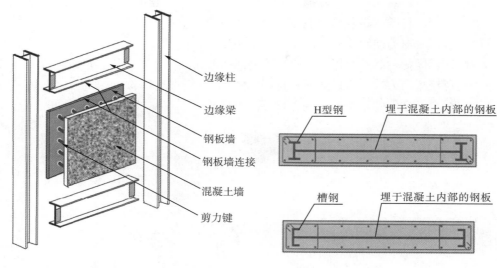

图 2.2　组合钢板剪力墙基本概念　　　　图 2.3　我国常用组合钢板剪力墙形式

　　高层建筑常采用剪力墙核心筒结构以获取更大的侧向刚度和承载力，为了满足建筑功能的需要，核心筒墙体需要较大面积开洞，从而形成联肢剪力墙。因此，我国中、高烈度区高层建筑所采用的钢板混凝土组合剪力墙常常是以联肢的形式存在。联肢剪力墙是通过连梁把两片或多片混凝土剪力墙耦合起来共同抵抗水平荷载的一种抗侧力体系，具有连梁-墙肢双重抗震防线机制，完全不同于仅依靠底部塑性铰耗能单一抗震防线机制的单片实体剪力墙构件。如图 2.4 所示，联肢剪力墙对水平地震作用引起的倾覆弯矩(HV)的抵抗机制包括通过连梁传递至相邻墙肢形成的拉-压力偶(TC)和各墙肢自身弯矩(M_1 和 M_2)，而单片实体剪力墙仅靠自身弯矩来平衡总倾覆弯矩。在塑性变形阶段，联肢剪力墙通过连梁将耗能分散到结构全高范围，而单片实体剪力墙的耗能仅集中于底部塑性铰区。连梁在相邻墙肢间传递竖向荷载，其耦合作用减少了单独墙肢承担的弯矩，使总弯矩由耦合墙肢共同承担，从而大大增强了结构体系的抗震能力。由于连梁的作用，抵抗地震作用从原先仅仅依靠单一墙肢，变成了整个结构体系的共同行为。合理设计的联肢剪力墙结构符合"多道防线"的抗震设计理念，在中震或大震作用时首先通过连梁的塑性变形来耗散地震能量，连梁率先屈服，作为主要的耗能构件消耗结构振动能量，保护主体结构安全，从而实现"大震不倒"的设防目标。因此，联肢剪力墙是一种非常符合现代抗震设计理念的结构形式。

　　2008 年的汶川地震中，钢筋混凝土联肢剪力墙结构中的小跨高比(跨高比小于 2)混凝土连梁较为普遍地出现了脆性的剪切破坏模式，导致整体结构的强度和刚度显著退化。解决混凝土连梁延性、耗能能力不足的途径之一就是参考偏心支撑钢框架的连梁剪切耗能原理，用钢连梁代替混凝土连梁，形成混合联肢剪力墙，如图 2.5 所示。国外从 20 世纪 90 年代开始进行了大量的试验和理论研究，证明了合理设计下的混合联肢剪力墙具有优良的耗能能力和整体抗震性能，特别适用于高烈度地震区的高层建筑结构体系。而在混合联肢剪力墙的基础上，进一步用组合钢板剪力墙取代钢筋混凝土剪力墙，形成组合联肢钢板剪力墙，目的就是利用联肢剪力墙比单肢剪力墙更为优越的结构整体抗震性能以及单肢组合钢板剪力墙比单肢混凝土剪力墙更好的侧向刚度、承载力和经济性，这是解决高烈度地震区复杂高层、超高层建筑抗震问题的新思路、新方法。如图 2.6 所示，型钢柱作为组合钢板剪力墙的竖向边缘构件，为钢连梁与两边墙肢的连接提供了便利，可以直接沿用抗弯钢框架中常用的梁柱节点形式，避免了混合联肢体剪力墙中相对复杂的钢连梁-混凝土墙连接方式。

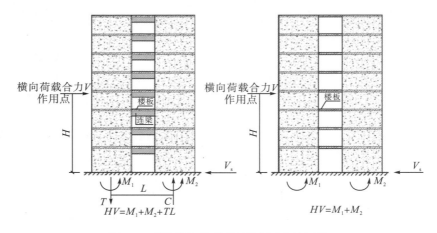

图 2.4　联肢墙与非联肢墙抗侧力机制对比

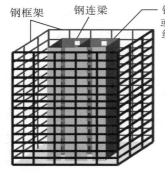

图 2.5　混合联肢剪力墙基本概念

图 2.6　组合联肢钢板混凝土剪力墙施工现场

联肢后的钢板混凝土组合剪力墙比单肢形式能够更加充分地利用钢板的材料抗压强度。由于超高层建筑底部墙体所受的轴压力很大，在弯矩也很大的情况下容易发生压弯破坏。而联肢剪力墙相邻墙肢拉-压力偶（*TC*）的存在减轻了墙肢所受弯矩，有利于组合墙肢发挥更高的轴向承载力。钢板混凝土组合联肢墙的"连梁-墙肢双重抗震防线机制"比单肢形式的单一抗震防线机制更加适合抵御强震。连梁作为第一道抗震防线率先进入塑性变形耗能阶段，而由于连梁的耦合作用，作为第二道抗震防线的钢板混凝土组合墙肢截面的受力更有利于在高轴压条件下发挥高承载力、高延性和良好耗能能力，保证超高层建筑在强震下的安全性。联肢钢板混凝土组合剪力墙震灾过后修复和加固的难度和费用比单肢剪力墙更小。如前所述，既然联肢墙底部区域的弯矩减小，则地震引起的塑性损伤不会像单肢墙那样集中在底部区域，而是通过连梁的耦合传力机制较均匀地分布到其他楼层墙体上，这就降低了局部墙体的塑性损伤程度，有利于降低灾后修复和加固的难度和成本。

超高层建筑中采用钢板混凝土组合联肢剪力墙，由于连梁的耦合作用与双重抗震防线机制，能够在强震作用下更充分地发挥钢材和混凝土材料性能，以尽可能小的墙体厚度满足高轴压、高延性和良好耗能的需求，实现超高层建筑结构体系力学、施工、成本等各方面的综合最优。

图 2.7 为钢板混凝土组合联肢剪力墙结构体系的发展脉络。以往的研究主要聚焦于钢板混凝土组合剪力墙（实线框所示）和连梁构件（虚线框所示）。以整体结构性能为对象的研究主要针对混凝土联肢墙以及由钢连梁和混凝土墙构成的混合联肢墙。

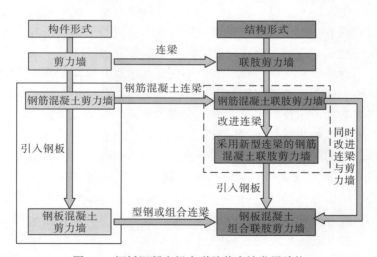

图 2.7　钢板混凝土组合联肢剪力墙发展脉络

2.1　钢板组合剪力墙

钢板混凝土剪力墙由纯钢板剪力墙发展而来。以往对纯钢板墙的研究成果为组合钢板墙的研究提供了坚实的基础和借鉴。美国钢结构协会最早将组合钢板墙纳入 1997 年版的《钢结构建筑抗震规范》。Astaneh-Asl 和 Zhao(2002)对传统现浇组合钢板墙进行了系统的试验与理论研究,研究表明组合钢板墙具有以下特点:①在同等抗剪承载力条件下,组合墙往往比混凝土墙具有更高的侧向刚度,墙体厚度减小,结构自重也减轻;②从施工角度讲,组合墙比混凝土墙更为经济快捷;③与纯钢板剪力墙相比,组合墙的混凝土部分为钢板提供侧向约束,延迟了钢板的屈曲失稳,使承载力与延性得到提高,耐久性与抗火性也大为加强。为了更充分地发挥混凝土板对钢板的约束作用,Zhao 和 Astaneh-Asl(2004)将预制混凝土板引入组合钢板墙,并且在混凝土板与四周边缘构件间预留缝隙,以避免混凝土板直接参与承载,试验结果表明,带缝预制混凝土组合墙的延性比传统现浇式组合墙好,但是初始刚度和极限承载力相应下降。

由于组合钢板墙适合作为复杂高层结构的核心筒剪力墙,适应近年来我国大规模城市建设的需要,我国针对多种构造形式的组合钢板剪力墙开展了研究,部分成果也已应用到实际工程之中。李国强等(2003)研究了钢板外包现浇混凝土墙的滞回性能,试件模拟钢板仅上下边缘与钢框架梁相连,加载时没有对试件施加轴力,试验结果表明在钢板上规则地点焊栓钉,能有效保证钢板与混凝土的协调工作。孙建超等(2008)对传统形式的现浇整体式组合钢板剪力墙进行了试验研究,对比了不同的钢板连接形式对受剪破坏形态、极限承载力及延性性能的影响,根据试验结果,钢板与混凝土可很好地协同工作,钢板四周焊接的试件受剪承载力大幅提高,但是延性与普通配筋墙相当或略高,而采用连接板与周边型钢连接的试件,延性性能较好,承载力大小取决于连接板强度,同时文献还列出了组合墙的受剪承载力计算公式。

近年来,为了提高施工速度和抗震耗能性能,国内对组合钢板墙的研究偏重用预制混凝土板取代现浇板。高辉(2007)对预留缝隙构造形式进行了试验研究,发现缝隙处的钢板由于失去面外约束成为薄弱部位,容易发生局部屈曲破坏。孙飞飞等(2009)以纯钢板墙的斜拉带模型为基础,提出了双向多斜杆模型,用以分析预制混凝土组合钢板墙的抗震性能;对钢板上开圆孔的组合钢板墙进行模拟地震振动台试验,证明了钢板上开圆孔可以有效地将薄弱部位由预制混凝土板与边缘构件间的缝隙处转移至混凝土约束区域内,从而提高其延性性能;研究了钢板上开竖缝的组合钢板墙的抗震性能,验证了在预制混凝土板角部设置约束装置可以有效避免事件的整体失稳,改善大宽厚比开缝钢板墙的滞回性能;还研究了对预制板设置面外支撑措施的两边连接组合墙的性能。陆烨等(2009)对大高宽比的组合钢板墙进行了静力试验,其组合墙试件的特征包括钢板中部截面局部削弱和螺栓孔开成椭圆形,截面中部局部削弱是为了将塑性铰从根部转移到截面削弱的中间段,螺栓孔开成椭圆形,则钢板与混凝土可以相对移动,避免混凝土板受挤压而碎裂。蔡克铨等(2007)对分别采用了矩形钢管和预制混凝土板的面外约束方法的低屈服点组合钢板剪力墙进行了试验研究,结果显示了这两种面外约束方法的有效性,还对比了条带模型和等效斜撑模型,发现纯钢板墙和组合墙都能用条带模型较精确地模拟出试验滞回曲线,而在单向的推覆分析中,采用等效层斜撑模型得出的组合墙初始刚度和强度与试验结果较接近。郭彦林等(2009)提出了一种能持续为钢板提供面外约束的防屈曲钢板剪力墙,即在钢板和预制混凝土盖板上开孔,通过螺栓使盖板和钢板紧密接触;根据预制混凝土板上预留空洞的大小和受力机制,提出了两种不同类型的组合钢板墙,并进行了试验和理论研究。考虑到钢板传递附加轴力给竖向边缘构件而对其产生不利，张素梅等(2008)对仅与上下边缘构件连接的组合墙进行了试验研究，但其滞回曲线存在一定的捏拢和退化现象，对此，可通过提供混凝土板面外约束的方法改善两边连接组合墙的滞回性能。

此外，吕西林等(2009)对采用槽钢为边缘构件的组合钢板墙进行了试验和理论研究，曹万林等(2008)将竖向钢桁架与混凝土墙组合成"双重组合剪力墙及筒体"，这些是组合墙的新形式。纵观国内对组合钢板墙的研究，为了克服水平位移下混凝土墙易开裂破坏的缺点，将现浇混凝土改为四周预留缝隙的预制混凝土板，并采取额外的构造措施以提高组合构件的延性与稳定滞回性能，但这会给构件中钢与混凝土部分协同工作的整体性、初始刚度和极限承载力带来损失，并且会增加构造的复杂性及施工难度。尤其对于高层建筑结构设计而言，让组合墙像普通钢筋混凝土剪力墙一样整体共同受力，特别是让钢板与混凝土部分共同参与承担竖向荷载是十分重要的，然而这会不利于组合墙延性和耗能能力的充分发挥。郭家耀等(2007)提到的工程实例采用的就是孙建超等(2008)提出的整浇组合钢板墙形式。因此，为了在充分发挥组合墙构件的整体性、强度和刚度的基础上获得良好的延性和稳定的滞回耗能能力，必须寻找新的思路和突破点。

2.2　混凝土联肢剪力墙

联肢剪力墙结构是通过连梁将两片或多片钢筋混凝土剪力墙组合起来，共同抵抗水平荷载的一种抗侧力体系，设计合理的联肢剪力墙，主要靠连梁端部和墙肢底部出现塑性铰来耗散地震能量，并且连梁出铰在先，这使得耗能在整个构件上实现，减小了墙体的破坏程度，易于修复，并形成了双重抗震防线机制。联肢剪力墙相对于传统剪力墙，具有明显的抗震性能优势(图 2.8)，该结构体系近年来在我国得到了广泛应用，研究人员也对其进行了大量研究。

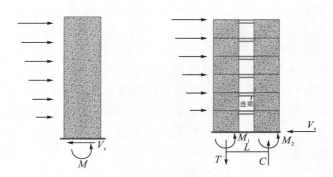

图 2.8　联肢剪力墙与传统剪力墙体系对比

在 20 世纪 70 年代计算机尚未广泛应用于结构分析之前，学者们对钢筋混凝土联肢剪力墙的研究多为计算方法的研究，其中 Chitty(1947)提出了连续连接介质的解析法用以求解联肢剪力墙的问题，Rosman（1964）沿用该方法将联肢剪力墙的连梁沿墙高等效为均布的连续连接杆，墙肢和连梁的截面面积和材料的弹性模量等特征值沿墙高为常量以使所建立的微分方程是常系数的，并假定在水平荷载作用下连梁的反弯点在跨中，各构件在弯曲前为平截面的截面在弯曲后仍然保持平截面，由力平衡条件和连梁反弯点竖向位移为零的协调变形条件得到联肢剪力墙在水平荷载作用下的控制微分方程，进而求得联肢剪力墙内力和变形的近似解。

Bozdogan 等（2009）提出了一种基于连续化思路和转移矩阵法的近似法对多肢联肢剪力墙进行了静力和动力分析。该文献提出的方法特点为将整个结构理想化为一个夹层梁来计算，设计概念层面和分析过程都比较简要而准确，同时也适用于计算程序，通过文献提出方法的分析结果和常用的有限元程序以及其他学者的计算结果吻合良好。

梁兴文等（2013）以连续化方法的解析解为基础，在联肢剪力墙尺寸和材性等已知的条件下，首先以联肢剪力墙的耦连比能够满足结构位移延性的需求来确定连梁的截面尺寸，再以结构顶点和层间位移角确定基底剪力，最后确定连梁满足位移延性需求的弦转角值，再依据连梁两端相对竖向变形需求获得所需的箍筋数量，同时应满足受剪承载力要求。研究表明，根据联肢剪力墙的整体位移延性需求和目标耦连比以及连梁两端相对竖向变形需求所得到的连梁约束箍筋数量合理。另外，耦连比取值在 0.4～0.66 时，连梁的箍筋数量由受剪承载力计算控制。

Shiu 等（1984）对两榀 1/3 缩尺的 6 层双肢联肢剪力墙进行了低周往复荷载的对比试验，其中一榀为以弱连梁连接形成弱耦合联肢墙，另一榀是以强连梁连接而形成强耦合联肢墙。试验和分析表明，强耦合联肢墙相比弱耦合联肢墙具有更高的承载力，但变形能力降低，前者的关键参数是墙肢的强度和延性，而后者的关键参数是连梁的延性。另外，弱耦合联肢墙的抗力主要源于两侧墙肢，而强耦合联肢墙内力严重重分布，受压侧墙肢大约承担了 80%的基底剪力以及 40%的倾覆弯矩。

Aktan 和 Bertero（1984）按照美国规范设计了 15 层的钢筋混凝土双肢联肢剪力墙，并取原型结构底部 4 层进行了 1/3 缩尺的低周往复加载试验。研究表明，弯曲破坏的联肢剪力墙受拉侧墙肢的裂缝较宽而且数量较多，较小的剪切力就使得墙肢被剪坏，因而墙肢的抗剪承载力主要来自受压侧墙肢的贡献。另外，在反复荷载作用下，剪力墙裂缝张开闭合的不断交替导致相比于单调加载试验的承载力有所降低。

Aristizabal-Ochoa（1987）回顾了以往的剪力墙试验，主要对比了类似于薄壁悬臂梁的独立剪力墙的受力性能和破坏模式，并指出了联肢剪力墙的体系优势以及连梁和墙肢应当考虑的因素。研究表明，联肢剪力墙体系需要保持墙肢和连梁具有平衡的刚度、强度和可达到的转角延性，合理设计的墙肢转角延性为 1.0，连梁为 2.0～6.0；塑性铰区的墙肢边缘构件应设置适当的约束，采用横向钢筋约束可提高混凝土压碎时的应变并减弱纵筋的屈曲程度，从而增大了墙肢的剪切承载力和延性。

Kenichi 等（2000）为研究钢筋混凝土联肢剪力墙的抗震性能，尤其是两侧墙肢中剪力承载比重的情况，设计了一个 12 层 1/3 缩尺带翼墙的联肢剪力墙试验。试验结果表明，弹性阶段两侧墙肢分担的剪力基本相等，随着试件变形的继续增加，受压侧墙肢在底部几层所分担的剪力比重明显增大，最大达到总剪力的 90%，两侧墙肢剪力承载比重的差异主要集中在下部楼层。影响联肢剪力墙拉、压两侧墙肢剪力分配比例的因素主要为墙肢的刚度、墙肢的滑移效应、连梁的楔入作用和连梁的轴向残余应力，并且在试验中发现影响较大的为后三个因素，墙肢刚度并非主要的影响因素。

陈云涛和吕西林(2003)根据当时的中国规范设计了 1/4 缩尺三榀的联肢剪力墙试件，并完成了拟静力试验。试验表明，依据规范设计的联肢剪力墙不一定形成设计预想的连梁首先破坏，以及墙肢后期破坏的受力特征和耗能机制。同时指出联肢剪力墙的截面恢复力模型骨架曲线推荐使用带有下降段的三线段或四线段本构，滞回曲线的本构应当选用能够体现刚度和强度退化以及钢筋滑移的三个参数来确定。

彭飞等(2008)介绍了五榀 8 层的对称双肢短肢剪力墙的低周往复试验，这一系列试件的整体性系数相同而肢强系数不同，墙肢截面为 T 形。试验表明，短肢剪力墙的墙肢没有出现反弯点，而且形成了强墙肢弱连梁的力学特征。随着墙肢刚度的提高，剪力墙结构的承载力和刚度增大，延性降低，也证明了短肢剪力墙的力学性能与联肢剪力墙是类似的。

Lehman 等(2013)以实际工程中 10 层混凝土联肢剪力墙结构的底部三层作为研究对象，制作了 1/3 缩尺的试件并进行了低周往复荷载试验以评估联肢剪力墙体系的结构性能和传力机制。特别的是，该试验在墙肢的顶部均安装了可施加剪力、弯矩和轴力的加载装置从而能够模拟正确的边界条件。研究表明，试件的破坏模式为第二层和第三层的连梁首先屈服，随后墙肢发生屈服，最后为第一层的连梁屈服；在位移角达到 2.27%时试件发生了没有任何征兆的破坏，在该状态下试件的水平和轴向承载力大幅下降并且伴随着受压侧墙肢的混凝土核心区压碎和纵筋屈曲的现象，试验结束时达到的最大轴压比为 0.48。

吕西林等(2009)为考察规范中联肢剪力墙设计条款的适用性，为验证一种可以考虑墙肢中性轴的移动和连梁中弯曲、剪切和黏结滑移等各类变形的联肢剪力墙模型的可靠性，依据规范设计了三片联肢剪力墙，进行了低周反复荷载试验，讨论了恢复力模型的形式，并提出一种可以反映墙肢中性轴的移动和连梁的包含弯曲、剪切和滑移各种变形在内的计算模型用于理论分析。

Subedi(1991a、b)根据连梁的破坏模式建立了数学模型，用于预测联肢剪力墙主筋的极限强度、内力的分布以及破坏模式，并验证了 9 个连梁试验和 1 个 15 层大缩尺联肢墙试验。文中提及钢筋混凝土联肢剪力墙的受力性能很大程度上取决于连梁的性能，破坏模式分为浅连梁的双曲率弯曲破坏、深连梁的对角开裂剪切破坏以及小损伤刚连梁破坏。

宋骥(1991)采用自编的有限元分析程序对混凝土联肢剪力墙完成了非线性分析，验证了基于等效单轴应变增量式正交异性的有限元模型的正确性，同时，通过参数分析表明，增大连梁跨高比和提高连梁配筋率均能较大地提高连梁的延性，随着连梁跨高比的增加，墙肢的破坏状态从剪切型向弯剪型转变。

Chaallal(1992)分析了两榀 10 层的钢筋混凝土联肢剪力墙振动台试验,采用加入转动自由度的三自由度平面应力单元模拟墙肢、线单元模拟连梁进行了有限元模拟，分析模拟的结果和试验数据相比吻合良好，能够有效地评估塑性变形和连梁的延性需求。

王社良等(1996)运用壁式框架的思路对三榀钢筋混凝土联肢剪力墙结构的试验完成模拟后进行了静力弹塑性的全过程分析。研究表明，通过延性设计的联肢剪力墙弹塑性发展是分阶段进行的，剪力墙下部楼层连梁的塑性发展前期较快而后期缓慢，上部楼层连梁的塑性发展模式相反，而且在变形后阶段破坏严重，因而有必要加强上部楼层的连梁。因此在设计阶段应统筹考虑结构后期的抗力和变形的要求，以保证结构的弹塑性发展过程均衡平稳。

Harries(2004)等基于弹性分析评估了混凝土联肢剪力墙不同的几何尺寸参数的变化对其整体和局部受力性能的影响。研究表明，在仅确定联肢墙尺寸的情况下几何参数 k、α_1 和结构总高度 H 三个参数的组合值 $k\alpha_1 H$ 可作为其性能的参考。随着 $k\alpha_1 H$ 的增大，结构的整体性能提高，但 $k\alpha_1 H$ 超过 5 后又会产生不利影响。另外，高耸的、以弯曲变形为主的结构适合抗震构造措施恰当的钢筋混凝土连梁，而低矮且刚度很大的结构建议采用钢连梁。

陈勤和钱稼茹(2005)采用由墙肢构件单元、连梁构件单元以及可以计算两者连接界面的相对位移的连接单元组成的钢筋混凝土双肢联肢剪力墙模型完成了静力弹塑性分析，分析结果与试验结果符合较好。特别的是，文献中根据连梁有没有形成斜裂缝形式的剪切破坏将连梁模型分为深连梁和浅连梁两种形式，并提出了模型的定参方式。

杨昌建(2007)以钢筋混凝土联肢剪力墙中的连梁为研究对象建立了一种考虑连梁非线性剪切变形的分析模型。分析结果表明，在风荷载和小震作用下，合适的连梁高跨比为 0.1~0.22；强震作用下，墙体宽高比大于 0.24 时，高跨比为 0.14~0.21 更合适；但墙体宽高比小于 0.24 时，连梁的高跨比为 0.3~0.4 为宜。同时，在保证连梁具有足够承载力和刚度的前提下尽量减小连梁的高跨比，以便减小联肢墙的整体刚度，达到降低地震作用的目的。

委旭和史庆轩(2008)采用 ABAQUS 程序对一批钢筋混凝土联肢剪力墙的承载能力、延性和破坏模式进行了静力非线性分析。研究表明，结构的轴压比、竖向分布筋的配筋率和连梁跨高比对墙体的抗震性能影响较显著，边缘构件的配筋率影响较小。马志林等(2010)基于 CANNY 程序中的纤维截面模型模拟墙肢，单轴拉、压弹簧模型模拟连梁，完成了钢筋混凝土联肢剪力墙的静力弹塑性分析。研究表明，联肢剪力墙的轴压比、竖向分布钢的配筋率、边缘构件的配筋率对墙体的抗震性能影响显著，而连梁纵筋的配筋率对墙体的影响较小。蒋欢军和王宇(2016)提出了一种钢筋混凝土联肢剪力墙的宏观模型，该模型中墙肢单元为分布式的水平剪切弹簧，同时考虑平面外自由度的三维宏观剪力墙模型，连梁单元为具有 3 个组件串联的杆单元模型，墙肢单元与连梁单元之间的连接采用竖向变形协调。研究表明，采用竖向变形协调方式建立的分析模型更加有效地模拟了联肢剪力墙的力学性能，也适用于三维空间的非线性分析。

Takayanagi 和 Schnobrich(1979)对一个 10 层缩尺联肢剪力墙结构分别进行动力和静力数值模拟，其中墙肢和连梁均用杆单元来模拟，每个杆单元的端部都定义了零长度的弹簧用来模拟塑性铰，墙肢和连梁单元端部的塑性铰分别被赋予了相应的非弹性材料。骆欢等(2017)改进了基于修正力插值单元(MFBFE)的柔度矩阵，将其作为该体系墙肢和连梁的非线性分析单元，提出了一种对角斜筋配筋方式连梁截面的剪切滞回模型(DCBHShear)，其骨架曲线采用三折线型，包括开裂点、屈服点。

为了进一步改善传统联肢剪力墙的抗震性能，学者们提出了更多新形式的联肢剪力墙。陈涛等(2011)通过对 13 片不同形式的高轴压比、大剪跨比剪力墙进行往复水平力加载试验，研究墙体两端暗柱设置型钢、墙身增设内藏钢板等形式的组合剪力墙的压弯承载力、延性性能及破坏机理，试验结果表明，两端暗柱设置型钢、增设内藏钢板，对提高压弯承载力、变形能力效果显著。张云鹏等(2010)进行了 1 个 1/7 缩尺、剪跨比为 2.0 的带矩形钢管混凝土叠合柱边框内藏钢桁架深连梁联肢剪力墙模型的低周反复荷载试验，分析了该剪力墙的承载力、延性、滞回特性、耗能能力等抗震性能，研究了内藏钢桁架对该联肢剪力墙抗震性能的影响，试验研究表明，内藏钢桁架深连梁联肢剪力墙具有较好的延性，内藏钢桁架混凝土连梁对提高剪力墙的承载力及延性作用显著。王海江等(2018)提出一种新型的结构形式——屈曲约束钢板联肢剪力墙结构，通过在整体墙中部开设竖向贯通的洞口并均匀布置屈曲约束钢板组件来改进传统联肢剪力墙结构的抗震性能。张微敬等(2013)为研究装配整体式连梁的抗震性能，完成了两个两层装配整体式双肢剪力墙试件的拟静力试验，试验表明采用装配式联肢剪力墙结构其抗震性能可满足要求。一些新型材料也被应用在了联肢剪力墙中，汪梦甫和王义俊(2017)进行了 5 片高阻尼混凝土带钢筋暗支撑单肢剪力墙，2 片部分高阻尼带钢筋暗支撑剪力墙和 2 片高阻尼混凝土带混合暗支撑双肢剪力墙的低周反复加载试验。试验分析得出，与普通混凝土带暗支撑剪力墙相比，高阻尼混凝土带暗支撑剪力墙的延性、承载能力及耗能能力均有较大幅度的提高；用部分高阻尼剪力墙来代替高阻尼剪力墙能够节约工程造价，经济上更具有合理性。

2.3 混合联肢剪力墙结构

混合联肢剪力墙结构利用钢连梁连接两片或多片混凝土剪力墙，与偏心支撑钢框架的抗震性能相似，连梁主要通过剪切屈服变形消耗地震能量，在连梁长度较长的情况下，也可通过弯曲屈服耗能，但是效果不如剪切耗能好。在国外，混合联肢剪力墙是一项美日合作研究计划第五阶段"组合与混合结构"的重点研究对象之一。到目前为止，美国、加拿大和韩国等已经对混合联肢剪力墙进行了大量的试验和理论研究，研究重点是钢连梁-混凝土墙连接节点的构造、设计、性能以及结构整体的性能分析，且大多数研究的连接构造形式为钢连梁直接埋入混凝土墙一定深度。Deason 等(2011)、Lam 等(2005)分别研究了通过剪切板或梁端端板与混凝土墙边缘预埋钢板连接的钢梁-混凝土墙节点，考虑了预埋剪切螺栓的作用。Shahrooz 等(1993)对直接埋入剪力墙边缘暗柱中的钢连梁与混凝土墙之间的剪力传递进行了试验研究，比较了三种钢梁埋入长度的计算模型，研究发现墙外的连梁段能形成塑性铰并具有良好的耗能能力，但是试件的初始弹性刚度要低于假定为完全刚性连接的理论计算值。Harries 等(2004)研究了钢连梁与边缘未设置暗柱的混凝土墙直接埋入的连接性能，在钢梁与混凝土接触面附近布置了环绕钢筋以控制荷载较大时钢梁翼缘与混凝土间产生的缝隙，钢梁设计分别按照抗剪屈服控制和抗弯屈服控制，试验结果表明按照抗剪屈服设计的钢连梁的耗能能力类似于偏心支撑钢框架中的耗能连梁段，优于传统的钢筋混凝土连梁，当剪力墙无边缘约束构件时，钢连梁埋入区剪力墙表面的混凝土易发生压碎而减小连梁的有效埋入深度；通过 3 个钢连梁试件拟静力试验研究了钢连梁联肢剪力墙的抗震性能，结合 pushover 分析，提出耦连率上限与连梁位移延性系数的表达式，并提出联肢剪力墙结构基于性能的设计方法。韩国的 Park 和 Yun（2005，2006a、b）对钢梁直接埋入剪力墙时的埋入长度进行了系统的理论和试验研究。Gong 和 Shahrooz（2001a、b）研究了钢骨混凝土梁、钢梁腹板加劲肋和混凝土楼板等因素对混合联肢剪力墙抗震性能的影响。在混合剪力墙中，相邻墙肢间耦合作用的大小通常采用耦连比来描述，耦连比反映由耦合作用承担的力矩与联肢剪力墙总的倾覆力矩的比值。由于耦连比是联肢剪力墙结构的一个重要参数，该参数影响结构的破坏模式，因此 El-Tawil 等（2002a、b）选择不同耦连比设计了一系列原型结构，通过有限元法分析讨论了耦连比对结构整体抗震性能的影响，指出耦连比为 30%和 45%的混合联肢剪力墙适用于高烈度地震区。

Fortney 等（2007）提出了一种可以替换的钢连梁形式，将钢连梁设计成三段，中间梁段通过螺栓与左右梁段连接，并将中间梁段设计得弱于两端连梁使其提前进入塑性耗能阶段，震后只需替换中间梁段。滕军等（2010）提出一种新形式的连梁阻尼器，通过对 11 个连梁阻尼器进行伪静力试验研究，结合试验现象及力-位移关系曲线对各型号连梁阻尼器的屈曲和破坏状况进行观察，判断其工作状态。

Xuan 和 Shahrooz（2005）将基于性能的设计方法引入联肢剪力墙的设计。Kurama 和 Shen（2004）研究了钢连梁通过后张拉无黏结预应力技术固定于两片剪力墙之间的情况，结果表明此种连接延性较好，并且可以在变形后自复位，但节点刚度小，设计和施工较复杂。国内对混合联肢墙的研究尚处于起步阶段，同济大学李国强等（2003）进行了钢梁-混凝土墙节点的低周反复荷载试验研究和结构模型的模拟地震振动台试验，但其钢连梁与剪力墙的连接为铰接情况，连梁不能承担倾覆弯矩和耗能，因而与混合联肢剪力墙结构有所不同。孙巍巍和孟少平（2007）研究了后张无黏结预应力装配混凝土联肢抗震墙的连梁组合体抗侧力性能。邓志恒等（2007）对钢连梁下加设交叉支撑的钢连梁控制结构进行了弹塑性动力时程分析。西安建筑科技大学的郭峰（2007）进行了含型钢边缘构件的混合联肢墙钢梁与混凝土墙的连接性能研究。周军海等（2007）介绍了国外钢连梁与剪力墙直接埋入式节点的研究情况。苏明周等（2012）在总结了国内外对混合联肢剪力墙的研究的基础上，指出混合联肢剪力墙已有研究成果的不足之处主要在于直接埋入式的钢连梁-混凝土墙连接构造比较复杂，为研究含型钢边缘构件混合连肢墙弱节点的受力性能，采用有限元分析软件 ABAQUS 建立模型，分别按照考虑和不考虑型钢边缘构件与混凝土之间的摩擦滑移进行了模拟计算，将分析结果和试验结果进行了比较，对比结果表明，对弱节点在考虑摩擦滑移时能较好地模拟其受力性能。

对于混合剪力墙，节点是保障结构抗震性能的关键部位，因此对节点连接方式及性能也进行了相关研究工作。刘坚等（2015）研究了混合结构中剪力墙与钢梁连接新型节点的弯矩-转角关系，并用有限元软件对 20 组剪力墙与钢梁连接新型节点进行数值模拟分析，发现现有的弯矩-转角模型不再适用于钢与混凝土混合结构中剪力墙与钢梁连接新型节点。王丽等（2011）为了研究混合结构体系节点的滞回性能，采用有限元软件 ABAQUS 建立钢连梁剪切屈服型混合连肢墙的非线性有限元模型，对钢连梁在循环荷载作用下的滞回性能、核心区应力进行了分析，并且考虑了轴压比和腹板高厚比的影响。研究结果表明，该节点具有良好的抗震性能，适合在高烈度高层建筑结构中使用。叶振(2009)、詹永琪(2009)进行了两个足尺钢连梁-混凝土墙肢节点模型研究，节点形式也为钢连梁直接埋入式，两个试件按不同的破坏模式进行设计：一个为强节点型，预计型钢连梁先屈服出现梁端塑性铰；另一个为弱节点型，预计节点核心区的型钢先屈服。对弱节点设计的试件进行了承载力的研究，得出了节点承载力计算公式。徐明等(2012)通过 ABAQUS 有限元软件对型钢边缘构件-钢连梁焊接型混合连肢墙节点滞回性能进行有限元分析，研究混合连肢墙在低周循环荷载作用下的抗震性能，并将有限元计算结果与试验结果进行了对比，吻合情况较好，试验研究与有限元分析结果均表明节点滞回曲线饱满，且延性系数及极限承载力较高，表明节点具有良好的抗震性能。

其后科研人员又提出一系列新形式的混合联肢剪力墙体系。新型混合联肢剪力墙结构是在混凝土剪力墙两侧埋设型钢柱，同时连梁内部埋设的型钢梁与上述墙肢的暗柱型钢固结，从而在联肢剪力墙内部形成钢结构抗侧体系，协同工作改善剪力墙结构的抗震性能。

宋安良等(2015)为了研究含型钢边缘构件的混合联肢墙弱节点的抗震性能，对一个足尺混合联肢墙弱节点模型进行了低周反复荷载试验，对滞回曲线、骨架曲线、破坏模式、延性等进行了分析，结果表明，混合联肢墙弱节点滞回曲线饱满，耗能能力良好。石韵等(2013a)为研究高耦连比对含型钢边缘构件混合连肢墙结构滞回性能的影响，进行了一个耦连比为45%的 5 层含型钢边缘构件混合连肢墙结构 1/3 缩尺模型拟静力试验，基于试验结果，从结构的承载能力、刚度退化、位移延性、耗能能力及破坏模式等方面评价了结构的抗震性能。梁兴文等(2010)研究了型钢高性能混凝土剪力墙的抗震性能，结果表明，此结构布置方案较普通混凝土剪力墙的承载力及延性有了明显提升，内置的型钢柱对结构的破坏形态起到了改善作用，剪跨比和轴压比对新型混合联肢剪力墙结构的滞回耗能能力影响较大。

参 考 文 献

蔡克铨, 林盈成, 林志翰, 2007. 钢板剪力墙抗震行为与设计[J]. 建筑钢结构进展, 9(5):9-25.

曹万林, 张建伟, 张静娜, 等, 2008. 内藏桁架混凝土组合中高剪力墙抗震性能试验研究[J]. 北京工业大学学报, 34(6):572-579.

陈勤, 钱稼茹, 2005. 钢筋混凝土双肢剪力墙静力弹塑性分析[J]. 计算力学学报, 22(1):13-19.

陈涛, 肖从真, 田春雨, 等, 2011. 高轴压比钢-混凝土组合剪力墙压弯性能试验研究[J]. 土木工程学报, 44(6):1-7.

陈云涛, 吕西林, 2003. 联肢剪力墙抗震性能研究——试验和理论分析[J]. 建筑结构学报, 4:25-34.

邓志恒, 潘峰, 潘志明, 等, 2007. 钢连梁控制结构地震反应弹塑性动力时程分析[J]. 广西大学学报(自然科学版), 32(2):163-166.

高辉, 2007. 组合钢板剪力墙试验研究与理论分析[D]. 上海:同济大学.

郭峰, 2007. 含型钢边缘构件的混合连肢墙体系钢梁与剪力墙的连接性能[D]. 西安:西安建筑科技大学.

郭家耀, 郭伟邦, 徐卫国, 等, 2007. 中国国际贸易中心三期主塔楼结构设计[J]. 建筑钢结构进展, 9(5):1-6.

郭彦林, 董全利, 周明, 2009. 防屈曲钢板剪力墙滞回性能理论与试验研究[J]. 建筑结构学报, 30(1):31-39.

郝建超，高辉，孙飞飞，2010. 组合钢板剪力墙的抗震性能研究进展[J]. 建筑钢结构进展，12(2):49-56.

蒋欢军，王宇，2016. RC联肢剪力墙宏观数值计算模型研究[J]. 建筑结构学报，37(5):218-225.

李国强，曲冰，孙飞飞，等，2003. 高层建筑混合结构钢梁与混凝土墙节点低周反复加载试验研究[J]. 建筑结构学报，24(4):1-7.

李国强，张晓光，沈祖炎，1995. 钢板外包混凝土剪力墙板抗剪滞回性能试验研究[J]. 工业建筑，25(6):32-35.

李国强，周向明，丁翔，2001. 高层建筑钢-混凝土混合结构模型模拟震动台试验研究[J]. 建筑结构学报，22(2):2-7.

梁兴文，白亮，杨红楼，2010. 型钢高性能混凝土剪力墙抗震性能试验研究[J]. 工程力学，27(10):1-14, 19,131-139.

梁兴文，史金田，车佳玲，等，2013. 混凝土联肢剪力墙结构抗震性能控制方法[J]. 工程力学，30(11):207-213.

刘坚，李东伦，潘澎，等，2015. 钢-混凝土混合结构中剪力墙与钢梁连接节点弯矩-转角关系研究[J]. 钢结构，30(10):1-3, 8.

陆烨，李国强，孙飞飞，2009. 大高宽比屈曲约束组合钢板剪力墙的试验研究[J]. 建筑钢结构进展，(4):18-27.

骆欢，杜轲，孙景江，等，2017. 联肢剪力墙非线性分析模型研究及数值模拟验证[J]. 工程力学，34(4):140-149, 159.

吕西林，干淳洁，王威，2009. 内置钢板钢筋混凝土剪力墙抗震性能研究[J]. 建筑结构学报，30(5):89-96

马欣伯，张素梅，郭兰慧，等，2009. 两边连接钢板混凝土组合剪力墙简化分析模型[J]. 西安建筑科技大学学报(自然科学版)，41(3):352-357.

马志林，史庆轩，王伟，2010. 钢筋混凝土联肢剪力墙弹塑性分析[J]. 建筑科学与工程学报，3(1):60-72.

彭飞，程文瀼，陆和燕，等，2008. 对称双肢短肢剪力墙的拟静力试验研究[J]. 建筑结构学报，29(1):64-69.

石韵，苏明周，2013. 基于位移控制多点加载的新型混合连肢墙结构非线性有限元分析[J]. 工程力学，30(9):220-226.

石韵，苏明周，梅许江，等，2013a. 高耦连比新型混合连肢墙结构滞回性能拟静力试验研究[J]. 土木工程学报，46(1):52-60.

石韵，苏明周，梅许江，2013b. 含型钢边缘构件混合连肢墙结构抗震性能试验研究[J]. 地震工程与工程振动，33(3):133-139.

宋安良，苏明周，李旭东，2015. 新型混合联肢墙弱节点拟静力试验及有限元分析[J]. 建筑结构，45(10):17-20, 48.

宋骥，1991. RC联肢剪力墙非线性地震反应分析[D]. 成都:西南交通大学.

苏明周，郭峰，2009. 高层建筑混合连肢墙体系的抗震性能[J]. 建筑钢结构进展，11(1):38-45.

苏明周，李旭东，宋安良，等，2012. 含型钢边缘构件混合连肢墙弱节点受力性能有限元分析[J]. 广西大学学报(自然科学版)，37(4):636-641.

孙飞飞，戴成华，李国强，2009. 大宽厚比开缝组合钢板墙低周反复荷载试验研究[J]. 建筑结构学报，30(5):72-81.

孙飞飞，刘桂然，2009. 钢板开圆孔的组合钢板墙结构地震反应分析与试验验证[J]. 建筑结构学报，30(5):82-88.

孙建超，徐培福，肖从真，等，2008. 钢板-混凝土组合剪力墙受剪性能试验研究[J]. 建筑结构，38(6):1-5.

孙巍巍，孟少平，2007. 后张无粘结预应力装配混凝土联肢抗震墙的连梁组合体抗侧性能[J]. 东南大学学报(自然科学版)，37(2):190-194.

滕军，马伯涛，李卫华，等，2010. 联肢剪力墙连梁阻尼器伪静力试验研究[J]. 建筑结构学报，31(12):92-100.

汪梦甫，宋兴禹，2013a. 高阻尼混凝土带暗支撑剪力墙抗震性能试验研究[J]. 地震工程与工程振动，33(5):153-161.

汪梦甫，宋兴禹，2013b. 小高跨比连梁混合暗支撑高阻尼混凝土联肢剪力墙试验研究[J]. 地震工程与工程振动，33(3):125-132.

汪梦甫，王义俊，2017. 高阻尼混凝土带钢板暗支撑双肢剪力墙抗震性能试验研究[J]. 工程力学，34(1):204-212.

汪梦甫，王义俊，徐亚飞，2016. 部分高阻尼剪力墙抗震性能试验研究与数值模拟[J]. 地震工程与工程振动，36(4):42-53.

王海江，李国强，黄小坤，等，2018. 屈曲约束钢板联肢剪力墙结构的弹塑性分析[J]. 建筑钢结构进展，20(6):68-78.

王丽，苏明周，徐明，等，2011. 钢连梁剪切屈服型混合连肢墙体系节点滞回性能有限元分析[J]. 水利与建筑工程学报，9(2):1

王社良, 曹照平, 1998. 双肢剪力墙结构弹塑性性能试验研究[J]. 工程力学, 5(2): 88-96.

王社良, 陈平, 沈亚鹏, 1996. 钢筋混凝土双肢剪力墙的抗震性能[J]. 西安建筑科技大学学报, 28(4): 397-401.

委旭, 史庆轩, 2008. 钢筋混凝土双肢剪力墙非线性静力有限元分析[J]. 建筑科学与工程学报, 25(4):53-57.

伍云天, 李英民, 张祁, 等, 2011. 美国组合联肢剪力墙抗震设计方法探讨[J].建筑结构学报, 32(12):137-144.

徐明, 苏明周, 王丽, 等,2012. 型钢边缘构件-钢连梁焊接型混合连肢墙节点滞回性能有限元分析[J]. 水利与建筑工程学报, 10(1):48-52, 59.

杨昌建, 2007. 联肢剪力墙非线性分析及连梁高跨比研究[D]. 长沙:湖南大学.

叶振, 2009. 钢连梁混凝土墙肢节点抗震性能研究[D]. 长沙:中南大学.

詹永琪, 2009. 带钢连梁混合双肢剪力墙结构抗震性能试验与设计研究[D]. 长沙:中南大学.

张素梅, 吴志坚, 马欣伯, 2008. 预制混凝土板对组合剪力墙抗剪静力性能的影响[J]. 建筑科学与工程学报, 25(1):18-22.

张微敬, 蒋孝鹏, 张兵, 等, 2013. 装配整体式双肢剪力墙连梁抗震性能试验研究[J]. 世界地震程, 29(4):26-32.

张云鹏, 曹万林, 张建伟, 等, 2010. 内藏钢桁架深连梁联肢剪力墙抗震性能试验研究[J]. 世界地震工程, 26(2):19-24.

周军海, 阎奇武, 徐翔, 2007. 国外钢连梁与剪力墙节点研究[J]. 四川建筑, 27(3):139-140.

AISC, 1997.Seismic Provisions for Structural Steel Buildings[M].Chicago:American Institute of Steel Construction.

AISC, 2009. Seismic Provisions for Structural Steel Buildings[M]. Chicago: American Institute of Steel Construction.

Aktan A E, Bertero V V, 1984.Seismic response of R/C frame-wall structures[J]. Journal of Structural Engineering, 110 (8): 1803-1821.

Aristizabal-Ochoa J D, 1987. Seismic behavior of slender coupled wall systems[J]. Journal of Structural Engineering, 113(10): 2221-2234.

Astaneh-Asl A, Zhao Q, 2002. Cyclic behavior of traditional and an innovative composite shear wall[R]. Report No. UCB-Steel-01/2002. Department of Civil and Environmental Engineering, University of California, Berkeley.

Beck H, 1962. Contribution to the analysis of coupled shear walls[J]. Proceedings ACI Journal, 59(8): 1055-1070.

Bozdogan K B, Ozturk D, Nuhoglu A, 2009. An approximate method for static and dynamic analyses of multi-bay coupled shear walls[J]. The Structural Design of Tall and Special Buildings, 18(12): 1-12.

Chaallal O, 1992. Finite element model for seismic RC coupled walls having slender coupling beams[J]. Journal of Structural Engineering, 118(10): 2936-2943.

Chitty L, 1947. On the cantilever composed of a number of parallel beams interconnected by cross bars[J]. Philosophical Magazine, 38: 685-699.

Coull A, Choudhury J R, 1967. Analysis of coupled shear walls[J].Proceedings ACI Journal, 64(9):587-593.

Deason J D, Tunc G, Shahrooz B M, 2001. Seismic design of connections between steel outrigger beams and reinforced concrete walls[J]. Steel Composite Structures, 1(3): 329-340.

Deierlein G G, Noguchi H, 2004. Overview of U.S.-Japan research on the seismic design of composite reinforced concrete and steel moment frame structures[J]. Journal of Structural Engineering，130(2):361-367.

El-Tawil S, Harries A K, Fortney P J, et al., 2010. Seismic design of hybrid coupled wall system: state of the art[J]. Journal of Structural Engineering, 136(7): 755-769.

El-Tawil S, Kuenzli C M, Hassan M, 2002a. Pushover of hybrid coupled walls. I: Design and modeling[J]. Journal of Structural Engineering, 128(10):1272-1281.

El-Tawil S, Kuenzli, C M, Hassan M, 2002b.Pushover of hybrid coupled walls. II: Analysis and behavior[J]. Journal of Structural

Engineering, 128 (10):1282-1289.

Fortney P J, Sharooz B M, Rassati G A, 2007. Large-scale testing of a replaceable "fuse" steel coupling beam[J]. Journal of Structural Engineering, 133 (12): 1801-1807.

Gong B N, Shahrooz B M, 2001a. Concrete-steel composite coupling beams. I: Component testing[J]. Journal of Structural Engineering, 127 (6): 625-631.

Gong B N, Shahrooz B M, 2001b. Concrete-steel composite coupling beams. II: Subassembly testing and design verification[J]. Journal of Structural Engineering, 127 (6): 632-638.

Harries K A, Mitchell D, Cook W D, 1993. Seismic response of steel beams coupling concrete walls[J]. Journal of Structural Engineering, 119 (12): 3611-3629.

Harries K A, Moulton J D, Clemson R L, 2004. Parametric study of coupled wall behavior-implications for the design of coupling beams[J]. Journal of Structural Engineering, 130 (12): 480-488.

Hassan M, El-Tawil S, 2004. Inelastic dynamic behavior of hybrid coupled walls[J]. Journal of Structural Engineering, 130 (2): 285-296.

Hiroshi N, Kazuhiro U, 2004. Finite element method analysis of hybrid structural frames with reinforced concrete columns and steel beams[J]. Journal of Structural Engineering, 130 (2): 328-335.

Kenichi S, Masaomi T, Makoto K, et al., 2000. Experimental study on carrying shear force ratio of 12-storey coupled shear wall[A]. Procs. of 12th WCEE. Auckland, New Zealand, paper No.2152.

Kurama Y C, Shen Q, 2004. Post-tensioned hybrid coupled walls under lateral loads[J]. Journal of Structural Engineering, 130 (2): 297-309.

Lam W Y, Su R K L, Pam H J, 2005. Experimental study on embedded steel plate composite coupling beams[J]. Journal of Structural Engineering, 131 (8): 1294-1302.

Lehman D E, Turgeon J A, Birely A C, et al., 2013. Seismic behavior of a modern concrete coupled wall[J]. Journal of Structural Engineering, 139 (8): 1371-1381.

Park W S, Yun H D, 2006a. Bearing strength of steel coupling beam connections embedded reinforced concrete shear walls[J]. Engineering Structures, 28:1319-1334.

Park W S, Yun H D, 2006b. Panel shear strength of steel coupling beam-wall connections in a hybrid wall system[J]. Journal of Constructional Steel Research, 62:1026-1038.

Park W S, Yun H D, 2005. Seismic behavior of steel coupling beams linking reinforced concrete shear wall[J]. Engineering Structures, 27:1024-1039.

Rosman R, 1964. Approxiamate analysis of shear wall subjected to lateral loads[J]. ACI Journal, 61 (6): 717-732.

Shahrooz B M, Remmetter M E, Qin F, 1993. Seismic design and performance of composite coupled walls[J]. Journal of Structural Engineering, 119 (11): 3291-3309.

Shiu K N, Takayanagi T, Corley W G, 1984. Seismic behavior of coupled wall systems[J]. Journal of Structural Engineering, 110 (5): 1051-1066.

Subedi N K, 1991a. RC-coupled shear wall structures. Ⅰ: Analysis of coupling beam[J]. Journal of Structural Engineering, 117 (3): 667-680.

Subedi N K, 1991b. RC-coupled shear wall structures. Ⅱ: Ultimate strength calculations[J]. Journal of Structural Engineering, 117 (3): 681-698.

Sun F F, Liu G R, Li G Q, 2008. An analytical model for composite steel shear wall[C]. Proceedings of the 14th World Conference on Earthquake Engineering. Harbin, China: Institute of Engineering Mechanics, China Earthquake Administration.

Takayanagi T, Schnobrich W C, 1979. Non-linear analysis of coupled wall systems[J]. Earthquake Engineering and Structural Dynamics, 7(1): 1-22.

Xuan G, Shahrooz B M, 2005. Performance based design of a 15 story reinforced concrete coupled core wall structure[R]. Report No., UC-CII 05/03, Cincinnati Infrastructure Institute, Cincinnati.

Zhao Q, Astaneh-Asl A, 2004. Cyclic behavior of traditional and an innovative composite shear walls[J]. Journal of Structural Engineering, 130(2):271-284.

第 3 章　组合联肢剪力墙抗震性能试验验证

3.1　钢框架钢板混凝土组合联肢剪力墙抗震性能

3.1.1　试验目的

(1)验证基于耦连比指标的先钢连梁、后剪力墙的预定屈服机制的组合联肢剪力墙抗震设计方法。

(2)研究钢框架钢板混凝土组合联肢剪力墙体系在低周往复模拟地震作用下的抗震性能。

(3)研究钢框架钢板混凝土组合联肢剪力墙体系的"连梁-墙肢双重抗震防线机制"的发展过程。

(4)研究钢框架钢板混凝土组合联肢剪力墙体系破坏时钢连梁、梁-墙节点区域及剪力墙的破坏特征。

3.1.2　试件设计

1. 连梁设计

根据美国《建筑和其他结构最小设计荷载规范》(ASCE/SEI 7—05)规定,钢连梁作为抗震设防的第一道防线,设计地震水平应满足在50年设计基准周期内超越概率为10%的中震,即在中震作用下,钢连梁先屈服,并通过预期的塑性变形耗能,剪力墙基本处于弹性阶段。如图 3.1 所示的偏心斜撑钢框架中,在斜向支撑与框架梁和框架柱两端所形成的刚体三角形刚度足够大时,就可以将其等同于组合联肢剪力墙两侧的单片墙肢,斜向支撑与框架梁交点间距为 l_n 的中部耗能梁段可等同于组合联肢剪力墙中的连梁。因此组合联肢剪力墙中的钢连梁与偏心斜撑钢框架连梁的受力性能基本相似,故在设计钢连梁时可以依据美国《钢结构建筑抗震规范》(ANSI/AISC 341—10)的偏心斜撑钢框架连梁设计的相关条款。钢连梁的剪切塑性变形的延性和耗能能力优于弯曲塑性变形,因此,钢连梁设计应符合"剪切弱于弯曲"的设计要求,确保钢连梁充分发挥剪切塑性变形能力。

表 3.1 所示为钢连梁净跨、受力变形特征及塑性转角上限值。其中,V_p 为钢连梁截面塑性受剪承载力($V_p = f_v A_w$),f_v 为钢连梁腹板钢材的抗剪强度,A_w 为钢连梁腹板的截面面积,M_p 为钢连梁截面塑性受弯承载力,l_n 为钢连梁净跨。

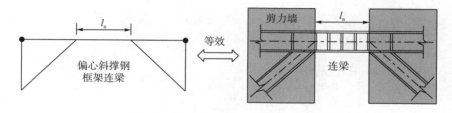

图 3.1　偏心斜撑钢框架连梁示意图

表 3.1　钢连梁变形特征及塑性转角上限值

钢连梁净跨	钢连梁受力变形特征	塑性转角上限值
$l_n < 1.6 M_p / V_p$	以剪切塑性变形为主	0.08rad
$1.6 M_p / V_p < l_n < 2.6 M_p / V_p$	剪切塑性变形与弯曲塑性变形	按 l_n 线性插值
$l_n > 2.6 M_p / V_p$	以弯曲塑性变形为主	0.02rad

组合联肢剪力墙连梁在设计中一般不考虑轴力的影响。钢连梁的受剪承载力设计值 V_b 可由式(3.1)计算。

$$V_b = \begin{cases} V_p, & l_n \leqslant 2 M_p / V_p \\ 2 M_p / l_n, & l_n > 2 M_p / V_p \end{cases} \tag{3.1}$$

钢连梁屈服后应具备足够的延性和变形能力，以确保剪力墙底部截面区域屈服后还能够继续耗能而不会发生失效破坏，因此，加利福尼亚建筑规范规定了在罕遇地震作用下的非线性转角上限值，钢连梁上应焊接一定数量的加劲肋。美国《钢结构建筑抗震规范》（ANSI/AISC 341—10）规定钢连梁加劲肋的厚度不小于 $0.75 t_w$ 或者 10mm，钢连梁腹板加劲肋最大间距要求见表 3.2。

表 3.2　ANSI/AISC 341—10 规定钢连梁加劲肋的最大间距要求

编号	钢连梁长度	腹板加劲肋间距要求	钢连梁最大转角/rad
1	$l_n < 1.6 M_p / V_p$	加劲肋最大间距：$30 t_w - d/5$	0.08
		加劲肋最大间距：$52 t_w - d/5$	0.02
2	$1.6 M_p / V_p < l_n < 2.6 M_p / V_p$	同时满足情况1、3要求	
3	$2.6 M_p / V_p < l_n < 5.0 M_p / V_p$	仅需在连梁净跨两端各 $1.5 b_f$ 距离处设置	
4	$5.0 M_p / V_p < l_n$	可不设置加劲肋	

注：b_f 为钢连梁翼缘宽度；d 为钢连梁高度；t_w 为钢连梁腹板厚度。

钢连梁设计尺寸如图 3.2 所示，一至二层和三至五层的钢连梁高度分别为 150mm 和 120mm，宽度为 60mm，翼缘厚度为 10mm，腹板厚度为 4mm，跨度为 300mm。钢连梁的

塑性受弯承载力 M_p 与塑性受剪承载力 V_p 的比值(以下简称弯剪比)M_p/V_p=300,由表 3.1 中可知钢连梁变形特征以剪切塑性变形为主,钢连梁加劲肋尺寸(130/100)mm×28mm×4mm 满足 ANSI/AISC 341—10(表 3.2)的相关要求。

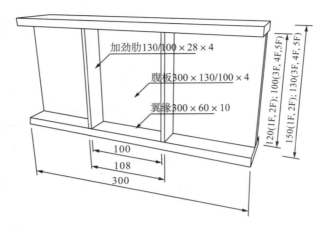

图 3.2　连梁尺寸图(单位：mm)

2. 组合剪力墙设计

钢连梁屈服后按照预期的塑性变形耗能,保证此时剪力墙基本处于弹性阶段,以实现第二道抗震设防目标,应对剪力墙进行加强。采用型钢混凝土组合剪力墙,1/4 缩尺比例,每层高度为 800mm,共 5 层,矩形截面宽 800mm,厚 120mm,墙肢内含钢框架及钢板,框架梁、柱均为焊接的 H 型钢,钢框梁、柱、连梁以及钢板之间的连接均为角焊缝焊接,焊缝质量满足《钢结构设计规范》(GB 50017—2017)要求。剪力墙水平、竖向分布筋均为 C6@100mm,暗柱箍筋和纵筋均采用 C8@100mm。剪力墙顶部设置钢筋混凝土加载梁尺寸为 850mm×300mm×300mm,水平荷载加载点距离顶面 150mm,墙底设置钢筋混凝土基座梁尺寸为 3000mm×500mm×500mm,剪力墙上、下端的框架梁、柱均伸入加载梁和基座梁混凝土中,框架柱翼缘和钢板布置了较密的栓钉,以保证钢板与混凝土之间的黏结作用,栓钉布置要求满足《组合结构设计规范》(JGJ 138—2016)。试件设计参数见表 3.3,试件尺寸见图 3.3,截面及配筋见图 3.4。

表 3.3　试件设计参数表

类别	参数/mm	类别	参数/mm
墙体	4000×800×120	钢框梁、柱	90×60×6×10
加载梁	850×300×300	连梁	150×130×6×10(1F,2F)
基座梁	3000×500×500		120×100×6×10(3F,4F,5F)
纵筋	C8@100	水平分布筋	C6@100
箍筋	C8@100	竖向分布筋	C6@100
栓钉	ML10×40@90	钢板	6

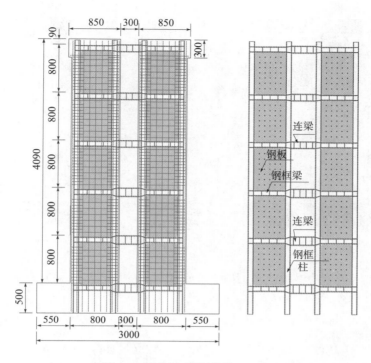

图 3.3　试件尺寸图(单位：mm)

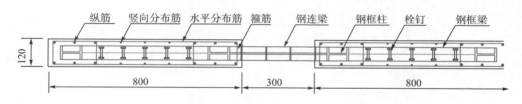

图 3.4　截面及配筋图(单位：mm)

组合联肢剪力墙通过图 3.5 所示的连梁-墙肢双重机制来抵抗水平荷载，作为第二道抗震防线的剪力墙底部进入屈服状态。单片墙肢底部截面轴力 T、C 计算公式如下：

$$T = N - \sum V_{\mathrm{b}} \tag{3.2}$$

$$C = N + \sum V_{\mathrm{b}} \tag{3.3}$$

式中，N 为墙肢顶部施加的轴向荷载；V_{b} 为钢连梁受剪承载力设计值。

组合剪力墙轴向压力由公式计算得

$$N = \left(f_{\mathrm{c}} A_{\mathrm{ct}} + f_{\mathrm{a}} A_{\mathrm{at}} + f_{\mathrm{p}} A_{\mathrm{pt}} \right) n_{\mathrm{t}} \tag{3.4}$$

式中，n_{t} 为组合剪力墙实测轴压比，取 0.10；f_{c} 为混凝土抗压强度值；f_{a} 为暗柱型钢截面工字钢强度值；f_{p} 为剪力墙截面内钢板的抗拉和抗压强度值；A_{ct} 为剪力墙混凝土截面积；A_{at} 为剪力墙两端暗柱中全部型钢截面积；A_{pt} 为剪力墙截面钢板截面积。

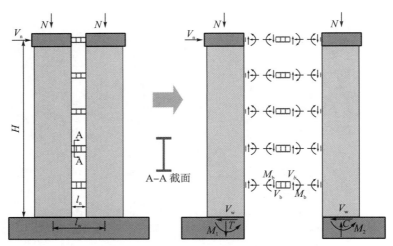

图 3.5　组合联肢剪力墙受力简图

水平荷载作用下单片钢板混凝土剪力墙底部截面的极限抗弯承载力采用《组合结构设计规范》(JGJ 138—2016)中的系列公式计算:

$$T 、 C = \alpha_1 f_c b_w x + f_a' A_a' + f_y' A_s' - \sigma_a A_a - \sigma_s A_s + N_{sw} + N_{pw} \tag{3.5}$$

$$M_1 、 M_2 = \alpha_1 f_c b_w x \left(h_{w0} - \frac{x}{2} \right) + f_a' A_a' (h_{w0} - a_a') + f_y' A_s' (h_{w0} - a_s') + M_{sw} + M_{pw} \tag{3.6}$$

式中,N_{sw}、N_{pw}、M_{sw}、M_{pw} 应按式(3.7)～式(3.10)计算:

$$N_{sw} = \begin{cases} f_{yw} A_{sw}, & x \leqslant \beta_1 h_{w0} \\ \left(1 + \dfrac{x - \beta_1 h_{w0}}{0.5 \beta_1 h_{sw}} \right) f_{yw} A_{sw}, & x > \beta_1 h_{w0} \end{cases} \tag{3.7}$$

$$N_{pw} = \begin{cases} f_p A_p, & x \leqslant \beta_1 h_{w0} \\ \left(1 + \dfrac{x - \beta_1 h_{w0}}{0.5 \beta_1 h_{pw}} \right) f_p A_p, & x > \beta_1 h_{w0} \end{cases} \tag{3.8}$$

$$M_{sw} = \begin{cases} 0.5 f_{yw} A_{sw} h_{sw}, & x \leqslant \beta_1 h_{w0} \\ \left[0.5 - \left(\dfrac{x - \beta_1 h_{w0}}{\beta_1 h_{sw}} \right)^2 \right] f_{yw} A_{sw} h_{sw}, & x > \beta_1 h_{w0} \end{cases} \tag{3.9}$$

$$M_{pw} = \begin{cases} 0.5 f_p A_p h_{pw}, & x \leqslant \beta_1 h_{w0} \\ \left[0.5 - \left(\dfrac{x - \beta_1 h_{w0}}{\beta_1 h_{pw}} \right)^2 \right] f_p A_p h_{pw}, & x > \beta_1 h_{w0} \end{cases} \tag{3.10}$$

受拉或受压较小边的钢筋应力 σ_s 和型钢翼缘应力 σ_a 可按式(3.11)和式(3.12)计算:

$$\sigma_s = \begin{cases} f_y, & x \leqslant \xi_b h_{w0} \\ \dfrac{f_y}{\xi_b - \beta_1} \left(\dfrac{x}{h_{w0}} - \beta_1 \right), & x > \xi_b h_{w0} \end{cases} \tag{3.11}$$

$$\sigma_a = \begin{cases} f_a, & x \leqslant \xi_b h_{w0} \\ \dfrac{f_a}{\xi_b - \beta_1}\left(\dfrac{x}{h_{w0}} - \beta_1\right), & x > \xi_b h_{w0} \end{cases} \tag{3.12}$$

相对界限受压区高度 ξ_b 由式(3.13)计算:

$$\xi_b = \frac{\beta_1}{1 + \dfrac{f_y + f_a}{2 \times 0.003 E_s}} \tag{3.13}$$

式中, M_1、M_2 为剪力墙底部截面弯矩值; T、C 为剪力墙底部截面轴向承载力; 其余相关参数见《组合结构设计规范》(JGJ 138—2016)。

3.1.3　材性试验

钢板及钢筋的材性试验均为单向拉伸试验, 主要测定钢板、钢筋的屈服强度、屈服应变和极限强度等, 为试验数据分析提供相关的依据。钢板材性试验的试样取自制作钢框架和连梁的 Q345B 钢板母材, 钢筋分别取自直径为 6mm、8mm 的 HRB400 的分布筋、纵筋母材, 不同型号的各种钢板、钢筋均取 3 个材性试样。钢板及钢筋实测力学性能指标见表 3.4, 钢材拉伸试验的应力-应变关系见图 3.6。

表 3.4　钢材实测力学性能指标

类别	厚度/mm	屈服强度/MPa	极限强度/MPa	弹性模量/MPa	牌号	备注
钢板	4	445	520	209865	Q345B	连梁腹板和加劲肋
	6	430	548	208979		柱、梁腹板和加劲肋
	10	435	565	206022		柱、梁、连梁翼缘
钢筋	6	543	604	206064	HRB400	墙体水平及竖向分布筋
	8	535	676	201621		暗柱纵筋及箍筋

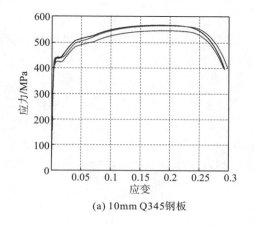
(a) 10mm Q345钢板

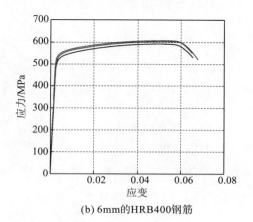
(b) 6mm的HRB400钢筋

图 3.6　钢材拉伸试验图

混凝土强度采用压力试验机测量。试验中混凝土强度等级为 C40，试件的混凝土分三个批次浇筑，第一个批次为基座梁，第二个批次为加载梁，第三个批次为墙体，每个批次预留 3 组边长为 150mm 的立方体标准试块，9 个立方体试块与试件养护条件相同，在重庆大学压力试验机测得立方体试块抗压强度平均值 $f_{cu,m}$ 分别为 58.1MPa、46.4MPa 和 41.5MPa（表 3.5）。

表 3.5　混凝土实测力学性能指标

位置	立方体抗压强度实测平均值 $f_{cu,m}$ /MPa	轴心抗压强度平均值 $f_{c,m}$ /MPa	轴心抗拉强度平均值 $f_{t,m}$ /MPa	弹性模量 E_c /MPa
基座梁	58.1	44.2	3.7	32600
加载梁	46.4	35.3	3.3	32600
墙体	41.5	31.5	3.1	32600

由于试件与立方体试块均为同一批次混凝土浇筑，在标准条件下养护，因此不考虑试件的混凝土强度和立方体试块的混凝土强度之间的差异，得到混凝土轴心抗压强度平均值为

$$f_{c,m} = \alpha_{c1} f_{cu,m} \tag{3.14}$$

式中，α_{c1} 为棱柱体强度与立方体强度的比值，取 0.76。

混凝土的轴心抗拉强度平均值为

$$f_{t,m} = 0.395 f_{cu,m}^{0.55} \tag{3.15}$$

混凝土弹性模量与立方体抗压强度之间的标准值的关系为

$$E_c = \frac{10^5}{\left(2.2 + 34.7 / f_{cu,k}\right)} \tag{3.16}$$

式中，$f_{cu,k}$ 为混凝土强度等级。

3.1.4　加载装置和加载制度

加载装置如图 3.7 所示，压梁作用在试件基座梁上，地锚螺杆穿过压梁，通过施加预应力将试件固定于地面。试件加载梁顶面设置刚性分配梁，50t 竖向液压千斤顶通过分配梁使轴向荷载均匀地传递到墙肢截面，竖向液压千斤顶与反力架之间通过滚轮连接，以保证在加载过程中，轴压力作用线始终与加载梁顶面垂直；在加载梁下方剪力墙两侧设置侧向支撑，防止试件发生平面外的扭转和失稳，并在侧向支撑与墙体之间使用聚四氟乙烯板以减少其摩擦作用。加载梁左右两端设置加载板，通过高强螺杆与 200t 水平作动器连接并施加水平往复荷载，模拟实际结构中钢框架钢板混凝土组合联肢剪力墙的受力情况。

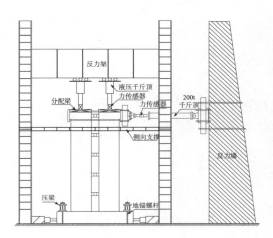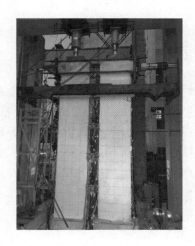

图 3.7　试验加载装置图

《建筑抗震试验规程》(JGJ/T 101—2015)规定,在低周往复荷载作用下,屈服前采用荷载控制;屈服后以屈服时的位移为级数采用位移控制。采用这种加载方式开裂荷载和屈服位移难以界定。因此,本试验采用全程位移控制加载方式。试验加载制度参照美国规范 FEMA 461。试验前在两片墙肢顶部同时施加轴向荷载以消除试件内部组织的不均匀性(预加轴向荷载取 195kN),然后加载至 390kN,并在整个试验过程中维持不变。墙顶轴向荷载施加完毕后再次将加载梁两端的高强螺杆上的螺帽拧紧,然后进行水平加载。水平加载正式开始之前也需先进行预加载(预加水平位移取 2mm),以检测各量测装置是否正常工作,预加载结束后再次拧紧加载梁两端高强螺杆上的螺帽。

组合联肢剪力墙水平加载时规定推为正,拉为负,采用拟静力加载方案,试验过程中全程采用位移控制,Δ 取 4、8、12、16、20、30、40 等逐级加载,每级循环两次($T=2$),直至试件水平荷载下降至最大荷载的 85% 以下时,停止加载,试验结束。加载制度见图 3.8。

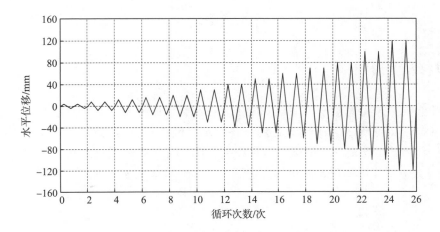

图 3.8　加载制度

3.1.5 测点布置

本试验主要量测的内容有：
(1) 剪力墙的竖向分布钢筋以及暗柱纵筋应变；
(2) 钢连梁翼缘和腹板的应变，钢框柱节点核心区应变；
(3) 钢框架钢板的应变；
(4) 组合联肢剪力墙各层水平位移；
(5) 钢连梁的剪切变形。

3.1.6 应变观测

为了监测在试验加载过程中钢筋、型钢应变的变化规律，更清楚地了解其受力性能、屈服及破坏过程，剪力墙底部截面钢筋应布置 10 个点位，测定钢筋的屈服位移和截面应力分布；型钢柱翼缘应布置 4 个点位，测定型钢柱翼缘屈服位移。在试件连梁和型钢柱的节点核心区布置应变花，型钢梁的上下翼缘布置应变片，腹板布置应变花，测定型钢梁的应力-应变关系、屈服及破坏位移，钢板应变花布置方式参考相关文献，测定钢板中心位置的主应变方向。应变片详细布置如图 3.9 所示。

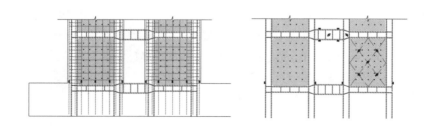

图 3.9   应变片布置图

3.1.7 位移及变形观测

位移计的支撑架悬臂置于刚性地基梁上，在组合联肢剪力墙一至五层布置了 5 个位移计 W1～W5，以测量在水平荷载作用下各层水平位移，观察试件的层位移、层间位移以及层间位移角的变化规律，位移计布置如图 3.10 所示。在钢连梁上布置了编号为 L1～L6 的电压式位移计 Linear Pot 量测其剪切变形量，布置如图 3.10 所示。

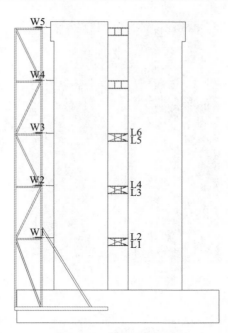

图 3.10　位移计布置图

3.1.8　裂缝观测

在整个试验过程中,采用裂缝扫描仪观察在各级荷载作用下裂缝的出现、开展情况,并绘出试件的裂缝图。

3.1.9　力观测

试验过程中竖向荷载采用油泵控制的 50t 千斤顶施加,通过静态应变仪观测力传感器力的大小来维持恒定竖向荷载。顶层水平荷载由油泵控制的 200t 千斤顶施加,并通过力传感器将信号输出到东华 DH3820 系统采集数据。

3.1.10　试验现象

为方便试验现象的描述,作以下三点说明。

(1)水平荷载施加时规定千斤顶推为正,拉为负。

(2)观测试验现象时,将组合联肢剪力墙分为南北两片墙肢,每片剪力墙分为正反两面,即划分成四个面:北墙正面 North-Front(北正 N-F)、北墙反面 North-Opposite(北反 N-O)、南墙正面 South-Front(南正 S-F)与南墙反面 South-Opposite(南反 S-O),试件详细的部位划分如图 3.11 所示。

图 3.11　试件部位划分

　　(3)试验过程中出现的裂缝均需用彩色油笔描出,规定组合联肢剪力墙正向加载时出现的裂缝用红色笔描出,负向加载时出现的裂缝用蓝色笔描出。

　　各阶段试验现象描述情况如下。

　　1. 水平位移 Δ=4.0mm 加载阶段

　　1)T=1,Δ=+4mm 时

　　①北墙正面(N-F)。距底部 0～160cm 处均匀出现 13 条水平裂缝;15cm 高度处出现 1 条长约 60cm 的水平裂缝;120cm 高度处出现 1 条长约 20cm 的水平向左下延伸的裂缝;170cm 高度处出现 1 条长约 40cm 延伸至左下的裂缝;其余在墙的右端出现一些 15～20cm 的裂缝。②南墙正面(S-F)。右下方距底部 50cm 高度处出现 1 条长约 50cm 的沿左下延伸的裂缝;距底部 65cm 高度处出现 1 条长 45cm 的水平裂缝;80cm 高度处出现 1 条长约 15cm 的水平裂缝;90cm 高度处出现 1 条长约 35cm 的水平向左下延伸的裂缝;120cm 高度处出现 1 条长约 50cm 沿左下延伸的裂缝;160cm、180cm 高度处有两条 16～17cm 的水平裂缝。③北墙反面(N-O)。左下角距底部 120mm 处沿水平开裂 37～38cm,其间有 7 条水平微裂缝出现。④南墙反面(S-O)。左下角距底部 80cm 左右沿水平开裂最长有 18～19cm,其间有 4 条水平微裂缝出现。

　　2)T=1,Δ=−4mm 时

　　①北墙正面(N-F)。距底部 160cm 处出现约 13 根水平裂缝,平均长度为 10cm;20～65cm 高度处出现两条长度约为 20cm 的水平裂缝;80～160cm 高度处出现几条长度较短的水平裂缝,长 3～5cm。②南墙正面(S-F)。距底部 17cm 处到二层连梁顶部高度处之间每隔 17cm 左右出现 1 条长 18～25cm 的水平裂缝;120cm 高度处,最长的水平裂缝有 40cm。③北墙反面(N-O)。右下角距底部 55cm 处出现 1 条长约 45cm 的向左下延伸至墙板中间高度 30cm 处的裂缝。④南墙反面(S-O)。右下角距底部高度 56cm 处出现 1 条长约 20cm 的水平裂缝;80cm 高度处出现 1 条长约 10cm 的水平裂缝;100cm 高度处出现 1 条长约 50cm 的水平裂缝;120cm 高度处出现 1 条长约 25cm 的水平裂缝。

3）$T=2$，$\Delta=+4$mm 时

①北墙正面（N-F）。50cm 高度处有 1 条水平裂缝开展了 15cm 左右；80cm 高度处，有 1 条水平裂缝开展了 5cm 的裂缝；其余无开展。②南墙正面（S-F）。90cm 高度处，有一裂缝继续沿左下 45° 方向开展了 8cm 左右；二层连梁顶部高度处多条裂缝水平开展了 10cm 左右；180cm 高度处有一水平裂缝沿左下 45° 开展了 20cm。③北墙反面（N-O）。裂缝无开展，底部有少数 7cm 左右的水平微裂缝出现。④南墙反面（S-O）。裂缝无开展（图 3.12）。

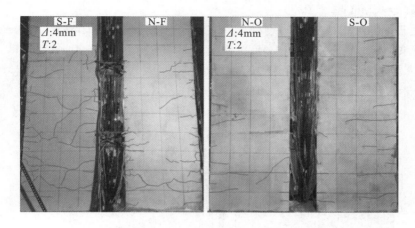

图 3.12　第二循环顶点位移为 4mm 裂缝开展情况

4）$T=2$，$\Delta=-4$mm 时

①北墙正面（N-F）。距底部 18cm 处有一条裂缝向右下延伸 15cm 左右；60cm 高度处，新出现 1 条 20cm 左右的水平裂缝；其余无开展。②南墙正面（S-F）。距底部 180cm 左右新出现两条水平微裂缝；140cm 高度处，有一裂缝水平开展 10cm 左右；距底部 40cm 处，有一裂缝沿右下开展 10cm。③北墙反面（N-O）。距底部 10～50cm 开始出现少量（2 条）水平微裂缝，其余裂缝无明显开展。④南墙反面（S-O）。距底部 10～30cm 开始出现少量（2～3 条）水平微裂缝，其余裂缝无明显开展。

2. 水平位移 $\Delta=8.0$mm 加载阶段

1）$T=1$，$\Delta=+8$mm 时

①北墙正面（N-F）。右下一层高度处有 3 条裂缝水平开展，其中 40cm 高度处，有一裂缝斜向左下开展约 15cm；第二层仅 2 条水平裂缝水平开展约 5cm；200cm 处左、右新出现 2 根长约 10cm 的水平裂缝。②南墙正面（S-F）。距墙底部 10cm 高度处出现 1 条新水平裂缝；20cm 高度处，裂缝沿水平向微微开展；40cm 高度处，裂缝沿水平开展 40cm 左右；43cm 高度处，新出现 1 条 10cm 的水平裂缝。③北墙反面（N-O）。墙左下底部区域部分裂缝继续延伸，上部楼层到三层左右出现少量 10cm 左右的水平裂缝。④南墙反面（S-O）。距墙底 40cm 左右有一裂缝沿左下 30° 开展了大概 15cm；一层连梁顶部高度处裂缝沿水平开展大约 10cm；距二层底部 10cm 高度处出现 1 条新的水平裂缝，长度 18cm；三层底部出现一条 15cm 左右的水平裂缝。

2）T=1，$\varDelta$=-8mm 时

①北墙正面（N-F）。旧裂缝仅两条微开展。②南墙正面（S-F）。二层连梁处裂缝开展25cm 左右，其余均有微开展。③北墙反面（N-O）。距墙底部 80cm 高度处新出现 1 条沿左下 30° 的裂缝；55cm 高度处，45° 斜裂缝沿左向下继续延伸 10cm 左右。④南墙反面（S-O）。距底部 50～70cm 高度处，裂缝水平开展了 7cm 左右；130cm 高度处，出现 1 条新的长度为 78cm 左右的水平裂缝。

3）T=2，$\varDelta$=+8mm 时

①北墙正面（N-F）。120cm 高度处 1 条裂缝水平开展 10cm；140cm、150cm、160cm 高度处 3 条水平裂缝开展；1.8cm 高度处新出现 1 条长约 17cm 的水平裂缝。②南墙正面（S-F）。少量裂缝开展，没有出现新裂缝。③北墙反面（N-O）。少量裂缝开展，没有出现新裂缝。④南墙反面（S-O）。裂缝无开展（图 3.13）。

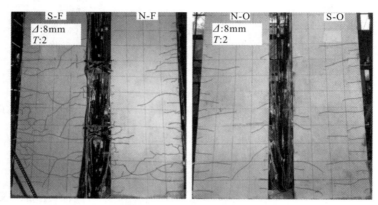

图 3.13　第二循环顶点位移为 8mm 裂缝开展情况

4）T=2，$\varDelta$=-8mm 时

①北墙正面（N-F）。左下角距底部 10cm 处新出现 1 条 20cm 的水平裂缝；60cm 高度处，有一水平裂缝开展了 10cm 左右。②南墙正面（S-F）。距底部 20cm 高度处沿右上开展了 25cm；距底部 75cm 高度处沿水平开展 8cm 左右。③北墙反面（N-O）。三层底部出现 1 条长约 15cm 的水平微裂缝。④南墙反面（S-O）。二层顶部新出现 1 条长约 40cm 的水平裂缝，再往上 10cm，新出现 1 条长约 15cm 的水平裂缝；二层顶部原有裂缝开展了10cm 左右。

3. 水平位移 $\varDelta$=12.0mm 加载阶段

1）T=1，$\varDelta$=+12mm 时

①北墙正面（N-F）。距底部 65cm 高度处出现 1 条长约 40cm 的水平裂缝；75cm 高度处有 1 条裂缝向左下开展 10cm；90cm 高度处出现 1 条新的长约 20cm 的水平裂缝；135cm 高度处裂缝向右下开展 10cm；三层下部有 1 条裂缝开展 10cm 左右；中部有 2 条裂缝分别开展 20cm、10cm；220cm 高度处出现了 1 条斜向左下长约 40cm 的裂缝；三层连梁以上到四层中部新出现 4 条裂缝，其中 2 条为斜向左下的裂缝，中部裂缝长约 40cm，斜向左下。②南墙正面（S-F）。距底部 140cm 左右新出现 1 条长约 40cm 的斜向左下的裂缝；

100cm 高度处出现 1 条长约 20cm 的水平裂缝；210cm 高度处出现 1 条长约 5cm 的水平裂缝。③北墙反面(N-O)。底部区域裂缝少量延伸，二层、三层开始出现 4 条长度大约为 30cm 的水平裂缝。④南墙反面(S-O)。距底部 50cm 高度处，新出现 1 条沿右下方向的裂缝；距底部 20cm 高度处，有一裂缝沿右下开展了 10cm 左右；距底部 105cm 高度处新出现 1 条水平沿右下长约 25cm 的裂缝；115cm 高度处，距墙左端 10cm 处开始出现 1 条沿右下长约 40cm 的裂缝。

2)T=1，Δ=-12.0mm 时

①北墙正面(N-F)。距底部 10cm 处裂缝开展了 10cm 左右；距底部 60cm 处裂缝向右下延伸 25cm；二层下部出现 1 条新的斜向右下的 30cm 裂缝；二层中部出现 1 条新的斜向右下的 30cm 裂缝；二层连梁底部出现 1 条新的斜向右下的 30cm 裂缝；三层连梁中部、上部一共出现 3 条水平裂缝，长度为 10cm。②南墙正面(S-F)。距底部 130cm 左右新出现 1 条长约 40cm 的水平裂缝；180cm 高度处原有裂缝水平开展约 15cm；四层高度处沿墙高均匀出现 4～5 条长约 10cm 的水平裂缝。③北墙反面(N-O)。底部裂缝开展最多的有 25cm 左右；一层顶部和二层均出现新的 30°～45°斜向左下长度约 30cm 的裂缝。④南墙反面(S-O)。一层顶部出现 1 条新的长度为 18cm 的水平裂缝；一层裂缝基本均有开展；二层出现了长度为 15～40cm 的 3 条新裂缝；距底部 190cm 出现 1 条约为 25cm 的新裂缝。

3)T=2，Δ=+12mm 时

①北墙正面(N-F)。一层连梁处水平裂缝延伸 5～10cm；二层连梁有一斜向左下延伸 15cm 的裂缝；3 层连梁处有 2 条斜向左下延伸 10cm 的裂缝；二层中部有一裂缝斜向左下延伸 15cm。②南墙正面(S-F)。10cm 高度处原有裂缝延伸 15cm；37cm 高度处出现一长 20cm 的水平裂缝；140cm 高度处原有裂缝沿左下斜向发展 10cm；200cm 高度处出现一条沿左下长约 45cm 的斜裂缝；230cm 高度处出现 1 条沿左下长约 50cm 的斜裂缝；260cm 高度处出现 1 条长约 10cm 的网状裂缝。③北墙反面(N-O)。一层裂缝少

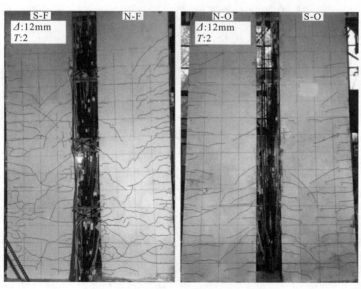

图 3.14　第二循环顶点位移为 12mm 裂缝开展情况

量延伸，三层顶部及四层出现较多水平微裂缝，长度为 20～50cm。④南墙反面（S-O）。一层顶部新出现 1 条长约 20cm 的水平裂缝；180cm 高度处新出现 1 条长约 16cm 的水平裂缝（图 3.14）。

4）$T=2$，$\varDelta=-12$mm 时

①北墙正面（N-F）。90cm 高度处新出现一条斜向右下长为 30cm 的裂缝。②南墙正面（S-F）。最底部新出现 1 条长约 40cm 的水平裂缝；65cm 高度处裂缝向左下发展 8cm 左右；160cm 高度处原有裂缝沿右下开展 20cm 左右；190cm 高度处原有裂缝水平开展 18cm；230cm 高度处原有裂缝水平发展 20cm。③北墙反面（N-O）。二层新出现 1 条长约 15cm 的水平裂缝，还有部分斜裂缝开展了 10～15cm；三层一裂缝沿左下延伸了 20cm；三层连梁新出现 1 条长约 7cm 的水平裂缝。④南墙反面（S-O）。三层中部出现 1 条距墙右边缘 10cm 左右斜向左下 45° 长约 25cm 的裂缝；四层连梁处新出现 2 条长分别为 40cm、25cm 的水平裂缝。

4. 水平位移 $\varDelta=16.0$mm 加载阶段

1）$T=1$，$\varDelta=+16$mm 时

①北墙正面（N-F）。距底部 100cm、距墙右边缘 20cm 处新出现 1 条斜向左下长约 20cm 的裂缝；二层上部距墙右边缘 40cm 处有一斜裂缝向左下延伸了 10cm；三层中部有 2 条裂缝斜向左下开展了 20cm。②南墙正面（S-F）。底部出现了 1 条长 40cm 的水平裂缝；距底部 80cm 处出现 1 条长约 30cm 的水平裂缝。③北墙反面（N-O）。底部裂缝宽度增加了一点。④南墙反面（S-O）。底部裂缝宽度增加了一点。

2）$T=1$，$\varDelta=-16.0$mm 时

①北墙正面（N-F）。一层连梁处有一水平裂缝向右上延伸 10cm，二层中部、三层中下部、中部 3 条旧斜裂缝继续向右下延伸，分别延伸了 5cm、5cm、20cm；三层连梁处新出现 1 条长为 40cm 斜向右下的裂缝。②南墙正面（S-F）。距底部 38cm 处原有裂缝水平开展了 15cm；78cm 高度处，原有裂缝水平开展了 15cm；95cm 高度处，原有裂缝水平开展了 30cm；210cm 高度处，新出现了 1 条长为 18cm 的水平裂缝；230cm 高度处，原有水平裂缝开展了 5cm；280m 高度处，原有裂缝向右下 45° 延伸了 40cm，再向竖向发展了 30cm；240cm 高度处，新出现 1 条长约 20cm 的水平裂缝。③北墙反面（N-O）。最底部出现 1 条长为 20cm 的水平裂缝；二层顶部出现 1 条 15cm 的斜向左下的裂缝；三层底部出现 1 条 30cm 的斜向左下的裂缝。④南墙反面（S-O）。四层中部出现了 1 条长为 18cm 的水平裂缝，出现了 1 条长为 30cm 的斜向左下的裂缝，这两条裂缝相距 18cm 左右。

3）$T=2$，$\varDelta=+16$mm 时

①北墙正面（N-F）。40cm 高度处，距墙右边缘 20cm 处出现 1 条长为 10cm 的水平裂缝；第三层下部有一水平裂缝向左下延伸 10cm；三层上部距墙右边缘 40cm 处出现 1 条新的斜向左下长约 10cm 的裂缝，在此裂缝上 10cm 高度处出现同样的裂缝；三层连梁处有斜裂缝延伸。②南墙正面（S-F）。距墙底 28cm、距墙右边缘 28cm 处的裂缝向下延伸了 20cm；距墙底 60cm 高度处，原有水平裂缝斜向左下延伸了 20cm；80cm 高度处，原有水平裂缝延伸了 10cm。③北墙反面（N-O）。二层、三层少数裂缝延伸了一点。④南墙反面（S-O）。三层底部沿原有裂缝斜向右下延伸了 25cm；一层、二层少数裂缝延伸了一点（图 3.15）。

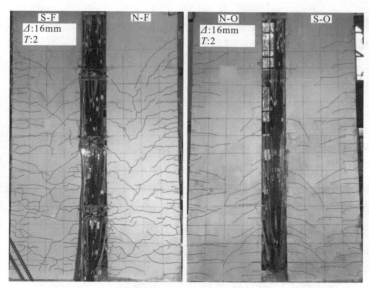

图 3.15　第二循环顶点位移为 16mm 裂缝开展情况

4）T=2，⊿=-16mm 时

①北墙正面（N-F）。一层上部有一斜裂缝向右下延伸了 5cm；45cm 高度处新出现 1 条长约 17cm 的水平裂缝。②南墙正面（S-F）。距底部 10cm 高度处墙最左端新出现 1 条长为 8cm 的水平裂缝；150cm 高度处在墙中部的裂缝向右下开展了 10cm 左右。③北墙反面（N-O）。二层、三层裂缝少量延伸，其余无变化。④南墙反面（S-O）。210cm 高度处出现 1 条长约 15cm 的水平裂缝，其余无变化。

5. 水平位移 ⊿=20.0mm 加载阶段

1）T=1，⊿=+20mm 时

①北墙正面（N-F）。距墙底 10cm 高度处一水平裂缝延伸 10cm；30cm 高度处新出现一长约 15cm 的水平裂缝；50cm 高度处，有 2 条裂缝延伸了 10cm；二层上部、三层下部裂缝也有所延伸。②南墙正面（S-F）。四层中间新产生了 1 条斜向左下 45°、长 50cm 的裂缝；三层连梁高度处旧裂缝水平延伸了 10cm；二层梁端多条裂缝水平延伸了 10cm；210cm 高度处裂缝向左水平延伸了 10cm；一层连梁高度处出现 1 条长约 10cm 的水平裂缝。③北墙反面（N-O）。底部有几条裂缝都继续开展；70cm 高度处出现 1 条长约 40cm 的水平裂缝；85cm 高度处出现 2 条 10cm 的水平裂缝；140cm 高度处出现 1 条长约 40cm 的水平裂缝；150cm 高度处出现 1 条 25cm 的水平裂缝；190cm 高度处出现 1 条沿右下延伸的斜裂缝，二层一样；三层有 4 条裂缝开展了 10～20cm。④南墙反面（S-O）。一层裂缝大部分都斜向右下开展了 10cm 左右，二层一样；二层连梁处新出现 1 条向右下 45°、长约 30cm 的斜裂缝；底部 5cm 高度处新出现一长约 20cm 的水平裂缝；三层连梁处新出现 1 条向右下 45°、长约 40cm 的斜裂缝；四层底中部出现 2 条长约 20cm 的斜向右下的斜裂缝。

2）T=1，⊿=-20.0mm 时

①北墙正面（N-F）。距底端 20cm、60cm 处有 2 条水平裂缝向右下延伸 10cm；一层

连梁上方新出现 1 条长约 20cm 的水平裂缝；二层中部出现一长约 30cm 的水平裂缝；二层连梁下部新出现 1 条长约 30cm 的斜向右下的裂缝；二层连梁处及二层连梁上部出现 2 条水平裂缝；三层中部出现 1 条长 20cm 的水平裂缝；三层上部及连梁处出现 2 条微斜向右下长 10cm 的裂缝。②南墙正面（S-F）。一层、二层墙左端出现多条水平裂缝；140cm 高度处原有裂缝向右下延伸了 30cm；二层连梁高度处墙左边出现 1 条长 19cm 的水平裂缝。③北墙反面（N-O）。底部裂缝大量开展；40cm 高度处出现 1 条 18cm 的水平裂缝；70cm 高度处出现 1 条约 45cm 的水平裂缝；110cm 高度处出现 1 条斜向左下 30° 长约 25cm 的裂缝；147cm 高度处出现一斜向左下的长约 45cm 的裂缝；210cm 高度处距墙右端 10cm 左右出现 1 条长约 50cm 的斜裂缝。④南墙反面（S-O）。最底端出现 1 条长 10cm 的水平裂缝；43cm 高度处新出现 1 条长约 15cm 的水平裂缝；30cm、80cm、170cm、260cm 高度处有 4 条裂缝延伸了 10cm；130cm 高度处新出现 1 条距墙右边缘 15cm、长约 25cm 的水平裂缝；220cm 高度处出现了 1 条斜向左下长约 35cm 的裂缝。

3）$T=2$，$\Delta=+20\text{mm}$ 时

①北墙正面（N-F）。15cm 高度处出现一长约为 15cm 的水平裂缝；二层上部距墙右端 10cm 处有一水平裂缝延伸；二层连梁高度处新出现 1 条长为 7cm 的水平裂缝。②南墙正面（S-F）。7cm 高度处墙右端出现 1 条长 17cm 的裂缝；一层部分其他裂缝稍有延伸。③北墙反面（N-O）。三层、四层有少量裂缝延伸。④南墙反面（S-O）。一层、二层、三层有少量裂缝延伸（图 3.16）。

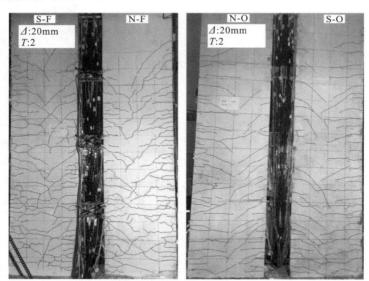

图 3.16   第二循环顶点位移为 20mm 裂缝开展情况

4）$T=2$，$\Delta=-20\text{mm}$ 时

①北墙正面（N-F）。60cm 高度处及二层中部有 2 条裂缝继续向右下延伸了 10cm。②南墙正面（S-F）。一层连梁高度处有 2 条裂缝水平延伸了 10cm；30cm 高度、距墙左端 15cm 处出现 1 条水平长为 10cm 的裂缝。③北墙反面（N-O）。墙左下角底部混凝土出现剥落迹象。

④南墙反面(S-O)。22cm 高度处出现 1 条长约 20cm 的新裂缝；32cm 高度处裂缝扩展了 10cm；90cm 高度处出现一长约 10cm 的水平裂缝。

6. 水平位移 Δ=30.0mm 加载阶段

1）T=1，Δ=+30mm 时

①北墙反面(N-O)。底层裂缝大部分均有开展，5～30cm 不等；四层顶部出现 1 条斜向右下 30°、长约 20cm 的斜裂缝。②南墙反面(S-O)。18cm 高度处新出现 1 条长约 17cm 的水平裂缝；210cm 高度处新出现一长约 10cm 的水平裂缝；240～270cm 高度处 1 条 45°～60° 的斜裂缝斜向右下继续延伸了 50cm；一层裂缝有少数开展，右下端混凝土稍微加重了压溃，但没压碎。③北墙正面(N-F)。一层中部有 2 条裂缝水平延伸了 5cm、10cm；二层中部及上部三条裂缝微向左下延伸了 10cm、10cm、15cm；二层中部裂缝延伸了 15cm。④南墙正面(S-F)。左下角出现压溃；二层连梁底部墙肢右端出现 1 条斜向左下长约 40cm 的裂缝。

2）T=1，Δ=-30.0mm 时

①北墙反面(N-O)。底部小块混凝土轻微压碎，底层少量裂缝开展，三层、四层少量裂缝开展 10cm 左右。②南墙反面(S-O)。底部少量裂缝稍微有延伸；200cm 高度处新出现 1 条长约 13cm 的水平裂缝；215cm 高度处出现一长为 8cm 的水平裂缝。③北墙正面(N-F)。二层中部出现一长约 10cm 的水平裂缝；二层中上部有 2 条水平裂缝延伸 10cm 左右；三层上部向右下延伸了 3cm、10cm；三层连梁高度处 1 条裂缝微向右下延伸了 20cm。④南墙正面(S-F)。10cm 高度处出现 1 条长约 45cm 的水平裂缝；底部混凝土有轻微剥落；二层中部有些许裂缝开展。

3）T=2，Δ=+30mm 时

①北墙反面(N-O)。角部一小块混凝土剥落。②南墙反面(S-O)。右下角表层混凝土裂缝加宽，一层连梁顶部裂缝贯通，宽度为 0.5mm。③北墙正面(N-F)。墙底右下角出现 1 条竖向长约 20cm 的裂缝。④南墙正面(S-F)。许多裂缝延伸到墙侧面(图 3.17)。

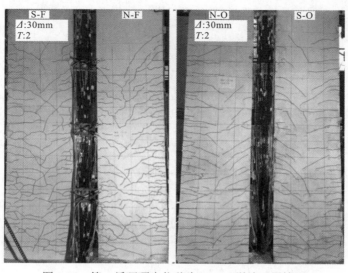

图 3.17　第二循环顶点位移为 30mm 裂缝开展情况

4) $T=2$，$\Delta=-30mm$ 时

①北墙反面（N-O）。底层有 2 条裂缝延伸了 5cm、18cm。②南墙反面（S-O）。一层、二层有少许裂缝延伸；右下角混凝土出现剥落迹象。③北墙正面（N-F）。底部裂缝加宽；二层上部及中部有 2 条裂缝水平延伸约 5cm。④南墙正面（S-F）。二层连梁高度处有一裂缝向右下延伸了 10cm。

7. 水平位移 $\Delta=40.0mm$ 加载阶段

当位移加载到 40mm 后，剪力墙产生新的裂缝，原有裂缝明显加宽，剪力墙主要破坏集中在底部区域，因此没有再继续描绘裂缝开展情况，在此后的试验中主要观察剪力墙底部截面区域以及钢连梁的破坏过程。组合联肢剪力墙沿墙肢高度方向裂缝分布较为均匀，连梁节点区域没有明显的裂缝集中现象，墙肢边缘有少许的竖向裂缝、表层混凝土脱皮及小块混凝土压碎，一层、二层、三层连梁均发生明显的剪切变形，表现出明显的剪切破坏特征。此时，纵向钢筋、型钢柱翼缘均已达到屈服强度，剪力墙底部截面塑性铰形成（图 3.18、图 3.19）。

图 3.18　水平位移为 40mm 钢连梁变形情况

图 3.19　水平位移 40mm 剪力墙底部截面区域破坏情况

8. 水平位移 $\Delta=50.0mm$ 加载阶段

南墙正面（S-F）左下角表层约 15cm×15cm 方形区域混凝土脱落；北墙正面（N-F）右下角表层边长约为 20cm 的三角形区域混凝土外鼓；北墙反面（N-O）墙肢根部 20cm 高度处混凝土脱落；南墙反面（S-O）右下角约 30cm×15cm 长方形区域混凝土有脱落迹象（图 3.20）。

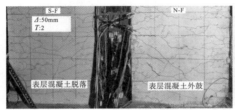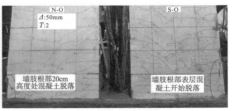

图 3.20　水平位移 50mm 剪力墙底部截面区域破坏情况

9. 水平位移 Δ=60.0mm 加载阶段

北墙正面(N-F)左下角表层混凝土脱落面积增大；南墙正面(S-F)右下角表层边长为 20cm 的三角形区域混凝土已经脱落，暗柱箍筋外露；北墙反面(N-O)墙肢根部 20cm 高度处混凝土被压碎；南墙反面(S-O)右下角约 30cm×15cm 长方形区域混凝土被压碎(图 3.21)。

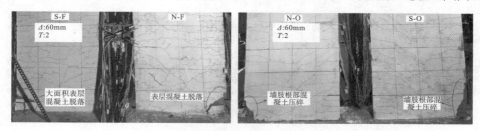

图 3.21　水平位移 60mm 剪力墙底部截面区域破坏情况

10. 水平位移 Δ=70.0mm 加载阶段

组合联肢剪力墙外侧根部混凝土均被压碎，压碎面积进一步扩大，北墙反面(N-O)右下角根部混凝土开始脱落(图 3.22)。

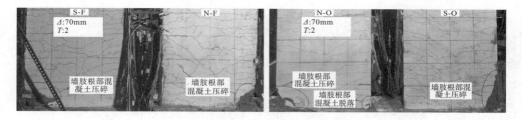

图 3.22　水平位移 70mm 剪力墙底部截面区域破坏情况

11. 水平位移 Δ=80.0mm 加载阶段

南墙正面(S-F)左下角表层混凝土脱落面积增大至 30cm×15cm 矩形区域，箍筋及型钢柱翼缘外露，暗柱最外侧 2 根纵筋均被拉断；北墙正面(N-F)右下角表层混凝土脱落面积扩展至 30cm×20cm 矩形区域，暗柱最外侧纵筋也被拉断；北墙反面(N-O)左侧墙肢根部混凝土脱落面积进一步加大，右侧墙肢根部混凝土也被压碎；南墙反面(S-O)右下角混凝土脱落面积扩展至约 30cm×20cm(图 3.23)。

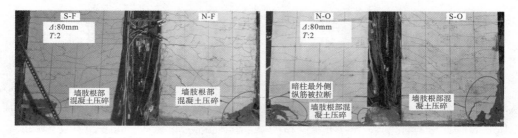

图 3.23　水平位移 80mm 剪力墙底部截面区域破坏情况

12. 水平位移 $\Delta=100.0$mm 加载阶段

组合联肢剪力墙外侧混凝土剥落区域进一步扩大（图3.24）。

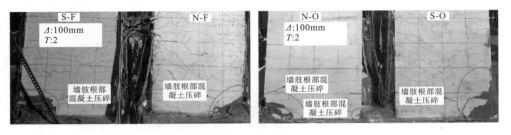

图3.24　水平位移100mm剪力墙底部截面区域破坏情况

13. 水平位移 $\Delta=120.0$mm 加载阶段

剪力墙外侧根部混凝土压溃，箍筋和纵筋裸露，暗柱最外侧纵向筋被拉断，中部纵筋压弯，内侧纵筋屈服，箍筋压屈，连梁端部未出现明显弯曲破坏，钢连梁以剪切变形为主，通过剪切变形耗能。裂缝沿墙肢高度均匀分布，节点区域未出现集中裂缝（图3.25、图3.26）。

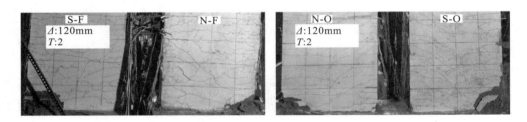

图3.25　水平位移120mm剪力墙底部截面区域破坏情况

图3.26　水平位移120mm钢连梁变形情况

3.1.11　试验破坏特征

在弹性阶段裂缝开展情况如图3.27所示，裂缝最先出现在北墙正面墙肢根部受拉区，并从墙肢最边缘向墙肢中部延伸，由水平裂缝向墙肢中部发展为剪切斜裂缝，裂缝开展速度较快，但是裂缝宽度较小。随着位移的增加，裂缝逐步由底部向上部发展，二层、三层、四层也开始出现裂缝，裂缝开展趋势和一层裂缝一致，底部裂缝进一步向剪力墙中心延伸发展，在往复荷载作用下形成交叉斜裂缝，剪力墙底部区域裂缝呈现明显的开闭现象，各层连梁相继开始屈服，并出现明显的剪切变形，连梁节点区域没有明显的裂缝集中现象，此时墙肢底部边缘仅有少许的竖向裂缝、表层混凝土脱皮及小块混凝土压碎，并没有明显的塑性铰，组合联肢剪力墙在弹性阶段主要依靠钢连梁耗能。

在水平位移达到 40mm 时，墙肢上没有产生新的裂缝，原有裂缝明显加宽，底层混凝土的表层出现轻微的剥落现象，此时钢连梁已有明显的剪切变形。剪力墙纵向钢筋、型钢柱翼缘屈服，组合联肢剪力墙底部截面塑性铰耗能机制形成。随着位移的增加，墙肢根部边缘混凝土逐步被压碎，墙肢根部塑性铰区的暗柱最外侧纵向钢筋被拉断，受压区混凝土被压坏，角部混凝土外鼓脱落，箍筋、纵筋及型钢柱裸露，剪力墙底部截面破坏情况见图 3.28，剪力墙最终破坏时的状态见图 3.29。

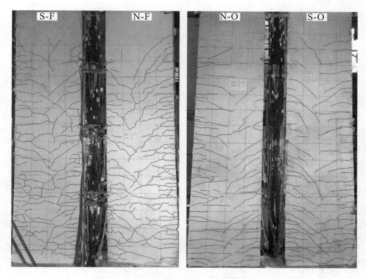

图 3.27　弹性阶段剪力墙裂缝发展情况

图 3.28　剪力墙底部截面破坏情况

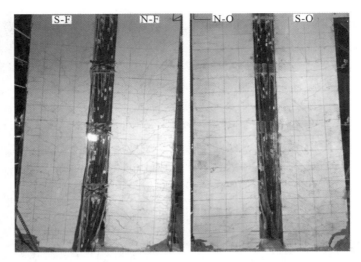

图 3.29　试件的最终破坏形态

　　如图 3.30 所示，加劲肋焊接时对钢材材料性能的影响致使钢连梁最终破坏模式为腹板上的加劲肋焊接处断裂破坏，钢连梁腹板的变形能力降低，但整体性能保持完好。

图 3.30　钢连梁的破坏模式

　　试件最终破坏形态为钢连梁腹板加劲肋焊接处断裂破坏，钢框柱翼缘屈服并出现较大的塑性变形，剪力墙底部截面区域混凝土压碎破坏。

3.1.12　试验数据处理

1. 力-位移曲线

　　结构在循环荷载作用下得到的力-位移曲线为滞回曲线。滞回曲线是试件强度、刚度、变形、耗能能力以及破坏模式的分析基础。图 3.31(a)是试件的滞回曲线，可以看出试件的滞回曲线具有以下特点。

　　(1)加载初期(0～8mm)。滞回曲线大致沿着直线循环，所围成的面积较小，卸载时的残余变形较小，基本处于弹性工作阶段。

（2）继续加载过程（8～30mm）。滞回曲线呈现弓形，由于卸载时受拉区的裂缝并不能完全闭合，连梁剪切变形不能完全恢复，因此产生较大的残余变形。反向加载时受压区仅依靠钢框架承担压力，加载刚度较小，加载到混凝土裂缝完全闭合，受压混凝土参与工作，试件刚度逐渐增大。以上为滞回曲线呈现弓形出现稍微捏缩现象的原因。

（3）加载到峰值过程（30～60mm）。滞回曲线呈现 S 形，相对饱满。试件加载刚度略有下降，承载力稳定上升，强度退化较小，滞回环的卸载点的残余变形增大，试件进入弹塑性阶段。此时组合联肢剪力墙底部塑性耗能机制基本形成。

（4）峰值荷载过后（60～120mm）。滞回曲线呈 Z 形，组合联肢剪力墙墙底部区域混凝土被压溃，钢筋被拉断，型钢柱外露，试件的承载力和刚度退化加剧，剪力墙底部区域进一步破坏，墙体耗能比重逐步下降，钢框架耗能比重逐步上升，滞回环面积逐步增大，结构整体耗能能力明显上升。

通过骨架曲线可以对试件的各个特征点进行描述，主要有屈服荷载及位移、峰值荷载及位移和破坏荷载及位移。图 3.31（b）所示为试件的骨架曲线，试件正向加载时，结构经历了弹性阶段（OB）、弹塑性阶段（BC）及破坏阶段（CD）三个状态，其中弹性阶段分为组合联肢剪力墙未开裂阶段（OA）和组合联肢剪力墙带裂缝工作阶段（AB）。加载初期剪力墙的裂缝开展对结构刚度影响不大。骨架曲线过 C 点后出现拐点，钢连梁剪切耗能机制已经形成，组合联肢剪力墙底部区域塑性耗能机制正在逐步形成，此时结构进入弹塑性阶段。最后直到承载力下降到峰值承载力的 85% 以下，结构发生破坏。

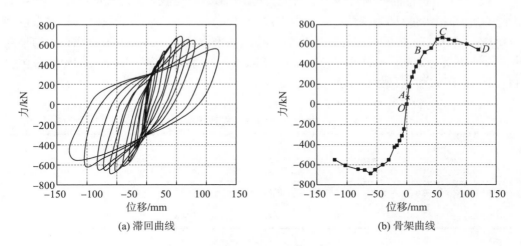

图 3.31　试件的力-位移曲线

2. 变形能力及延性系数

影响结构抗震能力最主要的因素是延性，延性系数 μ 通常取极限位移 Δ_u 与屈服位移 Δ_y 的比值：

$$\mu = \Delta_u / \Delta_y \tag{3.17}$$

屈服位移和荷载采用等能量法计算，如图 3.32 所示，计算方法如下：首先过峰值荷载作水平线，然后过原点作一条斜线使之与峰值荷载的水平线相交，若与骨架曲线围成的阴影部分面积(1)和面积(2)相等，则过原点的斜线与峰值水平线的交点的横坐标值为屈服位移 Δ_y，过交点的垂线与骨架曲线的交点的纵坐标值为屈服荷载 P_y。在图中，峰值荷载 P_m 为骨架曲线中荷载的最大值，峰值位移 Δ_m 为骨架曲线中峰值荷载对应的位移。极限荷载 P_u 为骨架曲线中荷载下降到85%所对应的点，极限位移 Δ_u 为骨架曲线中极限荷载对应的位移。

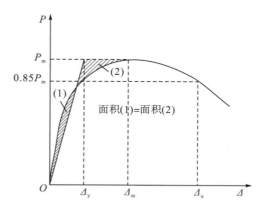

图 3.32　等能量法

表 3.6 给出了试件的屈服荷载 P_y、峰值荷载 P_m 和极限荷载 P_u，对应的屈服位移 Δ_y、峰值位移 Δ_m 和极限位移 Δ_u 以及对应的顶点位移角 θ_y、θ_m、θ_u。屈服荷载对应的顶点位移角的平均值为 1/113，峰值荷载对应的顶点位移角的平均值为 1/66，极限荷载对应的顶点位移角的平均值为 1/36，同时位移延性系数为 3.0～3.2，满足混凝土抗震结构延性系数大于 3 的要求。可以看出试件的变形能力和延性较好。

表 3.6　骨架曲线特征点试验结果

加载方向	屈服点			峰值点			极限点			延性系数
	P_y/kN	Δ_y/mm	θ_y	P_m/kN	Δ_m/mm	θ_m	P_u/kN	Δ_u/mm	θ_u	
+	541.2	36.8	1/108	667.7	60.0	1/67	567.5	111.7	1/36	3.0
−	572.1	34.3	1/117	687.8	60.4	1/66	584.6	109.5	1/37	3.2

3. 刚度退化

为表示结构在低周往复荷载作用下抗位移刚度退化的特征，引入等效刚度 K，即某加载循环荷载峰值点与原点连线的斜率，表 3.7 中 K_0、K_y、K_m、K_u 分别为结构初始、屈服、峰值、极限荷载点的刚度。β_y、β_m、β_u 分别表示从初始状态到屈服、峰值、极限状态刚度的退化程度。

表 3.7　特征点的刚度值及衰减系数

加载方向	初始点	屈服点		峰值点		极限点	
	K_0/(kN/mm)	K_y/(kN/mm)	β_y	K_m/(kN/mm)	β_m	K_u/(kN/mm)	β_u
+	42.7	14.7	0.34	11.13	0.26	4.54	0.11
−	53.3	16.7	0.31	11.40	0.21	4.57	0.09

　　如表 3.7 所示,试件的初始平均刚度为 48kN/mm,试件正负向平均层间位移角为 1/113 时,抗侧刚度为初始刚度的 32.5%;试件正负向平均层间位移角为 1/66 时,抗侧刚度为初始刚度的 23.5%;试件正负向平均层间位移角为 1/36 时,抗侧刚度为初始刚度的 10%。如图 3.33 所示,试件正负向刚度退化趋势相同,初始刚度下降较快,达到屈服位移后,刚度退化变缓,退化速度比较均匀。

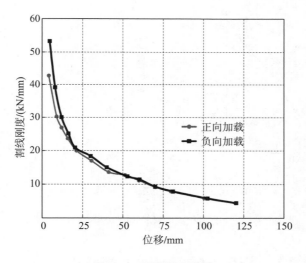

图 3.33　刚度退化曲线

4. 耗能能力

采用累积滞回耗能 E_a 和等效黏滞阻尼系数 h_e 指标来评价结构的耗能能力,其中 E_a 是试验过程中各级加载第一循环每一圈滞回环面积的总和,试件取极限承载力之后的下一级加载作为终点计算累积滞回耗能 E_a,等效黏滞阻尼系数 h_e 的计算原理如图 3.34 所示,计算公式为

$$h_e = \frac{1}{2\pi} \cdot \frac{S_{ABC} + S_{CDA}}{S_{\triangle OBE} + S_{\triangle ODF}} \tag{3.18}$$

式中,S_{ABC} 为曲线 ABC 与横坐标轴所包围的面积;S_{CDA} 为曲线 CDA 与横坐标轴所包围的面积;$S_{\triangle OBE}$ 为三角形 OBE 的面积;$S_{\triangle ODF}$ 为三角形 ODF 的面积。

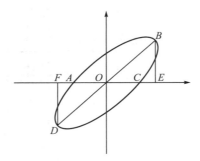

图 3.34　荷载-位移滞回环

　　试件各级加载第一循环的累积滞回耗能和等效黏滞阻尼系数随顶层水平位移的变化曲线分别如图 3.35(a)和图 3.35(b)所示。各阶段等效黏滞阻尼系数见表 3.8。

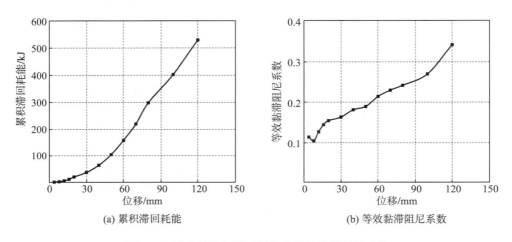

(a) 累积滞回耗能　　　　　　　　　　　　　(b) 等效黏滞阻尼系数

图 3.35　试件的累积滞回耗能和等效黏滞阻尼系数

表 3.8　特征点的累积滞回耗能和等效黏滞阻尼系数

屈服点		峰值点		极限点	
耗能 E_a/kJ	系数 h_{ey}	耗能 E_a/kJ	系数 h_{em}	耗能 E_a/kJ	系数 h_{eu}
36.5	0.164	159.1	0.215	529.7	0.343

　　总体上看，累积滞回耗能和等效黏滞阻尼系数逐步增大。加载初期，结构处于弹性工作阶段，剪力墙裂缝开展较少，结构耗能主要依靠钢连梁的剪切耗能机制。随着荷载的增加，剪力墙出现更多的裂缝，钢连梁的剪切变形增大，结构整体耗能呈上升趋势。在峰值荷载时试件的累积滞回耗能为 159.1kJ，等效黏滞阻尼系数为 0.215。峰值荷载过后，剪力墙逐步退出工作，剪力墙底部耗能比重逐步提升，剪力墙塑性耗能比重增加，整体耗能能力增强。在极限荷载时，试件的累积滞回耗能为 529.7kJ，等效黏滞阻尼系数为 0.343。

5. 层间位移及层间位移角

图 3.36 给出了试件层间位移和层位移的实测结果，表 3.9 为特征点的实测层间位移和层间位移角。弹性阶段的每层的层间位移大致相同，试件屈服以后层间位移开始出现分化，中间层层间位移增加的速度明显大于顶层和底层。层间位移随着楼层的增加先增加后减小，各特征点的最大层间位移出现在第四层，但每层层间位移差别不大，楼层没有出现明显薄弱层。组合联肢剪力墙的层间变形曲线为弯剪变形，裂缝在剪力墙上沿高度方向均匀分布，不同于裂缝主要集中在剪力墙底部截面区域的单向弯曲型普通剪力墙。

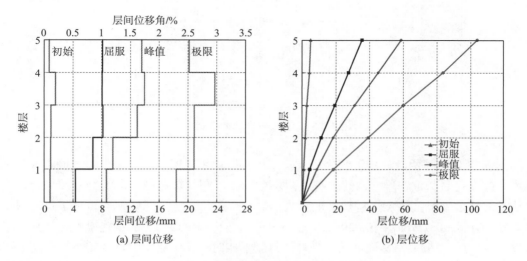

(a) 层间位移　　　　　　　　　　　　　(b) 层位移

图 3.36　特征点层间位移和层位移图

表 3.9　特征点的实测层间位移和层间位移角

楼层	初始点		屈服点		峰值点		极限点	
	Δ_{c}	Δ_{c}/h	Δ_{y}	Δ_{y}/h	Δ_{m}	Δ_{m}/h	Δ_{u}	Δ_{u}/h
1F	0.83	1/960	4.37	1/183	8.66	1/92	18.37	1/44
2F	0.91	1/883	6.78	1/118	9.56	1/84	20.82	1/38
3F	0.94	1/849	8.18	1/98	12.94	1/62	20.86	1/38
4F	1.58	1/506	8.07	1/99	13.96	1/57	23.74	1/34
5F	0.71	1/1134	8.13	1/98	13.56	1/59	20.15	1/40

初始点的顶点层间位移角的平均值为 1/867，屈服点的顶点层间位移角的平均值为 1/120，峰值点的层间位移角的平均值为 1/71，极限点的层间位移角的平均值为 1/39，超过了《建筑抗震设计规范》(GB 50011—2010)规定的弹塑性层间位移角限值 1/100，试件的变形能力较好。

6. 钢连梁剪切变形

采用电压式位移计测量钢连梁的剪切变形区域的对角线伸长量和缩短量，剪切角 γ 按照式(3.19)计算，式中参数参见图3.37。

$$\gamma = \frac{\sqrt{a^2+b^2}}{2ab}(a_1+a_2+a_3+a_4) \tag{3.19}$$

式中，a_1、a_2 和 a_3、a_4 分别对应剪切变形区域对角线的伸长量和缩短量；a、b 为被测区域变形前的边长。

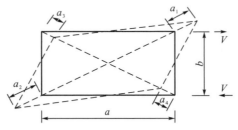

图 3.37　剪切变形计算简图

图 3.38 给出了组合联肢剪力墙一层、二层、三层钢连梁的塑性转角随着顶层水平位移增大的变化趋势。在同一水平位移下，层数越高，塑性转角越大。组合联肢剪力墙墙肢达到屈服位移时，钢连梁剪切变形耗能明显，一层、二层、三层塑性转角正负向平均值为 0.009rad、0.023rad 和 0.029rad，远小于以剪切塑性变形为主的钢连梁塑性转角上限值 0.08rad，剪力墙底部截面区域塑性耗能机制形成时，钢连梁塑性转角较小，钢连梁还能继续发挥塑性耗能机制。在破坏阶段一层、二层、三层的正负向塑性转角平均值分别为 0.053rad、0.083rad 和 0.098rad，二层、三层钢连梁的塑性转角超过 0.08rad 的上限值，致使钢连梁腹板加劲肋焊接处断裂破坏，钢连梁的剪切耗能降低。

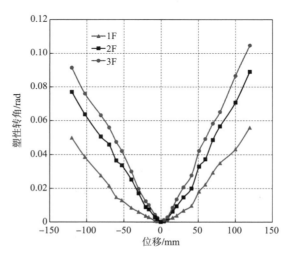

图 3.38　钢连梁的塑性转角值

7. 钢筋及型钢应变

组合联肢剪力墙底部截面的钢筋上应变片 $A \sim J$ 布置方式见图 3.39，试件的钢筋应变分布见图 3.40，暗柱最外侧纵筋在试件破坏阶段被拉断，故仅能对峰值以前的应变进行分析。由图 3.40 可知，位于剪力墙中轴线 C 和 H 位置的竖向分布筋应变较小，在峰值状态时中轴线附近的钢筋应变仍然较小，均未达到屈服应变 $2100\mu\varepsilon$，仍然处于弹性阶段。剪力墙外侧 A 和 J 位置的纵筋在试件屈服时均已达到屈服强度，B 和 I 位置的纵筋在峰值状态时也达到屈服强度。试件屈服前，单片剪力墙一边受拉、一边受压，基本呈直线分布，满足平截面假定。屈服过后，应变值逐步偏离直线，不再符合平截面假定。

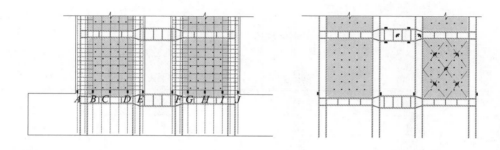

图 3.39　应变片布置图

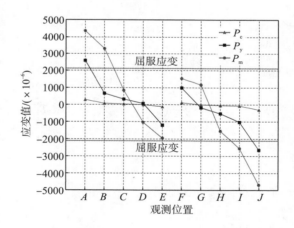

图 3.40　钢筋应变分布

一层钢连梁的腹板与翼缘的应变与水平荷载的实测关系曲线如图 3.41 所示，钢连梁的腹板在顶层水平位移为 12mm 加载(水平荷载为 360kN)时出现屈服，钢连梁的翼缘在顶层水平位移为 30mm 加载(水平荷载为 551kN)时出现屈服。其余层钢连梁屈服时对应的顶层水平位移见表 3.10。

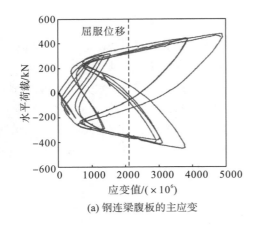

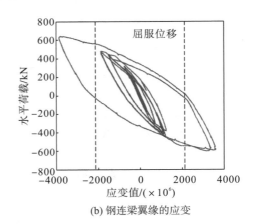

(a) 钢连梁腹板的主应变　　　　　　　　　　　(b) 钢连梁翼缘的应变

图 3.41　水平荷载-钢连梁应变曲线

表 3.10　钢连梁屈服时对应的顶层水平位移　　　　　　　　　　（单位：mm）

	屈服类型	1F	2F	3F	4F
钢连梁	剪切屈服	12	12	8	8
	弯曲屈服	20	16	16	16

　　型钢柱翼缘的应变如图 3.42 所示，钢连梁翼缘屈服时对应的顶层水平位移和力分别为 30mm 和 551kN。

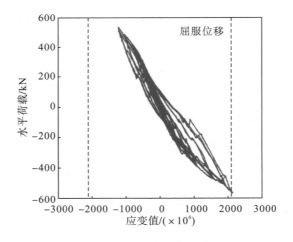

图 3.42　型钢柱翼缘应变

　　如图 3.43 所示，在一个荷载循环内，实测的第一层钢框架钢板中心的主拉应变与水平方向的夹角约为 30°，但反向加载过程中由于钢板发生屈曲，主应变角度发生突变。

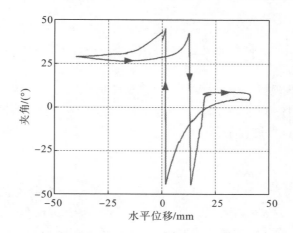

图 3.43 一个荷载循环内第一层钢板中心位置的主应变方向

钢框架钢板混凝土组合联肢剪力墙试件的三层至四层钢连梁在顶层水平位移为 8mm 时屈服，第一批剪切耗能塑性铰形成，一层至二层钢连梁的顶层水平位移为 12mm 时屈服，第二批剪切耗能塑性铰形成，剪力墙底部截面区域的型钢柱翼缘在顶层水平位移为 30mm 时屈服，墙肢底部塑性铰形成，满足先连梁后剪力墙屈服的预定屈服耗能机制。

3.2 基于螺栓连接的钢板混凝土组合联肢剪力墙抗震性能研究

超高层建筑中，组合剪力墙体系的应用越来越多，螺栓连接也在实际工程中得到了应用，但相关研究已经远滞后于超高层建筑结构的实践发展，现有的大部分联肢剪力墙试验的研究仅考虑了连梁的抗震性能，而没有考虑组合墙体的抗震性能以及连梁墙肢的相互作用。为了给工程设计和施工提供更加合理的建议，更好地发挥组合剪力墙体系的优势，应发展出能够实现连梁和墙体双重抗震防线机制的设计方法，用以考虑组合剪力墙体系中的耦合作用。在此基础上，针对组合联肢剪力墙结构形式和螺栓对组合联肢墙体的影响进行了探索，并进行了以下研究。

(1)基于以上的研究背景，结合组合剪力墙体系的受力特点，以及以往的混合联肢剪力墙的设计，探究了基于耦连比的钢板混凝土组合联肢剪力墙设计思路，并借鉴结构设计思路，基于 30%的耦连比设计了一个 5 层的内藏钢板混凝土组合联肢剪力墙试件。之后，结合长沙国金中心等超高层建筑现场施工，对钢构件部分进行了模块划分，对螺栓连接部分进行计算。

(2)借鉴传统的联肢剪力墙的试验研究方法，设计了钢板混凝土组合联肢剪力墙试件的低周往复试验，可以同时模拟出钢连梁和组合钢板墙肢的受力特征以及相互的耦合关系。研究了试件的承载力、耗能、延性等抗震性能，以及连梁对墙体的作用，并研究了局部损伤出现的原因和试件的破坏模式。

(3)结合五层体系试验的部分结果，了解组合联肢剪力墙体系的受力机制。并根据局部损伤出现的原因，对螺栓连接的设计进行了改进，并在前期试验研究的基础上设计了连梁-墙肢子结构试验，据此研究了改进后的螺栓连接方法对钢板混凝土联肢剪力墙的影响。

选取合适的本构模型和单元类型等，对子结构试件进行了模拟。对比了试验和分析结果的滞回曲线、破坏模式等方面，证实了有限元建模方法的可靠性，并在此基础上，针对不带螺栓的五层试件进行了分析，验证了基于耦连比设计的五层试件的性能。

3.2.1　试件设计

最终的墙体尺寸如图 3.44 所示，总的墙体宽度为 1900mm（包括两片 800mm 长的墙肢和 300mm 长的钢连梁），墙体厚度为 120mm。试件顶部有两个 850mm×300mm×300mm 的加载头，底部有一个 3000mm×500mm×500mm 的基础底座。墙体中的水平和垂直分布筋为 6mm 的 HRB400 钢筋，间距为 100mm，约束边缘构件采用 8mm 的 HRB400 钢筋；墙体内的钢板厚度为 6mm，钢构件均采用 Q345 的钢材；钢板的栓钉间距为 120mm。设计参数见表 3.11。

表 3.11　试件设计参数表

类别	参数/mm	
墙体	120×800×4000	
加载梁	300×300×850	
基座梁	500×500×3000	
钢连梁	150×130×4×10(1F，2F)	120×100×4×10(3F，4F，5F)
型钢暗梁	150×130×6×10(1F，2F)	120×100×6×10(3F，4F，5F)
钢板厚度	6	
型钢暗柱	90×60×6×8	
分布筋	6@100(水平)	6@100(竖向)
边缘构件纵筋	6 8	
边缘构件箍筋	8@100	

如图 3.44 所示的试件中，两片墙肢的抗弯承载力之和 M_1+M_2=1522kN·m，强化后的钢连梁受剪承载力之和 $\gamma_q\Sigma V_{ni}$=567kN，如图 3.45 所示，此时顶部的水平荷载为 V_{nw}=536kN，此时，钢板组合联肢剪力墙试件的设计耦连比约为 30%。

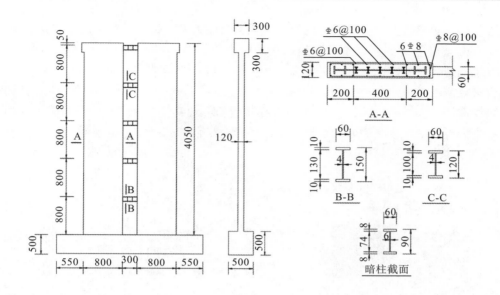

图 3.44　试件尺寸及构造（单位：mm）

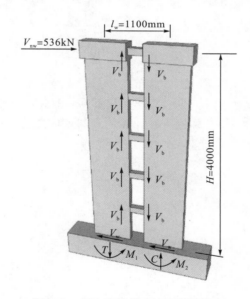

图 3.45　组合联肢剪力墙预期承载力

3.2.2　钢构件模块划分及螺栓连接计算

组合联肢剪力墙中的钢构件部分，包括钢连梁、型钢暗柱、暗梁以及内钢板这几个主要的组成部分，实际施工过程中，内置钢构件的特点是厚度较小，宽度和高度较大，所以整体的运输不易实现，在工厂加工时就要求对钢构件进行分段，包括竖向和横向的分段，之后运输到现场施工。传统的钢板剪力墙施工方式将钢板剪力墙按照钢柱、钢板及钢梁划分制作单元，再通过大量的现场焊接完成连接。这种施工方式吊装次数多，施工流程复杂，效率较低，大量的现场焊接消耗大量的人力、物力，焊接质量往往也难以保证，造成安全隐患。所以本章应用螺栓连接模块化的技术理念，将钢构件划分为如图 3.46 所示的三种模块，分别为连梁-钢骨柱-边钢板核心模块、边钢骨柱-边钢板模块、内钢板模块。连梁-钢骨柱-边钢板核心模块包括钢连梁、钢连梁两侧钢骨柱、钢骨柱边钢板及暗梁翼缘和加劲肋；边钢骨柱-边钢板模块包括侧边钢骨柱、边钢板及暗梁翼缘和加劲肋；内钢板模块主要是中心的钢板部分。各模块在预制完成后，运输至施工现场通过螺栓连接方式进行安装。

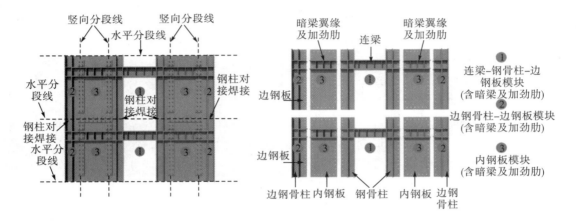

图 3.46　钢结构安装模块分段方式示意图

为保证钢构件的正常工作，螺栓的设计需达到与钢板抗剪强度等效，所需的螺栓数量按照式(3.20)～式(3.22)进行计算：

$$N_v^b = n_v \frac{\pi d^2}{4} f_v^b \tag{3.20}$$

$$V_p = 0.58 A_p f_p \tag{3.21}$$

$$n = \frac{V_p}{N_v^b} \tag{3.22}$$

式中，N_v^b 代表单个螺栓的受剪承载力设计值，kN；n_v 代表传力面数目；f_p 代表钢板强度设计值，MPa；f_v^b 代表螺栓的抗剪强度设计值，MPa；V_p 代表钢板混凝土剪力墙钢板受剪承载力，kN；A_p 代表剪力墙内配置钢板的连接面面积，mm^2。

连接用的端板在钢构件断开处代替原钢板受力，为保证连接的可靠性，端板应强于原始钢板截面，考虑到连接处可能出现的应力集中，这里采用两块 6mm 的夹板分别夹在原始钢板两侧。螺孔的中距和边距应满足《钢结构设计规范》(GB 50017—2017)中的要求。

如图 3.47 所示，采用 8.8 级的 M12 螺栓，采用 ML10×40 的栓钉，底层钢板栓钉间距为 100mm，2～5 层钢板栓钉间距为 80mm×100mm。

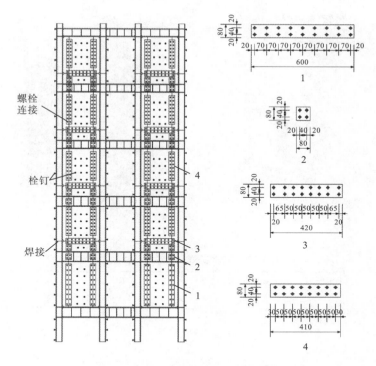

图 3.47 钢构件构造图(单位:mm)

3.2.3 试件制作及材性试验

试件制作过程中,先对钢构件进行加工,在钢构件成型后绑扎钢筋,浇筑混凝土,图 3.48 为钢构件加工图和混凝土浇筑图。

(a) 钢构件加工图

(b) 混凝土浇筑图

图 3.48 试件施工图

试件中使用 HRB400 的钢筋,钢构件的材料为 Q345B。钢板及钢筋的材性试验均为单向拉伸试验,如图 3.49 所示,钢板和钢筋材性试验的试样根据《金属材料 拉伸试验 第 1 部分:室温试验方法》(GB/T 228.1—2010)取自制作钢构件的母材,不同厚度或直径的钢材均取 3 个材性试样,钢材的材料测试结果见表 3.12,材性拉伸曲线如图 3.50 所示。

(a) 钢筋拉伸试验   (b) 钢板拉伸试验

图 3.49   钢材拉伸装置图

表 3.12   钢材实测力学性能指标

类别	厚度/mm	屈服强度/MPa	极限强度/MPa	弹性模量/MPa	牌号	备注
钢板	4	356	416	209865	Q345	连梁加劲肋及腹板
	6	344	438	208979		钢板、暗柱、暗梁腹板和部分加劲肋
	8	331	420	206837		梁、柱翼缘
	10	348	452	206022		柱、梁、连梁翼缘
钢筋	6	486	545	214026	HRB400	墙体水平及竖向分布筋
	8	481	582	205704		暗柱纵筋及箍筋

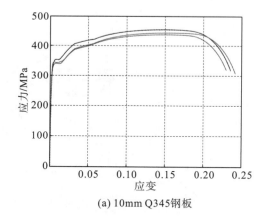

(a) 10mm Q345钢板   (b) 6mmHRB400钢筋

图 3.50   钢材拉伸试验图

混凝土采用 C40，根据《普通混凝土配合比设计规程》(JGJ 55—2011)进行配置，试件的浇筑包括了基座梁、剪力墙墙肢以及顶部加载头三个批次。浇筑的同时，各批次均预留 3 组立方体标准试块(150mm×150mm×150mm)。为保证试块强度的可靠性，对试块和试件采用一致的养护措施。为保证混凝土强度接近设计值，试件养护超过 28 天，混凝土强度取试验当天在重庆大学压力试验机测得的抗压强度平均值 $f_{cu,m}$，混凝土的材料性能指标见表 3.13。

表 3.13　混凝土力学性能指标

位置	立方体强度平均值 $f_{cu,m}$/MPa	轴心抗压强度平均值 $f_{c,m}$/MPa	轴心抗拉强度平均值 $f_{t,m}$/MPa	弹性模量 E_c/MPa
基座梁	49.7	37.8	3.4	33657
加载梁	47.1	35.8	3.3	33657
墙体	38.9	29.6	3.0	32600

考虑到试件和试块的混凝土浇筑批次以及养护条件均相同，所以这里不考虑两者间的强度差异，分别利用式(3.23)～式(3.25)计算混凝土轴心抗压强度平均值 $f_{c,m}$、轴心抗拉强度平均值 $f_{t,m}$ 以及弹性模量 E_c。

$$f_{c,m} = \alpha_{c1} f_{cu,m} \tag{3.23}$$

$$f_{t,m} = 0.395 f_{cu,m}^{0.55} \tag{3.24}$$

$$E_c = \frac{10^5}{\left(2.2 + 34.7 / f_{cu,k}\right)} \tag{3.25}$$

式中，a_{c1} 为棱柱体强度与立方体强度比值，取 0.76；$f_{cu,k}$ 为混凝土强度等级。

3.2.4　加载装置和加载制度

本次试验的加载装置如图 3.51 所示，试件底部的基座梁通过地锚螺杆和压梁固定于试验台座上。50t 液压千斤顶通过试件的加载梁顶部的刚性分配梁把轴向荷载均匀地传递到墙肢截面，加载过程中在滚轮的作用下，保持竖向千斤顶提供的轴向荷载的作用线始终垂直于加载梁的顶面。在接近顶部加载头的墙体侧面设置侧向支撑用以约束加载的方向和防止墙体平面外失稳，并在侧向支撑与墙体侧面之间设置聚四氟乙烯板，以减小相互摩擦。在顶部加载头两端设置加载用的端板，利用高强螺杆和端板将加载头夹住，并通过最大负载 200t、有效行程 800mm 的水平千斤顶对试件施加水平往复荷载。

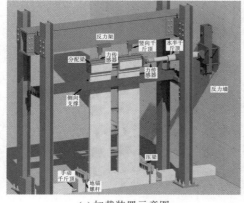

(a) 加载装置示意图　　　　　　　(b) 加载装置实拍图

图 3.51　试验加载装置图

试件的轴向荷载取试验轴压比 0.1，分三次加载完成，试验前为消除混凝土内部组织可能存在的不均匀性，先进行预加载，先加载到第一级荷载，再卸载到 0kN，反复两次，之后再逐级加载到预定的轴向荷载，整个加载过程中，轴力维持不变。竖向荷载加载过程中，通过墙体中心偏移和墙体底部应变片的数值变化，判断是否发生墙体平面外倾斜。竖向荷载加载完成后，进行水平方向的预加载，以检测试件连接的量测装置以及数采系统是否正常工作。以 1mm→0mm→-1mm 进行两个微循环。之后进行正式加载，根据《建筑抗震试验规程》(JGJ/T 101—2015)中建议采用荷载-变形双控制的方法，在开裂或屈服前的加载制度是以荷载指标为基准进行控制；屈服或开裂后，以临界值倍数为极差作为控制的基准。但对于体系试验而言，很难给出开裂荷载和屈服荷载的界限，因此，参考 FEMA 461，采用位移控制的加载方式，如图 3.52 所示，以顶点位移角 0→0.05%→0.10%→0.20%→0.30%→0.40%→0.50%→0.75%→1.00%→1.25%→1.50%→1.75%→2.00%进行加载。组合联肢剪力墙水平加载时规定推为正，拉为负，控制每个加载步做两个循环，每一个加载步分为三步加载到峰值，每个加载步的循环次数为 2，加载到试件某一级的峰值荷载下降至整个加载过程中出现的峰值承载力的 85%以下或观察到试件严重破坏时，认为试件达到了极限状态。由于墙体较高，为防止加载过程中出现墙体整体倾覆或扭转，在加载过程中利用激光仪随时监控墙体的垂直度。

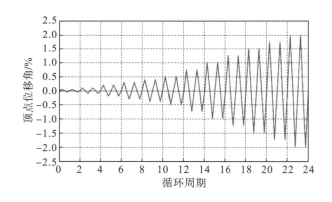

图 3.52　加载制度

3.2.5　量测方案

试验过程中主要针对以下几个部分进行测量：
(1)剪力墙内部的钢筋、型钢暗柱以及内藏钢板应变；
(2)钢连梁剪切及弯曲屈服点、连梁与型钢暗柱节点核心区应变；
(3)钢连梁剪切变形；
(4)试件各层水平位移以及对应的顶部荷载大小。

3.2.6　应变观测

为了监测组合墙体内部的内力分布，了解墙体的破坏模式和耗能机理，本次试验对部分钢筋和钢构件的应变进行了监控：在剪力墙底部纵向分布筋处布置了 10 个应变片，用以观测底部墙肢的屈服，并测量截面的应力分布；在各层底部位置处的型钢暗柱和钢筋布置应变片，观测型钢暗柱的屈服位移，以及各层的屈服情况；对各层钢连梁的翼缘和腹板应变进行测量，用以判断型钢梁的剪切和弯曲屈服；考虑到内藏钢板可能出现沿对角线方向的斜拉场效应，钢板应变花布置方式参考相关文献，并针对螺栓连接附近的钢板进行了测量，底部两层的钢筋和钢构件应变片布置简图如图 3.53 所示。为了尽量保证数据的稳定性，本次试验中对应变片和数据采集系统间的连线均采用焊接方式连接。

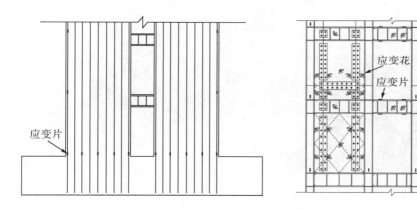

图 3.53　应变片布置简图

3.2.7　荷载和变形监控

试验加载过程中，墙体顶部的竖向荷载通过 50t 的压力传感器将信号输入静态应变仪中用以观察和控制；顶层的往复荷载通过 200t 的拉压传感器输出到东华的数据采集系统 DH3816N 中，实时地采集和监控。

为了防止基座梁的滑移对各层位移的影响，利用膨胀螺栓将位移计支撑架固定于刚性基座梁上，在各层顶部布置了位移计 W1～W5，以测量加载过程中各层水平位移以及层间位移、位移角的变化规律，同时在顶层额外设置了一个 W5-2，用以监测控制位移计 W5-1 的准确性和可靠性；连梁的剪切变形利用美国 BEI Sensors 公司的一种电压式位移计 linear pot(LP) 进行测量，在钢连梁上布置了编号为 LP1～LP6 的位移计。各位移计的布置如图 3.54 和图 3.55 所示。

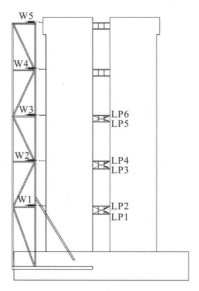

图 3.54 位移计布置图

 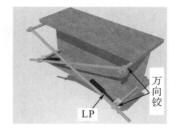

图 3.55 LP 安装图

3.2.8 裂缝观测

在每级加载到位移峰值时，观察裂缝的出现位置以及延伸情况，对比各层墙肢的裂缝分布情况，并绘出试件的裂缝图。

3.2.9 试验现象

下文着重描述加载过程中观察到的裂缝发展、连梁剪切变形、钢材屈曲等试验现象以及部分特殊状态对应的荷载、位移。为了方便阐述，这里做以下几点说明。

（1）每片剪力墙共五层，均在正反两个方向进行记录，将组合联肢剪力墙分为南北两片墙肢，远离水平千斤顶的一侧为南，反之为北，总的来说，包括北侧正面 North-Front（北正 N-F）、北侧反面 North-Opposite（北反 N-O）、南侧正面 South-Front（南正 S-F）与南侧反面 South-Opposite（南反 S-O），试件的各个部位划分见图 3.56。

图 3.56　试件部位划分

（2）加载过程中利用彩色油墨笔对裂缝进行描线，墙体正向受推时产生的裂缝利用红色线条标记，反之则利用蓝色线条标记。

（3）描述中没有特别标明距墙端距离的裂缝，均是从墙端或接近墙端处开始的裂缝。

1. 水平开裂

当水平位移为 1.4mm 时，在南反（S-O）的墙体右下角出现了 1 条水平裂缝，裂缝距离墙体底部 390mm，从墙体边缘水平伸出，长度约为 100mm。此时对应的开裂荷载为 172kN（图 3.57）。

图 3.57　初始裂缝

2. 顶点位移角 θ=1/2000 加载阶段

1）T=1，θ=+1/2000 时

①北正（N-F）：无裂缝出现。②南正（S-F）：距右下角 200mm 高度处，出现 1 条长为 150mm 的水平裂缝；在 100mm 高度处，出现 1 条长为 50mm 的水平裂缝。③北反（N-O）：无裂缝出现。④南反（S-O）：距离左下角 300mm 出现 1 条水平裂缝，长 100mm；距离左下角 800mm 出现 1 条水平裂缝，长 30mm。

2）T=1，θ=-1/2000 时

①北正（N-F）：距离底部 130～800mm 高度处，均匀出现 4 条水平裂缝，长度为 50～

100mm。②南正(S-F)：100～800mm 高度处，均匀出现 5 条长为 200～400mm 的水平裂缝。③北反(N-O)：240mm 和 700mm 高度处，出现长为 20mm 和 100mm 的水平裂缝；二层底部，出现 1 条 30mm 的水平裂缝。④南反(S-O)：100mm、600mm 和 680mm 高度处，分别出现 150mm、50mm、100mm 的水平裂缝；二层 100mm 和 200mm 高度处，出现 100mm 和 180mm 的水平裂缝；二层 300mm 高度处，沿左下 15° 方向出现 1 条 100mm 的裂缝；二层 420mm 和 500mm 高度处，各出现 1 条 50mm 左右的水平裂缝。

3) $T=2$，$\theta=+1/2000$ 时

①北正(N-F)：无裂缝出现。②南正(S-F)：100mm 高度处，原有水平裂缝水平延伸了 100mm；③北反(N-O)：无裂缝出现。④南反(S-O)：无裂缝出现(图 3.58)。

4) $T=2$，$\theta=-1/2000$ 时

①北正(N-F)：距左下角底部高度 220mm 处，原有水平裂缝水平延伸了 50mm。②南正(S-F)：无裂缝出现。③北反(N-O)：300mm 高度处，出现了 1 条长 150mm 的裂缝。④南反(S-O)：400mm 和 800mm 高度处，分别出现了 1 条 130mm 和 200mm 长的裂缝；二层 200mm 高度处，出现 1 条长 120mm 的水平裂缝。

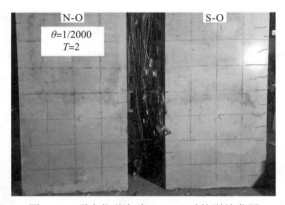

图 3.58　顶点位移角为 1/2000 时的裂缝发展

3. 顶点位移角 $\theta=0.10\%$ 加载阶段

1) $T=1$，$\theta=+0.10\%$ 时

①北正(N-F)：底层 230mm 高度处，出现 1 条长约 30mm 的水平裂缝。②南正(S-F)：300mm 高度处，出现 1 条长 170mm 的水平裂缝；800mm 高度处，出现 1 条长约 100mm 的水平裂缝。③北反(N-O)：300mm 和 420mm 高度处，出现 2 条长为 100mm 的水平裂缝；二层底出现了 1 条 50mm 的裂缝，沿右上 15° 方向。④南反(S-O)：300mm 和 800mm 高度处，原有裂缝沿水平方向延伸了 100mm 和 30mm；440mm 高度处，出现 1 条长约 60mm 的水平裂缝。

2) $T=1$，$\theta=-0.10\%$ 时

①北正(N-F)：410mm 高度处，出现 1 条长约 100mm 的水平裂缝；350mm 和 800mm 高度处，原有水平裂缝沿水平方向延伸了 130mm 和 30mm。②南正(S-F)：100mm 高度处，距墙端 100mm 处，原有裂缝中部沿右下延伸了 100mm；400～680mm 高度处，均匀

出现了 3 条 100～200mm 长的水平裂缝；二层 100mm 高度处，出现 1 条 300mm 的水平裂缝。③北反（N-O）：100mm 高度处，出现 1 条长约 70mm 的水平裂缝；200mm 和 700mm 高度处，原有裂缝沿水平方向延伸了 100mm 和 50mm；二层底部处，原有裂缝沿左下 30° 延伸了 150mm。④南反（S-O）：380mm 高度处，原有裂缝沿左下 30° 延伸了 200mm；500mm 和 620mm 高度处，原有裂缝沿水平方向延伸了 500mm 和 200mm；二层底往上 100mm，原有裂缝沿水平方向延伸了 80mm；二层底往上 430mm，原有裂缝沿左下 45° 延伸了 100mm。

3）$T=2$，$\theta=+0.10\%$时

①北正（N-F）：430mm 高度处，原有水平裂缝水平延伸了 40mm。②南正（S-F）：无明显现象。③北反（N-O）：200mm 高度处，出现 1 条 200mm 的裂缝先沿水平方向延伸了 100mm，再沿右上 45° 开展；320mm 高度处，原有水平裂缝水平方向延伸了 350mm。④南反（S-O）：无明显现象（图 3.59）。

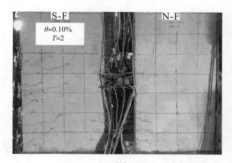 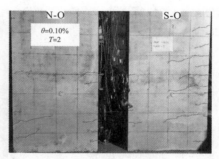

图 3.59　顶点位移角为 0.10%时的裂缝发展

4）$T=2$，$\theta=-0.10\%$时

①北正（N-F）：无明显现象。②南正（S-F）：200mm 高度处，原有水平裂缝向右上开展了 100mm；800mm 高度处，原有水平裂缝水平开展了 380mm。③北反（N-O）：无明显现象。④南反（S-O）：2 层 160mm 高度处，原有裂缝沿水平开展了 150mm。

4. 顶点位移角 $\theta=0.20\%$加载阶段

1）$T=1$，$\theta=+0.20\%$时

①北正（N-F）：二层 120mm 高度处，出现 1 条长为 220mm 的水平裂缝。②南正（S-F）：800mm 高度处，原有裂缝沿连梁处墙侧面延伸了 40mm；200mm 高度处，出现了 1 条 150mm 的水平裂缝。③北反（N-O）：450mm 和 600mm 高度处，分别出现了 1 条 100mm 和 1 条 450mm 的水平裂缝。④南反（S-O）：100mm 和 210mm 高度处，分别出现 1 条约 50mm 的水平裂缝；300mm 和 400mm 高度处，原有裂缝沿水平方向延伸了 100mm。

2）$T=1$，$\theta=-0.20\%$时

①北正（N-F）：100mm 高度处，原有水平裂缝沿水平方向延伸了 400mm；450mm 和 500mm 高度处，分别出现 1 条长为 300mm 的水平裂缝；二层 200mm 高度处，出现 1 条 200mm 的水平裂缝。②南正（S-F）：220mm 高度处，原有水平裂缝沿水平方向延伸了 40mm；420mm 和 800mm 高度处，原有水平裂缝水平延伸了 60mm。③北反（N-O）：二层右侧

180mm，距墙端 100mm 处，出现 1 条沿左下 30° 长度为 150mm 的裂缝；三层底出现了 1 条 100mm 的水平裂缝。④南反（S-O）：140mm 高度处，原有裂缝沿左下 15° 延伸了 200mm；240mm 高度处，原有裂缝沿水平方向开展了 100mm；240mm 高度处，原有裂缝沿水平方向延伸了 100mm；600mm 高度处，原有裂缝沿左下 40° 延伸了 150mm；二层右侧 420mm 高度处，原有裂缝沿左下 30° 延伸了 150mm；二层右侧 580mm 高度处，出现 1 条长度约为 120mm 的水平裂缝；二层右侧 700mm 高度处，出现 1 条 420mm 长的水平裂缝；三层底部，出现 1 条 100mm 的裂缝，先水平开展，后沿左下 30° 倾斜开展；三层右侧 220mm 高度处，出现 1 条水平裂缝；3 层 400mm 高度处，出现 1 条 300mm 长的水平裂缝。

3）$T=2$，$\theta=+0.20\%$时

①北正（N-F）：320mm 高度、距墙端 130mm 处，600mm 高度、距墙端 170mm 处，730mm 高度、距墙端 200mm 处，分别出现 1 条沿着左下角 10° 长 150mm、120mm、140mm 的裂缝。②南正（S-F）：无明显现象。③北反（N-O）：二层底部 120mm 高度处，出现 1 条长为 150mm 的水平裂缝；1 层底部 700mm 高度处，出现 1 条长为 150mm 的水平裂缝。④南反（S-O）：三层底部，出现 1 条长为 100mm 的水平裂缝（图 3.60）。

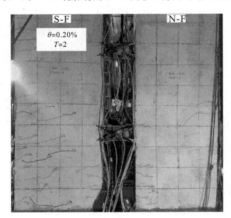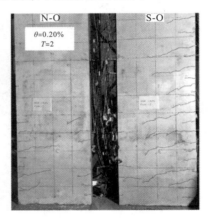

图 3.60　顶点位移角为 0.20%时的裂缝发展

4）$T=2$，$\theta=-0.20\%$时

①北正（N-F）：30mm、170mm 高度处，出现长为 100mm 和 50mm 的水平裂缝。②南正（S-F）：二层 300mm、380mm、600mm 高度处，出现长为 200mm、180mm、250mm 的水平裂缝；二层 500mm 和 600mm 高度处，分别出现 1 条 200mm 的水平裂缝；三层底部，出现 1 条 380mm 的水平裂缝。③北反（N-O）：无明显现象。④南反（S-O）：750mm 高度处，原有裂缝沿左下 20° 延伸了 200mm；二层底 300mm 高度处，原有裂缝沿左下 20° 延伸了 100mm；二层底 390mm 高度处，出现 1 条 200mm 的水平裂缝。

5. 顶点位移角 $\theta=0.30\%$加载阶段

1）$T=1$，$\theta=+0.30\%$时

①北正（N-F）：330mm、520mm、700mm 高度处，分别出现 160mm、220mm、180mm 的水平裂缝；二层底和 450mm 高度处，出现 170mm 和 100mm 的水平裂缝；二层 500mm 高，距墙边 150mm 处，出现 380mm 长的斜裂缝，与水平方向呈 45°。②南正（S-F）：二

层顶,出现 1 条 100mm 的水平裂缝。③北反(N-O):100mm、450mm 高度处,出现 200mm 和 100mm 的水平裂缝;二层 200mm 和 700mm 高度处,出现 200mm 和 300mm 的水平裂缝;三层底部、100mm 和 220mm 高度处,各出现 180mm、300mm 和 200mm 的水平裂缝。④南反(S-O):120mm、220mm 和 500mm 高度处,分别出现 200mm、60mm 和 120mm 的裂缝;一层 240mm 高度处,原有裂缝沿右下 30° 延伸了 50mm,与负向荷载下的裂缝相交;二层 120mm 高度处,出现 1 条 100mm 的水平裂缝。

2)$T=1$,$\theta=-0.30\%$时

①北正(N-F):60mm 高度处,原有裂缝延伸了 60mm;620mm 高度处,距离墙端 130mm,出现 1 条右下倾斜长为 70mm 的裂缝;二层 60mm 高度处,出现 1 条 120mm 的水平裂缝,并向右下延伸了 50mm;二层底 100mm 和 200mm 高度处,出现了 80mm 和 90mm 的水平裂缝。②南正(S-F):二层 500mm 高度处,出现 1 条 280mm 长的水平裂缝;二层 750mm 高度处,距墙端 180mm,出现 1 条 300mm 长的水平裂缝;三层底原有水平裂缝延长了 200mm。③北反(N-O):100mm 和 200mm 高度处,原有裂缝沿水平方向分别延伸了 100mm 和 200mm;450mm 高度处,原有裂缝沿左下 40° 延伸了 200mm;二层底 200mm 高度处,出现了 1 条 120mm 的水平裂缝;④南反(S-O):一层、二层裂缝少量延伸,三层 580mm 高度处,原有裂缝沿左下 35° 延伸了 380mm;三层 700mm 高度处,原有裂缝沿左下 20° 延伸了 500mm;四层 180mm 高度处,出现 1 条 100mm 的水平裂缝。

3)$T=2$,$\theta=+0.30\%$时

①北正(N-F):二层 300mm 高度处,出现 1 条 190mm 的水平裂缝;二层 580mm 和 700mm 高度处,距墙端 150mm,分别出现 1 条向左下角 45° 倾斜,长度为 150mm 和 120mm 的裂缝;二层 700mm 高度处,出现 1 条向左下角倾斜长为 120mm 的裂缝;三层底部及 150mm 高度处,分别出现 1 条 160mm 长的水平裂缝。②南正(S-F):300mm 高度处,出现 1 条长为 80mm 的水平裂缝;520mm 和 900mm 高度处,原有裂缝少量延伸;三层 120mm 高度处,出现 1 条向左下倾斜长为 100mm 的斜裂缝。③北反(N-O):一层、二层部分裂缝少量延伸。④南反(S-O):620mm 高度处,出现 1 条 120mm 长的水平裂缝;三层顶出现 1 条裂缝,先水平延伸 300mm,后斜向下延伸 80mm(图 3.61)。

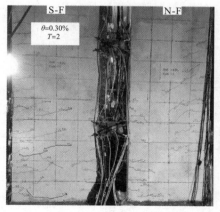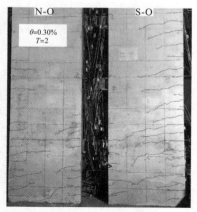

图 3.61　顶点位移角为 0.30%时的裂缝发展

4) $T=2$，$\theta=-0.30\%$时

①北正（N-F）：60mm 高度，距墙端 80mm 处，原有裂缝水平延伸了 70mm；380mm 高度处，原有裂缝水平延伸了 160mm。②南正（S-F）：120mm 高度处，原有裂缝水平延伸了 120mm；340mm 高度处，出现 1 条长 140mm 的水平裂缝；460mm 高度处，原有裂缝向右下延伸了 280mm；60mm、580mm 和 700mm 高度处，原有裂缝少量延伸。③北反（N-O）：400mm 高度处，出现 1 条长约 100mm 的水平裂缝；二层 100mm 高度处，原有裂缝沿左下 45°延伸了 100mm。④南反（S-O）：450mm 高度处，原有裂缝沿左下 60°延伸了 100mm；二层 460mm 高度处，原有裂缝沿左下 30°延伸了 150mm。

6. 顶点位移角 $\theta=0.40\%$加载阶段

1) $T=1$，$\theta=+0.40\%$时

①北正（N-F）：130mm、620mm 高度处，分别出现 100mm 和 150mm 的水平裂缝；280mm 和 430mm 高度处，原有裂缝水平延伸了 200mm 和 130mm；二层 180mm 和 550mm 高度处，各出现 1 条 130mm 的水平裂缝；三层底部距墙端 300mm 处，出现 1 条 140mm 的水平裂缝。②南正（S-F）：350mm 高度处，原有裂缝沿左下延伸了 60mm；500mm 高度处，原有裂缝沿左下延伸了 100mm；590mm 高度，距墙端 100mm 处，出现 1 条 180mm 的水平裂缝；800mm 高度处，原有裂缝水平延伸了 80mm。③北反（N-O）：一层底部，原有裂缝沿右下 20°延伸了 120mm；二层 320mm 高度处，出现 1 条 160mm 的水平裂缝；630mm 高度处，原有裂缝水平延伸了 120mm；二层底部，原有裂缝水平延伸了 100mm；三层 100mm 高度处，原有裂缝水平延伸了 100mm；三层 300mm 高度处，出现 1 条 160mm 的水平裂缝。④南反（S-O）：230mm 和 700mm 高度处，原有裂缝沿水平方向分别延伸了 100mm 和 190mm；580mm 高度处，原有裂缝沿右下 20°延伸了 200mm；二层 100mm 高度处，原有裂缝延伸，先沿水平延伸了 150mm，之后斜下 45°延伸了 100mm，并与负向荷载下的裂缝相交；二层 410mm 高度处，出现 1 条 150mm 的水平裂缝；四层底部，原有裂缝水平延伸少许。

2) $T=1$，$\theta=-0.40\%$时

①北正（N-F）：140mm、520mm 高度处，出现 80mm、110mm 的水平裂缝；二层 110mm 高度处，出现 1 条向右下倾斜长为 140mm 的 45°斜裂缝。②南正（S-F）：40mm 高度处，出现 1 条长为 50mm 的水平裂缝；180mm 高度处，原有裂缝向右下延伸了 100mm；220mm 高度处，原有裂缝向右下延伸了 120mm；300mm 高度处，原有裂缝向右下延伸了 60mm；900mm 高度处，原有裂缝向右下延伸了 60mm；880mm 高度处，原有裂缝向右下延伸了 100mm；960mm 高度处，原有裂缝向右下延伸了 80mm；1180mm 高度处，原有裂缝向右下延伸了 120mm；1800mm 高度处，出现 1 条长为 240mm 的水平裂缝。③北反（N-O）：一层部分裂缝少量延伸，700mm 高度处，出现 1 条长 180mm 的水平裂缝；二层 420mm 高度处，出现 1 条长 120mm 的水平裂缝。④南反（S-O）：一层部分裂缝少量延伸，二层 600mm 高度处，原有裂缝沿左下 15°延伸了 100mm；三层底部，原有裂缝水平延伸了 120mm；四层底部，原有裂缝沿左下 15°延伸了 100mm。

3) $T=2$，$\theta=+0.40\%$时

①北正（N-F）：280mm 高度处，出现 1 条长为 130mm 的水平裂缝；620mm 高度，距

墙端 150mm 处，原有裂缝水平延伸了 100mm；二层 180mm 高度，距墙端 450mm 处，原有裂缝沿左下延伸了 130mm。②南正（S-F）：120mm 高度处，原有裂缝水平延伸了 180mm；300mm 高度处，原有裂缝沿左下延伸了 180mm；1600mm 高度处，原有裂缝沿左下延伸了 60mm。③北反（N-O）：一层部分裂缝少量延伸；二层 80mm 和 600mm 高度处，分别出现 250mm 和 120mm 长的水平裂缝。④南反（S-O）：无明显现象（图 3.62）。

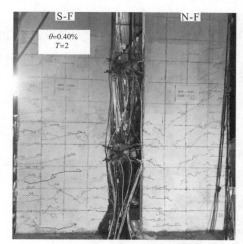
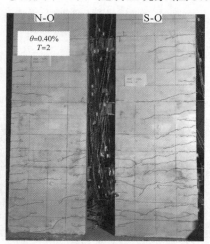

图 3.62　顶点位移角为 0.40%时的裂缝发展

4）$T=2$，$\theta=-0.40\%$时

①北正（N-F）：420mm 高度，距墙端 170mm 处，原有裂缝延伸了 100mm；670mm 高度，距墙端 40mm 处，出现 1 条向右下 45° 长为 100mm 的斜裂缝。②南正（S-F）：320mm、500mm、900mm 高度处，原有裂缝向右下分别延伸了 140mm、100mm、100mm，并在 300mm 高度处与正向荷载下的裂缝相交。③北反（N-O）：无明显现象。④南反（S-O）：二层 80mm 高度，距墙端 150mm 处，出现了 1 条 300mm 长的水平裂缝。

7.　顶点位移角 $\theta=0.50\%$加载阶段

1）$T=1$，$\theta=+0.50\%$时

①北正（N-F）：60～760mm 高度处，均匀出现了 5 条长为 120～160mm 的水平裂缝。②南正（S-F）：80mm、160mm 高度处，分别出现 1 条长为 160mm 的水平裂缝。③北反（N-O）：一层底部和 780mm 高度处，分别出现长 220mm 和 180mm 的水平裂缝。④南反（S-O）：一层底部和二层 350mm 高度处，出现 120mm 和 160mm 长的裂缝；一层裂缝少量延伸；三层底部原有裂缝延伸了 100mm。

2）$T=1$，$\theta=-0.50\%$时

①北正（N-F）：480mm 高度，距墙端 160mm 处，原有裂缝向右下延伸了 110mm；580mm 高度，距墙端 200mm 处，原有裂缝水平延伸了 80mm；1100mm 高度处，出现 1 条 150mm 长的水平裂缝。②南正（S-F）：740mm 高度处，出现 1 条长为 180mm 的水平裂缝；800mm 高度处，原有裂缝水平延伸了 200mm；1080mm 高度处，原有裂缝向右下延伸了 120mm。③北反（N-O）：700mm 高度，距墙端 150mm 处，出现 1 条 200mm 长的水平裂缝；二层

180mm 和 420mm 高度处，均出现 1 条长为 150mm 的水平裂缝；二层 300mm 高度处，原有裂缝沿右下 30° 延伸了 150mm。④南反（S-O）：一层底部和三层 300mm 高度处，出现 450mm 和 180mm 长的裂缝。

3) $T=2$，$\theta=+0.50\%$时

①北正（N-F）：二层 630mm 高度处，出现 1 条长为 180mm 的水平裂缝；二层 750mm 高度处，出现 1 条向左下 15° 长为 140mm 的斜裂缝。②南正（S-F）：三层底部，原有裂缝向左下延伸了 400mm。③北反（N-O）：170mm 高度处，出现 1 条长为 200mm 的水平裂缝；230mm、380mm、420mm 高度处，原有裂缝水平延伸了 180mm、150mm、120mm；三层 300mm 高度处，原有裂缝沿右下 35° 延伸了 160mm。④南反（S-O）：二层 100mm 高度处，原有裂缝沿右下 60° 延伸了 180mm，与负向荷载下的裂缝斜向交叉（图 3.63）。

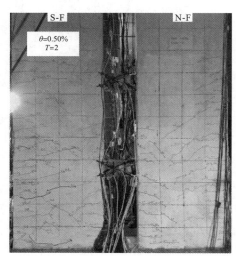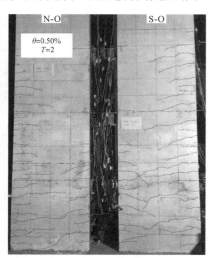

图 3.63　顶点位移角为 0.50%时的裂缝发展

4) $T=2$，$\theta=-0.50\%$时

①北正（N-F）：300mm 高度，距墙端 260mm 处，原有裂缝向下延伸了 100mm；二层 110mm 高度，距墙端 200mm 处，原有裂缝向下延伸了 90mm。②南正（S-F）：260mm 高度处，原有裂缝向下延伸了 100mm；二层 600mm 高度处，原有裂缝沿右下 45° 延伸了 300mm。③北反（N-O）：330mm 高度处，原有裂缝沿左下 30° 延伸了 200mm。④南反（S-O）：二层 120mm 高度处，三层 220mm 高度处，原有裂缝沿左下 20° 延伸了 300mm。

8. 顶点位移角 $\theta=0.75\%$加载阶段

1) $T=1$，$\theta=+0.75\%$时

①北正（N-F）：270mm、1120mm 高度，距墙端 200mm 处，原有裂缝水平延伸 120mm、220mm；二层 380mm、670mm、780mm 高度处，分别出现 180mm、80mm、130mm 的水平裂缝；三层底、三层 240mm 高度处，分别出现 180mm、160mm 的水平裂缝；二层 650mm 高度处，原有裂缝向沿左下延伸了 130mm；三层 330mm 高度处，出现 1 条先水平延伸 230mm 再向左下延伸 120mm 的裂缝。②南正（S-F）：60mm 高度处，原有裂缝水

平延伸了 100mm；300mm 高度处，原有裂缝沿左下延伸了 150mm；450mm 和 650mm 高度处，原有裂缝分别沿左下延伸了 180mm，并与负向荷载下的裂缝斜向交叉；二层 300mm 高度处，距墙端 160mm 处，出现 1 条斜向左下长为 200mm 的斜裂缝；二层 420mm 高度处，出现 1 条先沿水平延伸 80mm 再向左下延伸 150mm 的裂缝；二层 640mm 高度处，出现 1 条斜向左下长为 240mm 的斜裂缝。③北反(N-O)：二层 100mm 高度处，原有裂缝水平延伸了 100mm；二层 500mm 高度处，原有裂缝沿右下 45° 延伸了 300mm；三层 100mm 高度处，原有裂缝沿右下 20° 延伸 100mm；三层 200mm 高度处，原有裂缝沿右下 15° 延伸了 200mm；四层底部和四层 160mm 高度处，出现长度为 200mm 和 120mm 的水平裂缝。④南反(S-O)：一层裂缝少量延伸；二层 250mm 高度，距墙端 150mm 处，出现 1 条 200mm 长沿右下 45° 的裂缝；二层 640mm 高度处，出现 1 条 150mm 长沿右下 30° 的裂缝；三层 170mm 高度处，出现 1 条 300mm 长沿右下 45° 的裂缝；三层 240mm 高度处，出现 1 条 400mm 长沿右下 45° 的裂缝。

2) $T=1$，$\theta=-0.75\%$ 时

①北正(N-F)：60mm 高度处，出现 1 条 100mm 的水平裂缝；240mm 高度，距墙端 330mm 处，原有裂缝向右下延伸了 120mm；380mm 高度处，原有裂缝向右下延伸了 150mm；550mm 高度，距墙端 260mm 处，原有裂缝向右下延伸了 100mm；二层底部，距墙端 260mm 处，原有裂缝向右下延伸了 200mm，与正向荷载下的裂缝相交；二层 670mm 高度处，出现 1 条长为 120mm 的水平裂缝；二层 780mm 高度处，出现 1 条 140mm 的水平裂缝；三层底部，出现 1 条先水平延伸 130mm 再向右下延伸 40mm 的裂缝。②南正(S-F)：一层底部，出现 1 条长 60mm 的水平裂缝；60mm 高度处，原有裂缝水平延长了 60mm；400mm 高度处，原有裂缝水平延长了 80mm；580mm 高度处，原有裂缝水平延长了 100mm；1000mm 高度处，原有裂缝水平延长了 100mm；二层 500mm 高度处，原有裂缝水平延长了 60mm；三层 180mm 高度处，原有裂缝向右下延长了 120mm；三层 300mm 高度处，出现 1 条长为 240mm 的水平裂缝。③北反(N-O)：500mm 高度处，原有裂缝沿右下 30° 延伸了 160mm；二层 100mm 高度处，原有裂缝沿右下 70° 延伸了 130mm；二层 640mm 高度处，出现 1 条长为 200mm，沿右下 20° 延伸的裂缝；三层 240mm 高度处，原有裂缝沿右下 60° 延伸了 300mm。④南反(S-O)：一层、二层部分裂缝出现轻微延伸，延伸长度为 10～120mm；三层 160mm 和 500mm 高度处，分别出现 1 条长为 180mm 的水平裂缝。

3) $T=2$，$\theta=+0.75\%$ 时

①北正(N-F)：480mm 高度处，出现 1 条长 150mm 的水平裂缝；右下角底端出现水平裂缝，长约 70mm；630mm 高度，距墙端 230mm 处，原有裂缝水平延伸了 140mm；二层 550mm 高度，距墙端 350mm 处，出现 1 条长为 150mm 的水平裂缝。②南正(S-F)：一层底部，出现 1 条长为 320mm 的水平裂缝；二层 400mm 高度，距墙端 100mm 处，出现 1 条沿左下延伸长为 300mm 的裂缝。③北反(N-O)：一层、二层部分裂缝少量延伸，左墙下角混凝土出现轻微剥落。④南反(S-O)：一至三层部分裂缝少量延伸，650mm 高度处，原有裂缝沿右下延伸了 200mm，与负向荷载下的裂缝斜向交叉(图 3.64、图 3.65)。

4) $T=2$，$\theta=-0.75\%$ 时

①北正(N-F)：一层、二层部分裂缝少量延伸。②南正(S-F)：150mm 高度处，原有裂

缝向右下延伸了 100mm；880mm 高度处，原有裂缝水平延伸了 100mm。③北反（N-O）：无明显现象。④南反（S-O）：一至三层裂缝继续延伸，右墙下角混凝土出现轻微剥落。

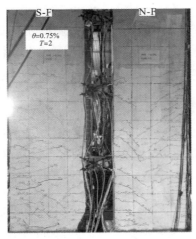

图 3.64　顶点位移角为 0.75%时的裂缝发展

图 3.65　顶点位移角为 0.75%时的混凝土剥落

9. 顶点位移角 θ=1.00%加载阶段

1）T=1，θ=+1.00%时

①一至三层部分裂缝少许延伸。②北正（N-F）：二层 430mm 高度处，出现 1 条长 100mm 的水平裂缝。③南正（S-F）：600mm 高度处，出现 1 条斜向左下长为 300mm 的斜裂缝；660mm 高度处，出现 1 条斜向左下长为 180mm 的斜裂缝；二层 120mm 高度处，原有裂缝向左下 45° 延伸了 450mm，与负向荷载下的裂缝斜向交叉。④南反（S-O）：一层右下角出现小块混凝土剥落，三层 120mm 高度处，出现 1 条 140mm 长的水平裂缝；三层 380mm 高度处，出现 1 条新的裂缝，裂缝先沿水平延伸了 100mm，再沿右下 45° 延伸了 150mm。

2）T=1，θ=-1.00%时

①一至三层部分裂缝少量延伸。②北正（N-F）：二层 420mm 高度处，出现 1 条长为 160mm 的水平裂缝；三层 130mm 高度处，出现 1 条长为 120mm 的水平裂缝。③南正（S-F）：二层 320mm 高度处，出现 1 条向右下延伸 150mm 的斜裂缝；二层 100mm 高度，距墙端

180mm 处,原有裂缝向右下 45°延伸了 250mm,与正向荷载下的裂缝斜向交叉;三层 160mm 高度,距墙端 300mm 处,原有裂缝向右下延伸了 170mm,并与正向荷载下的裂缝斜向交叉。④北反(N-O):二层 380mm 高度、距墙端 120mm,二层 500mm 高度、距墙端 120mm 处,出现两条沿左下 45°延伸的裂缝,长度分别为 200mm 和 150mm。⑤南反(S-O):四层底部至 400mm 高度处,出现 5 条先水平后斜向延伸长为 20～300mm 的裂缝。

3) $T=2$,$\theta=+1.00\%$时

①一层、二层部分裂缝少量延伸。②北正(N-F):120mm 高度,距墙端 120mm 处,出现 1 条斜向左下长为 140mm 的斜裂缝;二层 610mm 高度,距墙端 150mm 处,出现 1 条先水平延伸 120mm 再斜向左下延伸 80mm 的裂缝。③南正(S-F):200mm 高度处,出现 1 条斜向左下长为 60mm 的斜裂缝;360mm 高度,距墙端 100mm 处,出现 1 条斜向左下长为 100mm 的斜裂缝;二层 500mm 高度处,出现 1 条先沿水平延伸 80mm 再斜向左下延伸 200mm 的裂缝。④北反(N-O):墙体左下角少量混凝土剥落(图 3.66)。

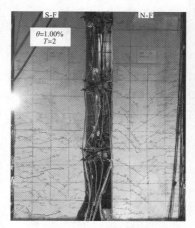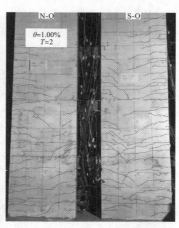

图 3.66　顶点位移角为 1.00%时的裂缝发展

4) $T=2$,$\theta=-1.00\%$时

①一层部分裂缝少量延伸。②北正(N-F):二层 350mm 高度处,出现 1 条斜向右下长为 200mm 的斜裂缝。③南正(S-F):140mm 高度,距墙端 60mm 处,出现 1 条先水平延伸 120mm 再向右下延伸 40mm 的裂缝。④北反(N-O):三层 650mm 高度处,出现 1 条 350mm 长,沿右下 45°延伸的裂缝;三层 350mm 高度处,出现 1 条 300mm 沿右下 55°延伸的裂缝;三层 400mm 高度处,出现 1 条长 300mm 沿右下 30°延伸的裂缝。⑤南反(S-O):墙体右下角少量混凝土剥落。

10. 顶点位移角 $\theta=1.25\%$加载阶段

1) $T=1$,$\theta=+1.25\%$时

①一至三层部分裂缝少量延伸。②北正(N-F):260mm 高度,距墙端 160mm 处,出现 1 条长 150mm 的水平裂缝;三层 140mm 高度处,出现 1 条长 90mm 的水平裂缝;三层 420mm 高度处,出现 1 条斜向左下长为 220mm 的斜裂缝;三层 530mm 高度处,出现 1 条斜向左下长为 200mm 的斜裂缝。③南正(S-F):390mm 高度处,出现 1 条斜向左下

长为 200mm 的斜裂缝；三层 320mm 高度处，出现 1 条先水平延伸 80mm 再斜向左下延伸 60mm 的裂缝。④北反（N-O）：四层 200mm 高度处，出现 1 条长 400mm 的水平裂缝。⑤侧反面（S-O）：二层 580mm 高度处，原有裂缝沿右下 40° 延伸 300mm。

2）$T=1$，$\theta=-1.25\%$ 时

①一层部分裂缝少量延伸。②北正（N-F）：260mm 高度处，出现 1 条长为 140mm 的水平裂缝；600mm 和 800mm 高度处，分别出现 1 条斜向右下约 150mm 长的斜裂缝；二层底部少量裂缝斜向延伸。③南正（S-F）：80mm 高度，距墙端 60mm 处，出现 1 条斜向右下长为 80mm 的斜裂缝；720mm 高度，距墙端 140mm 处，出现 1 条斜向右下长为 150mm 的斜裂缝；距二层底 280mm 高度处，均匀出现 3 条约 150mm 长的水平裂缝；二层底部较多裂缝延伸，在 900mm 高度处，长度约为 160mm 的水平裂缝加宽 2～3mm；在 960mm 高度处，原有裂缝加宽约 1mm。④北反（N-O）：二层部分斜裂缝继续延伸扩展。⑤南反（S-O）：二层、三层部分裂缝少量延伸；520mm 高度，距墙端 300mm 距离处，出现 1 条沿左下 45° 长度为 400mm 的裂缝；二层 700mm 高度处，出现 1 条裂缝，先沿左下 15° 延伸了 200mm，再沿左下 45° 延伸了 300mm；二层 180mm 高度处，原有裂缝加宽至 2mm。

3）$T=2$，$\theta=+1.25\%$ 时

①一层、二层部分裂缝少量延伸。②北正（N-F）：210mm、570mm 高度处，出现长为 120mm 和 90mm 的水平裂缝。③北反（N-O）：三层 100mm 高度处，原有裂缝沿右下 45° 延伸了 400mm；四层中部，出现 1 条沿右下 45° 长度为 600mm 的裂缝；底部右下角的混凝土轻微压溃（图 3.67、图 3.68）。

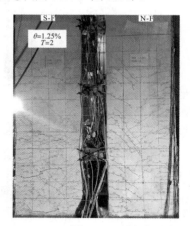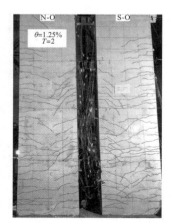

图 3.67　顶点位移角为 1.25% 时的裂缝发展

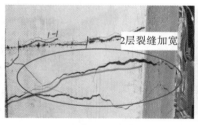

图 3.68　顶点位移角为 1.25% 时的局部破坏

4) T=2，θ=−1.25%时

①一层部分裂缝少量延伸。②北正（N-F）：700mm 高度，距墙端 30mm 处，出现 1 条长为 170mm 的水平裂缝；三层 170mm 高度，距墙端 230mm 处，出现 1 条斜向右下长为 200mm 的斜裂缝。③南正（S-F）：二层、三层连梁裂缝轻微加宽。④南反（S-O）：四层墙体中部，原有裂缝沿右下 45° 延伸了 200mm。

11. 顶点位移角 θ=1.50%加载阶段

1) T=1，θ=+1.50%时

①北正（N-F）：180mm 高度处，出现 1 条长为 130mm 的水平裂缝；二层 160mm 高度，距墙端 50mm 处，出现 1 条长为 80mm 的水平裂缝，并与同一高度的"拉"裂缝贯通。②南正（S-F）：一层、二层部分裂缝少量延伸；二层 580mm 高度，距墙端 60mm 处，新出现 1 条斜向左下长为 80mm 的裂缝，与同一高度的"拉"裂缝贯通。左下角混凝土在 25mm×25mm（水平长度×竖向长度，后面的类似描述范围均采用此顺序）范围内轻微剥落。③北反（N-O）：二层、三层连梁右上角裂缝加宽至 0.5mm。

2) T=1，θ=−1.50%时

①一层、二层部分裂缝少量延伸。②北正（N-F）：170mm 高度处，出现 1 条长为 140mm 的水平裂缝；二层 470mm 高度处，出现 1 条先水平延伸 60mm 后向右下延伸 100mm 的裂缝；二层 540mm 高度处，出现 1 条斜向右下长为 130mm 的斜裂缝。③南正（S-F）：二层底部，裂缝继续加宽到 4mm。④北反（N-O）：二层连梁左下角产生两条新裂缝，1 条沿水平方向长 20mm，1 条沿右下 25° 长 20mm。⑤南反（S-O）：一层、二层墙中部裂缝继续延伸。

3) T=2，θ=+1.50%时

①北正（N-F）：二层 100mm 和 200mm 高度处，裂缝宽度加宽至 1mm。②南正（S-F）：二层底原有裂缝加宽处 80mm×160mm 范围内表面混凝土轻微剥落，剥落范围往上 50mm 范围内，混凝土外鼓，但未出现剥落（图 3.69）。

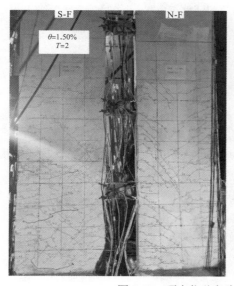

图 3.69　顶点位移角为 1.50%时的裂缝发展

4）$T=2$，$\theta=-1.50\%$时

南正（S-F）：二层 100mm 高度处，裂缝继续加宽；二层 200～250mm 高度处，混凝土轻微鼓出。

12. 顶点位移角 $\theta=1.75\%$加载阶段

1）$T=1$，$\theta=1.75\%$时

①南正（S-F）：二层 150～250mm 高度处，混凝土压鼓并轻微剥落，露出边缘构件的水平钢筋。②北正（S-F）：二层底部，裂缝继续变宽。

2）$T=2$，$\theta=1.75\%$时

①南正（S-F）：二层底右边角处混凝土损伤加大，脱落范围超过 200mm×250mm，纵向钢筋屈曲。②北反（N-O）：一层底部右边角处 100mm×100mm 范围内混凝土脱落。③南反（S-O）：二层底右边角处 80mm×300mm 范围内混凝土脱落（图 3.70）。

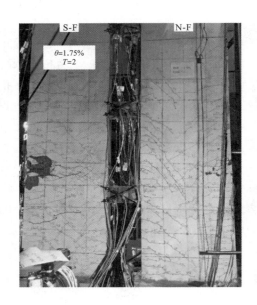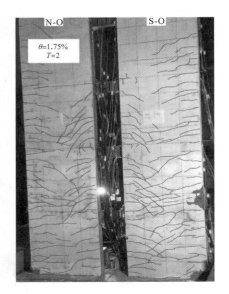

图 3.70　顶点位移角为 1.75%对应的裂缝开展和墙体损伤情况

13. 顶点位移角 $\theta=2.00\%$加载阶段

二层底部混凝土大量剥落和压溃，边缘的型钢柱露出并拉断；同时，纵向钢筋压屈，箍筋被拉断，受拉端墙体被轻微抬起，边缘区域的水平分布筋也被崩开与纵向钢筋脱离；三层连梁与墙连接处少量混凝土脱落，二层连梁与墙连接处混凝土裂缝加宽，各层连梁呈剪切变形状态。从墙体的整体变形上看，可以明显看出二层底部出现了层间位移突变（图 3.71～图 3.73）。

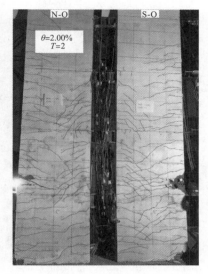

图 3.71　顶点位移角为 2.00%时对应的裂缝开展和墙体损伤情况

图 3.72　顶点位移角为 2.00%时的局部破坏

图 3.73　顶点位移角为 2.00%时的钢连梁变形情况

3.2.10　试件破坏过程

　　裂缝最先出现在南侧反面的底层墙体,沿着水平方向,之后,底层墙体边缘出现了多条水平微裂缝,并逐渐向墙体中心延伸,随着位移的继续增大,部分裂缝出现斜向发展,但更多的是出现水平裂缝,裂缝开展较快,但宽度都很小;之后,底部裂缝进一步向剪力墙中心延伸发展,有部分裂缝延伸形成了交叉斜裂缝。裂缝继续延伸的同时,逐渐向上部楼层开展,二至四层的裂缝的发展趋势与底层类似。从裂缝发展上看,连梁的存在有效约束了靠近连梁一侧墙体在弯曲荷载下的拉压作用，可以明显观察到，靠近连梁一侧的墙体裂缝明显比远离连梁一侧的墙体裂缝晚出现，靠近连梁一侧的墙体，斜裂缝更多一点。此外，有部分裂缝是从钢连梁与混凝土交界处延伸出来的，这是由于连梁对墙肢混凝土施加了一定的拉压应力，但直到顶点位移角达 1.25%时梁-墙节点附近没有明显的裂缝分布集中和裂缝加宽，此时随着剪力墙底部纵向钢筋以及型钢暗柱的屈服，组合联肢剪力墙底部截面塑性铰耗能机制逐渐形成，墙肢底部边缘出现了少许表层混凝土脱落。

当顶点位移角达 1.25%时，裂缝的发展主要集中在一层及二层底部，二层底的墙体边缘出现两条裂缝，随着位移的增大，此裂缝逐渐变宽，并呈现明显的开闭现象，二层底部的裂缝也逐渐增多。顶点位移角为 1.50%时，底层混凝土出现了鼓出现象，并伴随有轻微剥落；顶点位移角为 1.75%时，二层墙体底部出现了混凝土脱落，箍筋、纵筋裸露，而此时底层的混凝土脱落只有少许增加；当顶点位移角为 2.0%时，二层、三层顶连梁与混凝土连接处出现损伤，二层底部的型钢和箍筋被拉断，纵向钢筋压屈，水平分布筋伴随着混凝土压鼓而与纵向钢筋脱开，型钢沿着焊缝位置拉断，并向里延伸，将螺栓连接的钢板拉开，此时试件的承载力迅速退化；将外包混凝土敲出可以观察到二层螺栓拉断以及底层型钢暗柱少许的屈曲现象，一至三层与连梁连接一侧的暗梁螺栓连接也被轻微拉开。钢构件损伤部位见图 3.74。

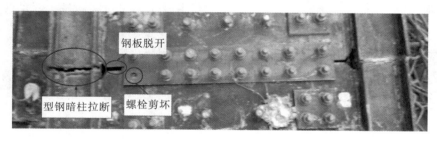

图 3.74　钢构件局部损伤图

3.2.11　试验数据分析

1. 滞回曲线

滞回曲线是分析试件抗震性能的重要依据。如图 3.75(a) 所示，可以看出本试件的滞回特征具有以下的一些特点。

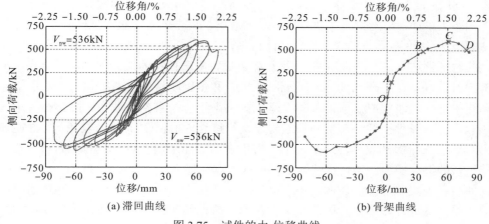

图 3.75　试件的力-位移曲线

　　(1) 0~0.10%。滞回曲线加载和卸载接近重合，滞回作用下残余的变形较小，试件表现出弹性特性。

　　(2) 0.10%~0.75%。滞回曲线的残余变形逐渐增加，并没有出现"捏缩"效应，呈现出狭而长的梭形形状，由于墙体的开裂和连梁的屈服，试件的刚度开始减小，试件不再处于纯弹性阶段。

　　(3) 0.75%~1.50%。滞回曲线开始出现轻微的"捏缩"，呈现出了弓形形状。卸载阶段试件具有一定的残余变形，反向加载时，刚开始仅由型钢构件和边缘钢筋承担压力，随着裂缝逐渐闭合，混凝土部分发挥效应，刚度有所增加，由于墙体内部存在型钢暗柱和钢板，混凝土开闭合的影响较小，"捏缩"较为轻微。在此阶段，试件的刚度继续下降，但承载力仍处于上升阶段。

　　(4) 1.50%~2.00%。滞回曲线的"捏缩"呈先增加后减小的趋势，这是由于二层底部损伤后体系内部内力重分布，钢连梁的耗能能力没有完全发挥出来。但随着位移的增大，墙体内部的型钢暗柱和钢板的耗能能力逐渐发挥出来，滞回环面积逐步增大，耗能能力提升。由于混凝土的压溃和钢筋的屈曲，试件的承载力开始下降，试件在顶点位移角为 2.0% 的循环中，由于三层钢连梁和墙体连接处混凝土脱落以及二层型钢暗柱拉断，滞回曲线的承载力出现了下降，虽然由于钢材的强化等原因导致承载力又轻微上升，但到达顶点位移角 2.0% 的第 2 个循环时，承载力突降到峰值承载力的 60% 左右，结束试验。

　　图 3.75(a) 中的虚线代表了设计中预估的墙体底部形成塑性铰耗能机制时的顶部水平荷载 V_{nw}，试件的峰值承载力略高于 V_{nw}，试件能够达到预期的承载力水平，但二层的局

部削弱等原因使得构件内力发生了重分布，并未完全发挥出试件的抗震性能，考虑到墙体内部的钢筋型钢以及钢连梁都会继续强化，在不出现内力重分布的情况下，试件可能拥有更强的峰值承载力。

2. 骨架曲线及变形能力

图 3.75(b) 所示为试件顶部施加的位移与所受水平力关系的骨架曲线，主要包括了弹性阶段 (OB)、弹塑性阶段 (BC) 及承载力下降阶段 (CD) 几个部分。弹性阶段 (OB) 又可分为两段：OA 段内力较小，墙体和钢梁基本处于弹性阶段，墙体初始微裂缝的发展对结构刚度影响不大；而 AB 段中墙体裂缝增多，钢连梁也逐步进入屈服，试件刚度开始下降。超过 B 点之后，钢连梁处形成了剪切耗能机制，组合联肢剪力墙底部区域也出现了塑性特征，此时试件进入了弹塑性阶段；到达 C 点后，随着位移的继续增加，二层底部形成了局部的薄弱区域，并在此处出现了混凝土压溃和型钢暗柱被拉断等现象，三层钢连梁和墙体连接处出现了混凝土脱落现象，承载力逐渐下降，直到承载力下降到峰值承载力的 85%以下时，试件破坏。在负向加载到顶点位移为 50mm（即顶点位移角为 1.25%）时，承载力对比后一级提升较小，这是由于二层出现了局部削弱，有一定的内力重分布，后期随着位移的继续增加，钢材继续强化，承载力有所提高。

试件中各连梁和墙体的屈服均不在同一时刻，组合墙体也不能单纯地通过边缘的一根钢筋屈服作为试件屈服点，因此，试件没有明确的屈服点，为了估计试件整体的屈服点，利用 Park(1988) 提出的等能量法计算试件的屈服位移，如图 3.76 所示，过原点画一条斜线通过骨架曲线的上升段，并与通过峰值荷载 P_m 的水平线相交，若骨架曲线上下方的填充部分面积相等，则此线段与峰值水平线的交点对应的位移即为屈服位移 Δ_y，骨架曲线上对应的荷载值为屈服荷载 P_y。峰值位移 Δ_m 为骨架曲线中达到峰值荷载时对应的位移。极限荷载 P_u 为峰值承载力的 85%，对应的位移即为极限位移 Δ_u。延性系数 μ 见式(3.26)，展示了试件进入非线性阶段后，在承载力明显退化前能够继续发挥的变形能力。

$$\mu = \Delta_u / \Delta_y \tag{3.26}$$

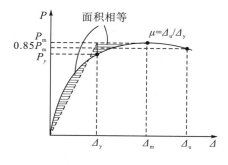

图 3.76　等能量法

表 3.14 给出了此试件在屈服、峰值和极限状态下对应的顶点位移 Δ_y、Δ_m 和 Δ_u 以及对应的顶点位移角 θ_y、θ_m、θ_u。试件达到屈服时，顶点位移角的平均值等于 0.81%，峰值荷载对应的顶点位移角均值为 1.50%，极限状态对应的顶点位移角均值为 1.91%，平均延

性系数为 2.39，而抗震设计中，混凝土结构延性系数要求能达到 3~4。可以看出，由于二层的局部破坏和内力重分布等导致构件后期发生了脆性破坏，没有达到理想的破坏模式，试件的变形能力没有得到完全发挥。

表 3.14 骨架曲线特征点试验结果

	加载方向	屈服点	峰值点	极限点	延性系数 μ
位移/位移角/ (mm/%)	(+)	35.36/0.88	60/1.50	77.70/1.94	2.39
位移/位移角/ (mm/%)	(−)	−29.2/−0.73	−60.2/−1.51	−75.27/−1.88	

3. 刚度退化

为了更清晰地观察往复荷载下试件的刚度退化特征，这里使用等效刚度来显示刚度变化情况，即利用各级位移的荷载峰值与原点连线的斜率来反映刚度变化情况，试件的刚度退化曲线如图 3.77 所示，取试件加载的第一圈作为初始点，试件的初始平均刚度为 70.7kN/mm，试件屈服时的刚度为 15.1kN/mm，较初始刚度退化了 78.7%；当试件达到峰值承载力时抗侧刚度达到 9.78kN/mm，较初始刚度退化了 86.2%；当试件达到极限状态时抗侧刚度达到 6.61kN/mm，较初始刚度退化了 90.7%。试件加载初期刚度较大，随着循环级数的增加，刚度不断降低。由于剪力墙的开裂以及型钢梁的屈服等原因，初期刚度减小很快。加载后期从屈服荷载点到最终破坏点的退化速率较为平缓，并逐渐趋于稳定，最终状态下，由于型钢暗柱拉断等原因，刚度下降率有小幅度增加。

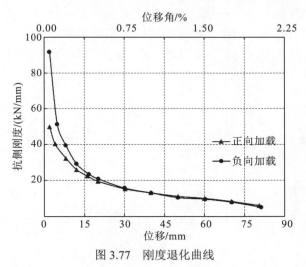

图 3.77 刚度退化曲线

4. 耗能能力

本书通过各级位移的第一个加载循环的滞回环面积的总和即累积滞回耗能 E_a 和等效黏滞阻尼系数 h_e 两个指标对试件的耗能能力进行评价，累积滞回耗能 E_a 代表了试件总耗能的多少，等效黏滞阻尼系数 h_e 代表了试件滞回曲线的饱满程度，等效黏滞阻尼系数的计算公式如下：

$$h_e = \frac{1}{2\pi} \cdot \frac{S_{ABC} + S_{ACD}}{S_{\triangle OBF} + S_{\triangle ODE}} \qquad (3.27)$$

式中，S_{ABC} 和 S_{ACD} 是滞回圈包围的面积，反映所消耗的能量；$S_{\triangle OBF}$ 和 $S_{\triangle ODE}$ 为相应三角形的面积(图 3.78)。

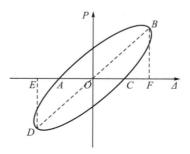

图 3.78　荷载-位移滞回环

　　试验过程中，累积滞回耗能 E_a 的变化趋势如图 3.79 所示，可以看出随着位移的增长，试件耗散的能量增加，各特征点的等效黏滞阻尼系数见图 3.80。其中，h_c 为初始圈的等效黏滞阻尼系数，h_y 为屈服时的等效黏滞阻尼系数，h_m 为峰值荷载对应的等效黏滞阻尼系数，h_u 为极限状态下的等效黏滞阻尼系数。等效黏滞阻尼系数先减小后增大，试件屈服后，随着连梁和底部墙肢的塑性耗能逐渐得到发挥，等效黏滞阻尼系数逐渐增加。从屈服到峰值阶段，等效黏滞阻尼系数增加较少，而从峰值到极限状态，等效黏滞阻尼系数增加较多，结合试验现象中的最终破坏模式，说明屈服到峰值阶段，连梁和墙肢底部这两重防线的耗能能力并未得到很好的发挥，后期试件墙体内部的钢构件受力较为充分，残余变形增大，发挥出了其耗能能力，故耗能增加较多。

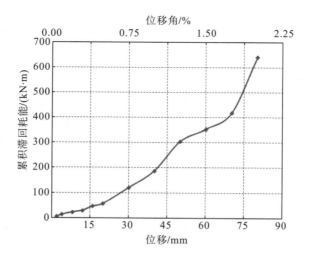

图 3.79　试件的累积滞回耗能

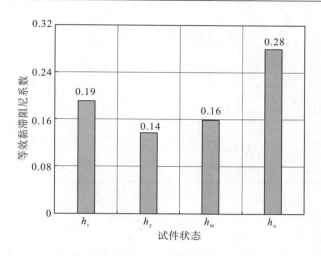

图 3.80　特征点的等效黏滞阻尼系数

5. 层侧移及层间位移角

　　为了更清晰地观察到试件的变形形状，通过各层位移计读数，得到试件的各层位移以及对应的层间位移角，如图 3.81 所示是试件的整体变形实测图，表 3.15 为各特征状态下的层间位移，可以看出在弹性状态下，各楼层的层间位移基本相同，试件屈服后，各层的层间位移开始出现分化，但此时各层的层间位移差别不大，试件的整体变形曲线呈弯剪变形的形状。屈服后，随着位移的逐渐增加，试件逐渐呈现出弯曲变形趋势，到峰值承载力之后，底层的位移增量不明显，层间位移角明显小于二层至五层，而三层至五层的层间位移大于二层，但差距相对较小，此处得到的层间位移是由墙体受力变形产生的位移与下部楼层转动产生的刚体转动位移两部分组成，二层的层间位移出现大幅增加后，三层至五层的刚体转动增加，所以对应的总层间位移增加。综上所述，认为在局部削弱的作用下，二层底部出现了较大的刚性转动。

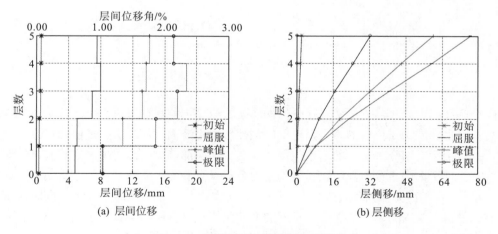

(a) 层间位移　　　　　　　　　　　　(b) 层侧移

图 3.81　特征点层间位移图和层侧移

表 3.15　特征点的实测层间位移和层间位移角

楼层	初始点		屈服点		峰值点		极限点	
	Δ_c	Δ_c/h	Δ_y	Δ_y/h	Δ_m	Δ_m/h	Δ_u	Δ_u/h
1F	0.51	0.06%	7.53	0.94%	14.10	1.76%	17.09	2.14%
2F	0.46	0.06%	7.96	1.00%	13.69	1.71%	18.71	2.34%
3F	0.49	0.06%	6.92	0.86%	13.23	1.65%	17.59	2.20%
4F	0.34	0.04%	5.07	0.63%	10.78	1.35%	14.86	1.86%
5F	0.28	0.04%	4.80	0.60%	8.31	1.04%	8.23	1.03%

各特征点的层间位移和层间位移角见表 3.15,极限状态下,最大层间位移角为 2.34%,较《建筑抗震设计规范》(GB 50011—2010)中给出的墙体弹塑性层间位移角限值 1/100大很多,但试验过程中,由于出现了局部削弱,试件后期承载力下降较快,并没有达到理想的延性破坏模式,在局部削弱的影响下试件变形性能被抑制,在不出现局部削弱的情况下,试件能发挥出更好的变形能力。

6. 钢连梁剪切变形

根据试验设计方案和试验现象可知,钢连梁以剪切变形为主,电压式位移计 LP 可以测量出对角线的变化量,从而求得剪切角 γ,计算方法如式(3.28),式中参数参见图 3.82。

$$\gamma = \frac{\alpha_1 + \alpha_2}{2} = \frac{\sqrt{b^2 + h^2}}{2bh}(\delta_2 - \delta_1) \tag{3.28}$$

式中,δ_1 和 δ_2 分别对应于剪切变形区域两条对角线的变化值;b、h 为被测区域变形前的边长。

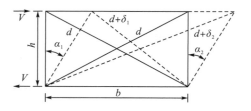

图 3.82　剪切变形示意图

组合联肢剪力墙底部三层楼层顶部的钢连梁的塑性转角随时间的变化趋势如图 3.83 所示。可以看出随着顶点位移的增大,连梁的塑性转角逐渐增大,二层、三层的连梁较一层偏大,这是由于二层局部削弱的形成使得试件在二层底部墙体处出现了一定的刚体转动,试件内部出现了内力重分布,所以连梁的受力可能发生变化,使得最终状态下底层的连梁变形增量较小。当到达极限状态时,由于三层连梁处的混凝土有一定的损伤,同时局部削弱的扩大使得二层受力增大,二层正负向的剪切角均超过三层。当试件达到屈服状态时,连梁的剪切角较小,距离以剪切变形为主的钢连梁塑性转角上限值 0.08rad 还具有很大的富余量,表明试件屈服后连梁仍能继续承受荷载,帮助试件继续耗散能量。当试件达到极限状态时，一层至三层钢连梁的塑性转角分别为 0.019rad、0.037rad 和 0.033rad，仍小于塑性转角上限值 0.08rad，表明钢连梁没有完全发挥出其剪切耗能机制，减小了试件的整体耗能能力。

钢连梁以剪切变形为主，但在剪切变形不大的情况下，三层连梁与墙体连接处有少量混凝土脱落，二层连接处也有裂缝加宽，经观察发现，与钢连梁连接处的暗梁螺栓连接被轻微拉开，如图 3.83 所示，这代表当位移较大时，周边混凝土等对钢连梁的锚固不足，容易受到损伤，同时，节点的锚固不足会减弱钢连梁的刚度，钢连梁分配到的荷载减小，钢连梁耗散的能量减少。

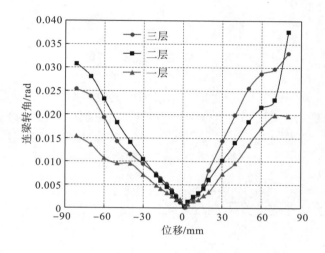

图 3.83　钢连梁的塑性转角值

7. 应变分析

各级位移加载下，组合联肢剪力墙中的应变值直接反映了连梁、钢筋、型钢暗柱以及内藏钢板等部分的受力状态和试件的应力分布规律，间接反映了试件各构件间的强弱关系以及体系的屈服机制。试件中的应变主要包括应变片和应变花两个部分。本书选取了部分具有代表性意义的应变结果进行分析。

应变片测点处的钢筋或型钢主要处于单向拉压状态，屈服应变根据式 (3.29) 进行计算。

$$\varepsilon_y = \frac{\sigma_y}{E} \tag{3.29}$$

式中，ε_y 和 σ_y 分别为钢筋或型钢的屈服应变和屈服应力；E 为材料的弹性模量。

应变花测点处的区域的应力方向和大小往往是不确定的，测得的主应力和主应变方向通过式 (3.30) 和式 (3.31) 计算。

$$\left.\begin{array}{c}\sigma_{max}\\ \sigma_{min}\end{array}\right\} = \frac{E\left(\varepsilon_{0°} + \varepsilon_{90°}\right)}{2\,(1-\upsilon)} \pm \frac{\sqrt{2}E}{2\,(1+\upsilon)}\sqrt{\left(\varepsilon_{0°} - \varepsilon_{45°}\right)^2 + \left(\varepsilon_{45°} - \varepsilon_{90°}\right)^2} \tag{3.30}$$

$$\mathrm{tg}2\alpha_0 = \frac{2\varepsilon_{45°} - \varepsilon_{0°} - \varepsilon_{90°}}{\varepsilon_{0°} - \varepsilon_{90°}} \tag{3.31}$$

式中，$\varepsilon_{0°}$、$\varepsilon_{45°}$ 和 $\varepsilon_{90°}$ 为图 3.84 所示的三个方向测得的应变值；σ_{max} 和 σ_{min} 为测得的最大和最小主应力值；E 为材料的弹性模量；v 为材料的泊松比；α_0 代表主应变方向。

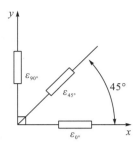

图 3.84　三轴 45° 应变花示意图

由于应变花测点处的区域往往受到多个方向拉压作用，材料的应变不能单纯通过单轴应力-应变关系来判断。采用冯·米塞斯(Von Mises)准则计算等效应力，用以判定材料是否进入屈服状态。考虑到钢板厚度较另外两个方向小，这里假定厚度方向应力为零，即 $\sigma_1=\sigma_{max}$，$\sigma_2=0$，$\sigma_3=\sigma_{min}$，得到等效应力 $\overline{\sigma}$ 可以利用式(3.32)进行计算，当 $\overline{\sigma}$ 超过屈服应力 σ_y 时，认为此处达到屈服。

$$\overline{\sigma} = \sqrt{\frac{\left(\sigma_1 - \sigma_2\right)^2 + \left(\sigma_2 - \sigma_3\right)^2 + \left(\sigma_3 - \sigma_1\right)^2}{2}} = \sqrt{\frac{\sigma_{max}^2 + \sigma_{min}^2 + \left(\sigma_{max} - \sigma_{min}\right)^2}{2}} \tag{3.32}$$

1) 屈服顺序

底层的钢连梁腹板等效应力以及翼缘的应变与顶点水平位移的实测关系曲线如图 3.85 所示，钢连梁的腹板在顶点位移角为 0.45%(顶点水平位移为 18mm)时达到屈服点，钢连梁的翼缘在顶点位移角为 0.68%(顶点水平位移为 27mm)时达到屈服，连梁首先达到剪切屈服，随着加载的继续，腹板出现强化，翼缘分配的力也在增加并逐渐进入屈服阶段，帮助试件耗能，各层顶部钢连梁屈服点对应的顶层位移见表 3.16，钢连梁均由剪切屈服控制，随着连梁屈服，连梁的剪切塑性铰耗能机制形成，可以看出，截面尺寸减小后的三层、四层连梁先于一层、二层连梁屈服，在顶点位移角为 0.55%时，底层边缘的钢筋达到屈服，顶点位移角为 0.63%时，型钢暗柱的翼缘达到屈服，均落后于连梁的剪切屈服，满足先连梁屈服后剪力墙屈服的预定屈服机制。此时，墙体底部也形成塑性耗能机制，底层钢筋和型钢柱的应变如图 3.86 所示，之后内部的钢板也逐渐达到屈服，底层钢板在顶点位移角为 0.83%时达到了屈服，最先屈服的应变花位置靠近墙体左下角，可以看出，钢板是在弯曲作用下首先达到屈服的。二层底部的钢筋在顶点位移角为 0.95%时达到屈服，二层底部的型钢暗柱在顶点位移角为 1.13%时达到屈服，从试验现象上看，二层底部的局部削弱是在顶点位移角为 1.25%(顶点水平位移为 50mm)时开始逐渐被观察到，证明在型钢暗柱达到屈服后，二层底部的局部削弱效应开始逐渐发挥出来。

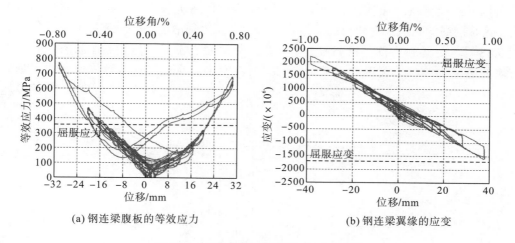

(a) 钢连梁腹板的等效应力　　　　　　　　　　(b) 钢连梁翼缘的应变

图 3.85　水平荷载-钢连梁应力/应变曲线

表 3.16　各层钢连梁屈服位移　　　　　　　　　　（单位：mm）

	屈服类型	1F	2F	3F	4F
钢连梁 水平位移	剪切屈服	18	15	10	12
	弯曲屈服	27	20	17	18

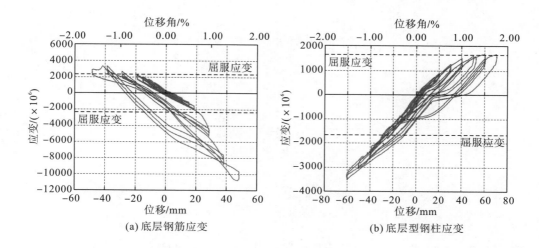

(a) 底层钢筋应变　　　　　　　　　　　　　(b) 底层型钢柱应变

图 3.86　钢筋和型钢柱应变

2）底部截面应变分布

墙体底部截面的变形情况和应变分布可以通过布置在底部钢筋上的应变片测得，墙体底部的钢筋布置及编号如图 3.87 所示，各特征状态下的钢筋应变变化如图 3.88 所示，由于应变较大时会出现应变片脱落等情况，所以加载中后期有部分应变数据失效，仅取峰值荷载前的应变状态，图中未显示的部分应变片数据表示应变片读数异常，从图中可以看出，试件屈服前，在弯矩作用下墙体受到拉压共同作用，基本满足平截面假定，随着钢筋的屈服，边缘的钢筋达到屈服，应变急剧增大，不再满足平截面假定，从图 3.88 可知，墙体中部的钢筋应变值较小，峰值状态下仍未达到屈服状态，靠近连梁一侧的墙体钢筋应变较远离连梁一侧的钢筋应变小，从试件屈服到峰值荷载，钢筋应变变化不大，证明在二层局部削弱的作用下，破坏机制逐渐变化，底层的塑性铰耗能机制没有完全发挥。

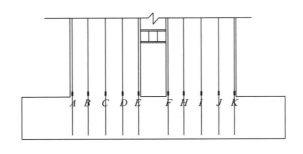

图 3.87　钢筋应变片编号布置简图

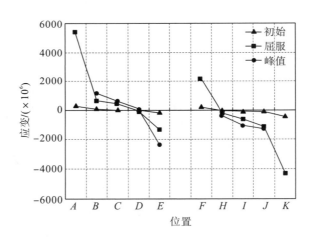

图 3.88　钢筋应变分布

3）层间应变分析

　　各层应变的变化在一定程度上也可以展示出试件各层间的强弱关系和变化规律，各特征状态下的各层墙体外边缘底部的钢筋和型钢暗柱的应变变化如图 3.89 所示，由于应变较大时会出现应变片脱落等情况，仅取峰值荷载前的应变状态，图中未显示的部分数据为异常的应变片。由图 3.89 可知，初始状态下，各层应变差距不大，底部楼层的应变略大于上部楼层，随着钢筋的屈服，到试件屈服后，底层的钢筋应变急剧增大，底部两层的型钢应变差距不大，但随着二层局部削弱的出现，二层的钢筋应变和型钢应变增量远超过底层钢筋和型钢。

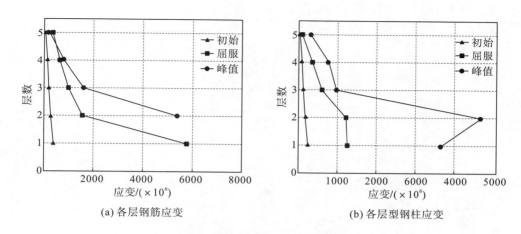

(a) 各层钢筋应变　　　　　　　　(b) 各层型钢柱应变

图 3.89　特征点钢筋和型钢柱应变

4) 钢板应变分析

为了探究钢板的应变规律，这里对钢板中所贴的应变花进行研究，由于应变花需要三个应变片均完好才能得出较为可靠的数据，所以这里仅对部分数据进行分析。底部两层的钢板编号如图 3.90 所示，a 点在顶点位移角为 0.83%（顶点水平位移为 33mm）时达到屈服状态，h 点在顶点位移角为 0.93%（顶点水平位移为 37mm）时达到屈服状态，d 点在顶点位移角为 1.00%（顶点水平位移为 40mm）时达到屈服状态。a 点、d 点的应变花中沿竖向的应变片比另外两个方向大很多，h 点的应变花三个方向中并没有这种情况，这是由于 a 点位置的钢板主要受弯曲荷载控制，随着位置逐渐靠近墙体中心，弯曲荷载的比例逐渐减小。而 h 点的钢板受到墙体内部的弯剪的共同作用，并受到附近连梁传递过来的荷载。由于此试件主要受弯曲荷载的控制，而靠近墙体中心的钢板主要受到剪切作用，所以应变值较小，i 点和 f 点的钢板均未屈服。二层的 q 点和 o 点分别在顶点位移为 51mm 和 58mm 时达到屈服。一层 c 点、f 点，二层底部的 n 点、j 点和 m 点的应变花损坏，其余位置均未屈服。图 3.91 为在一个荷载循环内，实测的两种钢板的主应变与水平方向的夹角变化趋势，由图可知，在位移加载过程中，由于外包混凝土的约束作用，主应力方向随着位移的增大而逐渐变化，钢板内部并没有出现斜拉场效应，而是受到弯矩和剪力的共同作用，在 a 点处受到弯矩的影响更大，主应力方向与斜拉场方向差距较大，而钢板中心 i 点处受到弯剪共同作用，当位移达到峰值时，主应力方向与水平方向夹角约为30°，较为接近斜拉场方向，证明接近中心位置的钢板受弯曲荷载的作用较小，但 i 点处的钢板并未达到屈服，这表明在混凝土的约束作用下，斜拉场效应不再是钢板破坏的决定性因素。

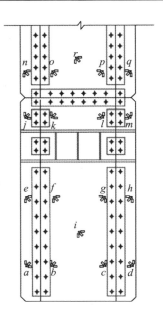

图 3.90　钢板应变片编号布置图

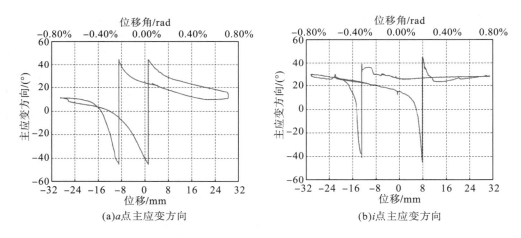

(a)a点主应变方向　　　　　　　　　　　　　　(b)i点主应变方向

图 3.91　某荷载循环内钢板主应变方向

8. 破坏机制分析

通过试验现象和数据分析可以看出，如图 3.92 所示，试件的钢连梁最先达到屈服，形成了剪切耗能机制，墙体主要受弯曲荷载控制，随着位移的增大，底部墙体边缘的钢筋和型钢暗柱达到屈服，墙肢底部边缘出现了少许混凝土脱落，此时，底层层间位移角和应变较大，墙肢底部进入塑性耗能阶段，从理论上讲，整个试件体系形成了连梁墙肢双重耗能机制。但是，之后二层出现了局部削弱：二层水平螺栓连接处具有一定的非刚性特点，但与之对应的型钢柱和钢筋在此处是刚性连接，这种状态下，与螺栓连接同一水平面的型钢暗柱和钢筋的受力加剧；同时由于型钢柱尺寸较小，焊接位置存在着较大残余的焊接应力和变形，焊缝和螺栓连接位于同一水平位置，对试件造成双重削弱，形成通缝式的薄弱区域。随着位移的增大，二层底部的钢筋和型钢暗柱屈服，二层底部开始出现裂缝加宽等局部削弱现象，这种削弱会随着位移的增加而逐渐扩大。这种效应下，试件内部发生内力重分布，底部墙体的受力减弱，二层层间位移角和应变急剧增大，同时，与钢连梁连接处的暗梁螺栓连接同样不是完全刚性的，初期由于周围钢构件以及混凝土的锚固作用，对整体性能影响不大，但随着位移的增大，连梁与墙体连接处有混凝土开始逐渐出现损伤，钢连梁的锚固逐渐出现不足，钢连梁处的刚度减弱，导致一定的内力重分布，钢连梁分配到的荷载增幅减小，减弱了钢连梁的剪切塑性耗能。最终状态下，三层墙体与连梁连接处出现了混凝土剥落，二层底型钢暗柱从通缝处被拉断，承载力陡降，试件的破坏呈现出一定的脆性特征。试件破坏时，连梁的剪切角远小于以剪切屈服为主的连梁塑性转角上限，底部墙肢的混凝土损伤较小，一层的钢构件中也只有底部的型钢暗柱有轻微的屈曲，这表明在两次内力重分布的作用下，连梁和墙肢底部的双重塑性耗能机制并没有完全发挥出其效应。

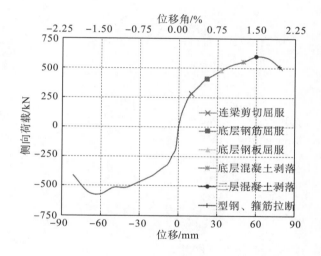

图 3.92 试件特殊状态点

　　同时，本节也从试验现象出发研究连梁对组合剪力墙受力的影响，由于连梁的存在，裂缝不是单纯集中在底部墙肢处，而是较为均匀地分布在沿墙体的整个高度。对比单片墙肢两侧的裂缝，可以看出，由于连梁的约束作用，靠近连梁一侧的墙体裂缝明显晚于远离连梁一侧的墙体出现。当靠近连梁一侧墙体受拉，远离一侧受压时，连梁对墙体施加一个压力，帮助靠近连梁一侧的墙体抵抗受拉，反之也会帮助靠近连梁一侧的墙体抵抗受压。同时，连梁对靠近连梁一侧的墙体有一定的集中荷载作用。所以靠近连梁一侧的墙体弯曲裂缝受到了连梁的抑制，斜裂缝相对较多，远离连梁一侧墙体的弯曲裂缝较多且裂缝宽度更大，此外，远离连梁一侧的墙体角部损伤也更为严重。

参 考 文 献

陈国栋, 郭彦林, 范珍, 等, 2004. 钢板剪力墙低周反复荷载试验研究[J]. 建筑结构学报, 25(2): 19-26,38.

梁兴文, 史庆轩, 2011. 混凝土结构设计原理[M]. 北京:中国建筑工业出版社: 14-33.

周志祥, 2002. 高等钢筋混凝土结构[M]. 北京:人民交通出版社.

FEMA, 2007. Interim protocols for determining seismic performance characteristics of structural and nonstructural components through laboratory testing[R]. FEMA 461 Draft Document, Federal Emergency Management Agency.

Park R,1988. Ductility evaluation from laboratory and analytical testing[C]. Proceedings of the 9th World Conference on Earthquake Engineering, Tokyo-Kyoto, Japan, August:605-616.

第4章 基于耦连比的联肢剪力墙抗震设计方法

4.1 规范设计方法

规范设计方法是基于结构线弹性分析的。等效侧向力分析(equivalent lateral force analysis，ELFA)和模态反应谱分析(modal response spectrum analysis，MRSA)都是适用于组合联肢墙结构体系的规范设计方法。另外，不推荐使用线性反应历程分析(linear response history analysis，LRHA)，因为动态模型不能恰当地表现受拉和受压墙肢在往复荷载下变化较大的响应。例如，当侧向荷载反转方向时，结构的有效刚度需要按照前文所述那样进行改变。ELFA 和 MRSA 的使用限制在 FEMA 450 表 4.4-1 中进行了规定。

4.1.1 根据现行规范的分类

在抗震设计中，含有混合联肢墙的结构体系被 FEMA 450 归类为特殊的带钢构件的组合钢筋混凝土剪力墙。FEMA 450 表 4.3-1 中的设计参数是可以沿用的，例如 $R=6$，$C_d=5$，$\Omega_o=2.5$。如果混合联肢墙体系与抗弯框架共同抵抗侧向荷载，则结构是具备双重抗震防线体系的。这种情况下，结构总的抗震能力将由框架和组合联肢墙按照刚度比例共同提供。由于剪力墙相比框架的强度更高，大部分地震荷载将由混合联肢墙体系承担。尽管如此，框架承担的地震荷载必须达到25%，这种情况下，结构的设计参数可以为 $R=7$，$C_d=6$，$\Omega_o=2.5$。

4.1.2 体系分析

为了计算结构在规范规定荷载下的弹性内力与变形分布，必须准确地建立墙肢、连梁以及相连部位的模型。

1. 墙肢建模

针对墙肢在往复荷载下计算开裂和刚度损失造成的截面性质折减的建议很多。表 4.1 给出了现行 ACI(American Certification Institute，美国认证协会)、CSA(Canadian Standards Association，加拿大标准协会)、NZS(New Zealand Standard，新西兰标准)规范对于刚度折减值的建议。有趣的是，当采用 NZS 建议的折减系数进行计算时，连梁更刚且墙肢由弯曲控制，导致比用 ACI 或者 CSA 建议值计算的结构连梁荷载与耦连率(CR)更大。Harries 等(2004a、b)提出了以下墙肢的平均开裂刚度，这些值与美国房屋建筑混凝土结构规范(ACI 318)一致：①墙肢的铰区域，为 $0.35EI_g$ 和 $0.35EA_g$；②墙肢铰区域以上的部分基本保持弹性，为 $0.70EI_g$ 和 $1.00EA_g$。

表 4.1   部分规范建议的墙肢折减刚度

构件	ACI 318	CSA A23.3	NZS 3101[①]
受压墙抗弯刚度	$0.70EI_g$（未开裂）	$0.80EI_g$	$0.45EI_g$
受拉墙抗弯刚度	$0.35EI_g$（已开裂）	$0.50EI_g$	$0.25EI_g$
受压墙轴向刚度	$1.00EA_g$	$1.00EA_g$[②]	$0.80EA_g$
受拉墙轴向刚度	$0.35EA_g$	$0.50EA_g$[②]	$0.50EA_g$

注：①NZS 3101 针对不同的极限状态进行了建议，表中展示的值是对应最严格的极限状态；②CSA A23.3 建议的是一个平均轴向刚度，适用于简化分析。

Harries 和 McNeice（2006）进一步建议了受拉和受压墙肢铰区域的抗弯刚度平衡为一个不大于 $0.35EI_g$ 的平均结果。受拉和受压墙肢的有效抗弯刚度可以由任何合理的分析方法确定，包括纤维截面分析。RESPONSE（Bentz，2000）或者 XTRACT 软件适用于上述问题。有必要采用多次迭代设计确定一个合适的轴向荷载进行截面分析。

2. 连梁建模

此前的研究（Shahrooz et al.，1993；Harries et al.，1997；Gong et al.，1998）发现钢或者钢-混凝土组合连梁不能在墙面有效地"固定"。需要考虑附加挠度来合理计算墙肢受力以及侧向变形。基于试验数据（Shahrooz et al.，1993；Gong et al.，1998）可以认为，钢或钢-混凝土组合连梁的有效固定点大约在距离墙面 1/3 埋置深度的位置。因此，建模时连梁的有效净跨 g 按式（4.1）计算：

$$g = g_{clear} + 0.6L_e \tag{4.1}$$

式中，g_{clear} 为连梁的净跨；L_e 为连梁埋置深度。

式（4.1）假定墙肢已经采用位于墙肢轴心位置的柱单元进行建模，且钢连梁也考虑了其弯曲和剪切性质。

在初步设计阶段，连梁的埋置深度 L_e 是未知的。Harries 等（1997）提出的方法可以有效地考虑连梁不同埋入形式时的附加挠度。在这个方法中，钢连梁的有效刚度（包括弯曲和剪切部分）折减至初始值的 60%。连梁的有效长度将加入墙的覆盖尺寸 c 来考虑墙面混凝土剥落：

$$g = g_{clear} + 2c \tag{4.2}$$

式（4.1）和式（4.2）都假定连梁埋入墙肢能够在梁端提供必要的抗弯能力。当钢或钢-混凝土组合连梁与埋在墙肢边缘区域内的竖向钢构件相连时，连梁的有效净跨长应该取两个竖向"预埋柱"表面的间距。

4.1.3   连梁与墙肢超强

为了保证钢筋混凝土联肢剪力墙体系预定的塑性机制，例如连梁先于墙肢屈服，一些规范要求墙肢必须比连梁更强（CSA A23.3-04，NZS 3101：1995）。为了实现这一机制，可以在设计墙肢荷载的时候采用一个墙肢超强系数 γ。墙肢超强系数可以为连梁名义抗

剪承载力 V_n 之和与连梁由调幅后的侧向荷载所计算出的总设计剪力 V_f 之和的比值(不考虑扭转影响)(CSA A23.3-04):

$$\gamma = \sum V_n / \sum V_f \tag{4.3}$$

因此,这个系数包含了连梁抵抗扭转效应所需的超强,由于设计方法和材料抵抗系数引起的超强以及结构中对于竖向一部分(或所有)连梁进行临界设计引起的超强。设计中采用墙肢超强系数假定墙肢必须在结构达到名义抗剪承载力时具备足够的强度来抵抗包含连梁传力在内的荷载。

墙肢超强系数对于墙肢的设计荷载存在显著的影响(Harries and McNeice,2006;Fortney et al.,2007)并且会使体系的经济性变差。因为结构耦连比较大时,沿结构高度范围内的连梁剪力需求相对变化较大,所以此时的墙肢超强系数也非常高。高耦连比的一个优势是可以降低墙肢的荷载,但过大的墙肢超强系数又可能会抵消这个优势。这个效应可以通过下文所介绍的连梁内力调幅的方式来减小。

墙肢的设计轴力应该包含由于耦合作用引起的墙肢超强效应产生的轴力。且验算墙肢35%毛截面轴向承载力的受压限制时应该对连梁传递的总剪力同时采用以下两种方式进行验算:①连梁传递的剪力乘以计算所得的超强系数;②与美国规范保持一致的 $1.1R_y$ 的连梁总名义抗剪承载力。

4.1.4 连梁荷载竖向调幅

在设计中允许对连梁荷载进行竖向调幅可以使得设计更加经济高效(Harries and McNeice,2006)。调幅还可以降低墙肢超强系数,并且可以使设计人员对于大部分连梁采用同一种截面,进而使施工更加便捷。加拿大规范(CSA A23.3-04)允许对连梁剪力进行最多 20% 的调幅,前提是调幅后的连梁总抗剪承载力必须大于总的连梁设计荷载(即 $\sum V_n / \sum V_f \geq 1$),如图 4.1 所示。

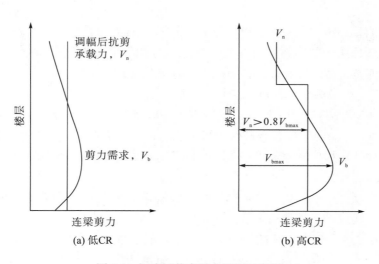

(a) 低CR   (b) 高CR

图 4.1 钢连梁剪力需求调幅示意图

鉴于调幅的益处以及连梁本身的延性，建议对于连梁设计荷载进行 20% 的调幅，但需要保证连梁总承载力大于结构全高范围内连梁总的剪力计算需求。

4.1.5　设计流程

采用规范设计方法的设计流程如下：

(1) 基于建筑条件和经验假定构件初始尺寸；

(2) 根据 4.1.2 节的建议建立线弹性模型；

(3) 根据 4.1.2 节的信息指定构件的初始结构性质；

(4) 运用 ELFA 或 MRSA 来获得构件的设计荷载以及结构整体变形；

(5) 根据 4.1.4 节进行连梁剪力调幅；

(6) 采用设计规范来保证所选构件的尺寸是合适的，并对结构构件进行配筋；

(7) 按照 4.1.3 节所介绍的方式计算墙肢超强系数，并用结构全高范围内的连梁总抗剪承载力乘以超强系数 ($\gamma \sum V_n$) 来确定墙肢的轴向荷载；

(8) 确保作用在受压墙肢上的荷载（重力荷载加上放大后的连梁总剪力）不超过墙肢截面轴向承载力的 35%；

(9) 当构件的尺寸选定并满足体系上述调整因素后，根据 ELFA 或 MRSA 方法来检查位移限制；

(10) 进行设计迭代直到结构的强度和位移限制都满足要求；

(11) 如果有钢框架与墙体相连，根据 4.1.1 节中的规定和 AISC-Seismic (2005) 来确定框架的比例。

4.2　基于性能的抗震设计方法

基于性能的设计方法是规范设计方法一种可行且有效的替代方案。基于性能的设计允许设计人员选择结构的体系受力方式，并为结构选择性能目标提供框架。性能目标通常是基于位移或基于剪力目标，它们可以定义建筑的任何方面。

FEMA 273 是美国第一个描述方法和设计标准的正式文件，可供工程师进行基于性能的抗震设计。FEMA 273 中的准则由三个基本组成部分组成：①性能目标的定义，在准则中按三个主要性能水平分类，即正常使用极限状态、安全极限状态、防止倒塌极限状态；②使用四种替代分析程序预测需求；③使用力或变形或两者都有的限制条件的验收标准，以满足期望的性能目标。

为了鼓励大众更广泛地接受 FEMA 273 中的概念，随后发布了 FEMA 356，它是试图用"代码语言"描述基于性能的方法。

FEMA 356 是为了现有结构的性能评估而开发的，目的是评估恢复的必要性。但是，这些规定在概念上也被认为适用于新建建筑物。在典型的设计情况下，每个设计迭代都可以被视为代表现有建筑，其潜在性能通过 FEMA 356 中的规定进行评估。因此，此处推荐的基于性能的设计规定是以 FEMA 356 中的规定为蓝本的。由于 FEMA 356 专注于现有结构，因此在应用于新建建筑时，其报告的验收标准在某些情况下可能是保守的。预计专为新建建筑物开发的未来基于性能的设计标准将具有与 FEMA 356 相同的基本要素，即性能指标的规范、需求预测和验收标准。即使条款不是确定性的且本质上是概率性的，这种情况也可能是正确的，例如 FEMA 350。目前的建议是在考虑到这一因素的情况下编写的，并且采用可以方便修改的格式，为此提出了新的基于性能的设计框架。

4.2.1　性能目标

在大多数建筑规范应用中，结构的理想性能是它满足设计级地震时的生命安全要求［通常被定义为 50 年内超过 10% 的可能性（10/50）］和最大可能事件中的防止倒塌要求［50 年内 2%（2/50）］。第三个性能目标即正常使用极限状态，与频繁但温和的事件有关，即在 50 年中概率超过 50% 的地震（50/50 地震）也在本章中考虑。因此，建议将这三个性能目标用于混合联肢剪力墙的设计。

4.2.2　推荐的分析方法

FEMA 356 中推荐的分析程序是线性静态（等效侧向力分析，ELFA）、非线性静态（pushover）、线性动态和非线性动态。分析方法的选择受到建筑特征的限制。线性过程假设线性分量和系统行为，但包含对全局响应参数的调整，以说明在设计地震事件期间非线性系统行为的可能性。

在允许的两个非线性程序中，动态程序需要用户方面相当的经验，因此对其使用有很大的限制——至少需要对分析和最终设计进行第三方同行评审。非线性静态过程，也称为非线性静力分析——采用简化的非线性技术来量化地震行为。非线性静力分析如今被广泛使用，因为其避免了非线性响应历史分析的复杂性，并结合了对地震行为至关重要的系统退化的重要方面。然而，FEMA 356 中所述的非线性静力分析方法并不直接考虑高阶模态的影响，因此仅限于中低层建筑物，其行为受一阶模态响应支配。该方法中，在单调增加的横向载荷的作用下，建筑物的非线性模型采用目标位移控制。目标位移旨在表示在设计地震期间可能遇到的最大位移，并且取决于所选择的地震风险水平和结构的动态特性。

非线性静力分析中常用的荷载模式是不变的，并且基于结构的初始弹性动力学特性。因此，没有考虑非弹性地震响应期间结构模态属性的变化（Kalkan and Kunnath，2006）。一些研究人员提出了增强的分析程序，以解决高阶模态影响，同时保留不变负载模式的简单性。这些程序使用各种模态组合技术，例如：①单次分析，其中载荷矢量反映了所考虑的每种弹性模式形状的贡献（Jan et al.，2003）；②使用基于弹性模式形状的不变载荷模式进行多次推覆分析，其中每种模式的贡献在最后结合（Chopra and Goel，2002）；③分析其中从第一模式非线性静态分析获得的非弹性响应，与较高模式的弹性贡献相结合（Chopra et al.，2004）；④因式模态组合（Kunnath，2004）。

在寻求更准确的推覆过程中，许多研究人员已经使用自适应负载模式，其中在非弹性行为期间考虑结构的模态属性的变化。例如，Gupta 和 Kunnath（2000）提出了一种自适应方法，它基于弹性需求谱的非线性静力分析。在该过程中，使用传统的响应谱分析来推导每个非线性静态步骤期间的负载模式。还提出了基于自适应载荷模式的其他几种 pushover 程序（Antoniou and Pinho，2004；Kalkan and Kunnath，2006）。

在上述程序中，建议将线性静态、模态分析、非线性静态和非线性动态程序应用于混合联肢剪力墙。然而，优先考虑线性过程的非线性响应。

4.2.3　建模概述

参考 FEMA 356 中的建模信息，构建适用于混合剪力墙的线性和非线性模型。应考虑以下因素。

（1）应根据 FEMA 356 中第 3.2.2.2 节考虑水平扭转的影响。

（2）应根据 FEMA 356 中第 3.2.4 节考虑楼板刚性。

（3）P-Delta 效应应通过大位移、小应变公式或 FEMA 356 中第 3.2.5 节的规定在模型中明确说明。应通过 FEMA 356 中第 3.2.6 节的规定考虑地基-结构相互作用效应。

（4）应通过 FEMA 356 中第 3.2.7 节来解决并发地震效应。

（5）应根据 FEMA 356 中第 3.2.10 节调查倾覆效应。

4.2.4　荷载模型

两种非线性模型中的恒载荷和活载荷应按照 SEI/ASCE 7-05（2005）的规定取用。当重力和地震载荷效应相加时，重力载荷确定为"1.2×恒载（DL）+0.5×活载（LL）"。当重力和地震载荷效应相互抵消时，重力载荷应取为"0.9×恒载"（无活载）。

不应从单独的模型中获得地震和重力效应并将其组合，因为叠加对于非线性分析无效。除非可以通过检查确定一个案例或另一个案件控制行为，否则建议进行两次单独分析（FEMA 273，1997）。

4.2.5　非线性分析程序的力-变形响应

当采用任一非线性分析方法进行性能评估时，需要指定连梁和墙的力-变形响应。在定义这些关系时，建议墙和连梁的强度均基于材料的标准值而非预期的屈服强度。该建议源于需要确保在考虑连梁超过强度时不会低估墙体弯矩，因为在 4.2.7 节中研究验收标准时，间接地认识到了连梁超过强度的潜在不利影响。

4.2.6　非线性静态过程的简化模型

代替非线性静态程序的更详细模型，可以使用以下建议。FEMA 356 表 5-6 中定义的主干曲线参数可用于模拟钢连梁。类似地，FEMA 356 表 6-18 中定义的主干曲线参数可用于模拟钢筋混凝土剪力墙铰接区域。钢筋混凝土剪力墙方程中的力 P 计算如下。

（1）对于受压区：在连梁的名义抗剪承载力总和中加上系数化重力荷载。即

$$P = 1.2\text{DL} + 0.5\text{LL} + \left|\sum V_n\right| \tag{4.4}$$

（2）对于受拉区：将系数化重力荷载添加到连梁的名义抗剪承载力总和中。即

$$P = 0.9\text{DL} - \left|\sum V_n\right| \tag{4.5}$$

4.2.7　耦连比初步设计

耦连比是一个显著影响系统经济性和抗震性能的基本设计参数，因此设计者必须对其进行控制。基于规范的设计方法最初采用"弹性"假定，然后采用迭代计算直到设计耦连比与实际耦连比相近方可停止迭代。这将迫使设计者接受迭代所得到的最终耦连比。此外，此过程对开裂截面属性的选择很敏感。不同的刚度假设可以导致耦连比和荷载设计值显著变化（Harries et al.，2004a）。

在规范设计方法中，改变耦连比的主要手段是通过改变耦合梁的净跨度或截面几何尺寸（深度、宽度）以改变其刚度特性，并以此改变弹性系统中的力需求。由于建筑要求，改变连梁净跨尺寸通常不可行。而改变连梁截面尺寸的方法虽然可用于假设连梁的裂缝截面特性的钢筋混凝土联肢剪力墙结构体系，但对于具有钢连梁的结构体系是不可行的。此外，不仅设计迭代耗时，而且得到的耦连比由体系的假定"弹性"特性控制，并且可能比根据设计地震得到的实际耦连比更大或更小（取决于耦合梁的特性）。这可能导致对体系内的力需求的估计产生偏差。

基于性能的设计方法（performance based design method，PBDM）框架中允许设计者控制体系耦连比以同时实现结构良好的经济性和力学性能。在此设计框架内，设计人员可以提出任何结构配置，然后验证生成的系统是否满足所需的性能目标。如果不满足，则进行设计迭代直到满足所需性能要求。关键是选择一个最小化迭代次数的初步设计。以下是选择初始混合联肢剪力墙参数的推荐方法。

4.2.8　混合联肢剪力墙参数的确定方法

以下混合联肢墙系统分配方法允许设计者指定目标耦连比，并可在 PBDM 原理中使用以提供初始设计（El-Tawil et al.，2002）。该方法的一个优点是不需要非弹性分析。该方法假设系统主要在其一阶振型中变形，这是由于最终剪力墙底部形成塑料铰并且沿结构高度所有连梁均发生屈服。对中低层建筑而言，这通常是合理的假设。Hassan 和

El-Tawil(2004)的分析结果表明，这种假设对于 12 层和 18 层建筑是合理的。对于更高的结构，其响应受高阶振型的影响，此设计方法将偏于保守，因为并非所有的连梁都同时达到屈服。

(1)步骤 1——选择所需的目标耦连比。如果墙体的尺寸已经确定(比如基于建筑规范的考虑)，则直接进入下一步。否则，采用基于偏转的方法选择体系初步尺寸。

(2)步骤 2——根据规范规定的 ELFA 确定系统基础倾覆力矩。

(3)步骤 3——使用步骤 1 中选择的耦连比值，步骤 2 中算出的倾覆力矩 OTM 和墙体质心之间的距离 L、层数 N，计算连梁总剪力：

$$\sum_{i=1}^{N} V_{\text{beam},i} = \frac{\text{CR} \cdot \text{OTM}}{L} \tag{4.6}$$

(4)步骤 4——分配连梁竖向剪力。在步骤 3 中计算得到的总剪切力被分配到连梁以获得每个梁的设计剪切力。如果所有耦合梁具有相同的设计，那么每个梁上承载的剪切为

$$V_{\text{beam},i} = \frac{\sum_{i=1}^{N} V_{\text{beam},i}}{N} \tag{4.7}$$

此步骤建议用于没有明显高阶振型影响的结构。

对于较高的结构，建议每隔几个楼层改变连梁尺寸以满足结构性能要求。在这种情况下，建议连梁的抗剪分布大致遵循弹性分析计算结果。对于倒三角形荷载和变化的耦连比，连梁剪力分布由式(4.8)给出。

$$\frac{V_{\text{beam}}}{\sum V_{\text{beam}}} = \frac{3h}{\text{CR}_{\text{弹性}} \cdot k^2 LH} \xi[\frac{z}{H}, k\alpha H] \tag{4.8}$$

$$\varepsilon = \frac{\sin h \cdot (k\alpha H) - \dfrac{k\alpha H}{2} + 1/k\alpha H}{(k\alpha H)\cos h \cdot (k\alpha H)} \cos h \cdot [k\alpha(H-z)] - \frac{\sin h \cdot [k\alpha(H-z)]}{k\alpha H}$$
$$+ \left(1 - \frac{z}{H}\right) - \frac{1}{2}\left(1 - \frac{z}{H}\right)^2 + \frac{1}{(k\alpha H)^2} \tag{4.9}$$

z 从 0 变化到 H。公式中的 $k\alpha H$ 可以解释为耦合梁刚度的度量，对连梁的刚度或长度(即 α 项)的变化最敏感。

连梁的内力重分布必须满足重分布后的剪力总和大于分布前的剪力总和。内力重分布系数大约为 20%(参见第 4.1.4 节)。

(5)步骤 5——检查位移需求。可以以任何合理的方式或者基于适当的规范选择挠度限制(FEMA 450)。例如，根据工程实践(ACI 2005 Section C21.6.2)，对于生命安全性能水平的墙肢，建议使用 $\delta H = 0.007$ 的位移角限值。

选择合适的挠度极限后，构建系统的弹性模型，为混合联肢墙系统分析模型选择合适属性，有效构件属性的建议见第 4.1.2 节。如果不满足挠度极限，则通过增加墙厚或改变连梁分布并迭代直到满足挠度极限。或者可以增大耦合比，然后重新从步骤 2 开始设计。

(6)步骤 6——体系中的力分布。为了计算体系内的力分布，建议采用偏心支撑框架(Popov et al.，1989)的容量设计方法。为了获得模型中的力分布，建议对所有连梁释放端

部约束，并将连梁端部力施加到墙体上，连接梁剪切力 V_{bi}、梁端弯矩 M_{bi} 必须作用在每个楼层：

$$V_{bi} = V_{beam,i} \qquad (4.10)$$

$$M_{bi} = \frac{g V_{beam,i}}{2} \qquad (4.11)$$

（7）步骤 7——初步系统设计。通过重力荷载、轴压力和耦合作用的总和设计墙肢［式(4.4)和式(4.5)］。与墙肢相关的重力荷载基于墙肢的从属面积。值得注意的是，大部分混合剪力墙在墙体周围都设置了重力框架，因此负载可能比墙肢本身的静载荷略大。

4.2.9　验收标准

FEMA 356 提供了常见结构体系及其构件验收标准表。FEMA 356 中提供的值适用于现有结构，可能低估了构造好的新结构的性能(Harries et al.，2004b；Xuan and Shahrooz，2005)。因此，在出现更合适的验收标准之前，建议将这些被认为是保守的值用于混合联肢墙体系基于性能的设计。

4.2.10　连梁

连梁响应预计类似于偏心支撑框架(eccentrically braced frame，EBF)中的剪切连接响应。因此，建议采用 FEMA 356 表 5-5 和表 5-6 中基于塑性旋转角度的抗剪连接的验收标准。将 EBF 标准应用于混合耦合梁，重要的是连梁的有效净跨［式(4.1)］。为了与本章中的建议保持一致，连梁名义强度应代替 FEMA 356 中的预期强度。

4.2.11　钢筋混凝土墙肢

FEMA 356 第 C6.8.1 节中规定，钢筋混凝土墙的力学响应应视为弯曲作用。因此，应根据 FEMA 356 表 6-18 和表 6-20 中的验收标准判断其性能。允许的塑性铰转角(FEMA 356 表 6-18)和 m 因子(FEMA 356 表 6-20)是作用在墙肢上的轴向载荷的函数。为了与本章中的建议保持一致，这些方程中的力 P 应按如下方式计算。

（1）对于受压墙体，将重力荷载代表值加到耦合梁的名义抗剪能力乘以 $1.1R_y$ 的总和上：

$$P = 1.2DL + 0.55LL + \left| \sum 1.1 R_y V_n \right| \qquad (4.12)$$

为了考虑连梁超强的不利影响并确保墙墩的轴向稳定性，压缩墙肢必须满足以下标准：

$$\frac{(A_s - A_s') f_y + P}{t_w l_w f_c'} \leq 0.35 \qquad (4.13)$$

式中，A_s 为墙肢底部截面受拉区的受拉纵向钢筋总面积；A_s' 为墙肢底部截面受压区的受压纵向钢筋总面积；t_w 为墙肢底部截面的厚度；l_w 为墙肢底部截面的长度；f_c' 为墙肢混凝土材料的抗压强度。

(2)对于受拉墙肢，计算重力荷载减去连梁名义抗剪能力的总和：

$$P = 0.9\mathrm{DL} - \left| \sum 1.1 R_\mathrm{y} V_\mathrm{n} \right| \tag{4.14}$$

4.2.12　设计过程

使用 PBDM 的推荐设计过程如下。

(1)根据 4.2.2 节中的信息决定是否使用线性弹性或非线性分析。

(2)根据 4.2.5 节中概述的方法进行初步设计，初步的设计过程可能需要迭代以满足初始位移和强度限制。

(3)根据 4.2.3 节中的建议构建合适的模型。

(4)使用 FEMA 356 中第 3.3 节概述的合适的分析过程分析模型。

(5)根据 4.2.7 节的检查验收标准来确保假定的设计令人满意。如果不满足验收标准，则重复设计直到满足要求。

(6)如果墙体内采用钢框架，则按照 4.1.1 节和 AISC-Seismic(2005)的规定将框架按比例分配。

4.3　基于能量平衡的塑性设计方法

目前我国抗震规范所采用的抗震设计理论体系为"三水准设防，两阶段设计"，旨在通过对结构采用多遇地震作用下的弹性设计附加一定的内力调整与构造措施，和罕遇地震作用下的弹塑性变形验算来达到"小震不坏，中震可修，大震不倒"的三级水准目标。对于钢筋混凝土联肢剪力墙，规范主要通过折减连梁刚度和对其进行弯矩调幅来达到"强墙肢弱连梁"的目的，这本质上也是"双重抗震防线"机制的一种体现。但对于组合联肢剪力墙结构体系，钢连梁在屈服前基本保持弹性，而组合墙肢自混凝土受拉开裂起即表现出非弹性性质，这种刚度的不同步变化使得组合联肢剪力墙结构体系按照规范规定的方法进行设计时无法保证其在超过多遇地震水平地震作用下的性能。

本章将根据 Leelataviwat 和 Goel(1999)所提出的基于能量平衡的塑性设计方法，将其应用于组合联肢剪力墙结构，推导出完整的设计流程，并检验该方法对于组合联肢剪力墙结构在设防地震、罕遇地震作用下性能控制的有效性。

4.3.1　性能目标

如前所述，屈服机制和目标侧移是基于能量平衡的塑性设计方法中较为重要的两个设计指标，其中屈服机制反映结构的损伤分布，目标侧移反映结构的损伤程度。

4.3.2　目标屈服机制

组合联肢剪力墙的理想屈服机制如图 4.2 所示,具体可理解为:多遇地震作用下,结构整体保持弹性;设防地震作用下,通过钢连梁优先屈服耗能,保证组合墙肢底截面不屈服;罕遇地震作用下,由于钢连梁率先屈服耗散大量地震能量,进而降低组合墙肢的屈服或损伤程度。将此屈服机制与结构性能目标相结合,并参考混合联肢剪力墙结构的相关成果,可引出组合联肢剪力墙结构的性能目标:①设防地震作用下,结构半数以上钢连梁剪切屈服,组合墙肢基本保持弹性;②罕遇地震作用下,绝大部分钢梁剪切屈服,墙肢底部截面允许屈服,但不致形成倒塌。

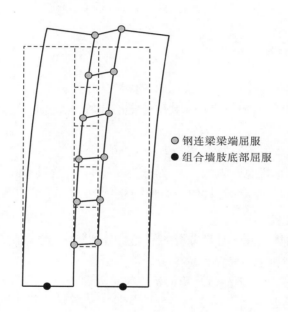

○ 钢连梁梁端屈服
● 组合墙肢底部屈服

图 4.2　组合联肢剪力墙结构理想屈服机制

相关研究建议对于混合联肢剪力墙结构,鉴于其塑性阶段的内力重分布特点,宜采用设防地震水平的地震作用进行设计,而组合剪力墙结构也有类似特点,故结合上述组合联肢剪力墙结构的性能目标,本章亦采用设防地震水平的地震作用进行结构的塑性设计。

4.3.3　目标层间位移角

在基于能量平衡的塑性设计方法中,目标侧移(即目标层间位移角)反映了结构的损伤程度,结合我国《建筑抗震设计规范》(GB 50011—2010)中附录 M 的条文说明中对于竖向构件破坏程度的分类,相应于本章两条性能目标的结构损伤程度可拟定为:①设防水平地震作用下,结构达到中等破坏;②罕遇地震作用下,结构达到不严重破坏。

关于中等破坏以及不严重破坏的变形参考值，《建筑抗震设计规范》(GB 50011—2010)建议：①中等破坏时构件变形的参考值，大致取规范弹性限制和弹塑性限制的平均值，构件接近极限承载力时，其变形比中等破坏略小一些；②不严重破坏时构件变形的参考值，大致取规范不倒塌弹塑性变形限值的 90%。由于目前国内外组合联肢剪力墙结构体系的研究与应用相对较少，各国规范也暂未针对此类结构体系给出变形限值的控制指标，故目标层间位移角指标主要结合上述规范建议与既有研究中的试验结果进行确定。

考虑到组合联肢剪力墙结构的"双重抗震防线"机制以及组合墙肢优良的变形性能，此结构类型的层间位移角限值相较钢筋混凝土抗震墙结构类型应有放宽，同时与钢结构相比应当从严。结合国内外针对单肢、组合联肢剪力墙结构的试验与分析研究，组合联肢剪力墙结构的层间位移角性能目标定为：①设防地震作用下，结构最大层间位移角不大于 1/120；②罕遇地震作用下，结构最大层间位移角不大于 1/80。

4.3.4　简化的能量平衡方程

基于能量平衡的设计理论，从地震作用下结构的动力方程出发，在地震持时内对整个方程进行积分得到能量平衡方程，并利用能量的耗散与输入进行结构设计，结构体系的能量平衡方程可以简写为

$$E_e + E_\xi + E_p = E \tag{4.15}$$

式中，E 为结构体系的地震总输入能；E_e 为结构体系的弹性振动能，且 $E_e = E_k + E_s$，其中 E_k 为结构体系的动能，E_s 为结构体系的弹性应变能；E_ξ 为结构体系的阻尼耗能；E_p 为结构体系的塑性应变能。

式(4.15)是由结构体系基于时程分析的能量平衡而推导出的，体现了结构在地震作用下任意时刻的能量平衡概念，是动力意义上的能量平衡。

Housner(1956)在提出基于能量平衡的抗震设计理念时，提出了一种简化的能量平衡极限状态设计方法，将弹性单自由度体系获得的最大地震输入能作为一种极限状态进行结构设计，弹性单自由度体系的最大地震输入能为

$$E_I = \frac{1}{2}mS_v^2 \tag{4.16}$$

式中，E_I 为结构体系的最大地震输入能；S_v 为弹性单自由度体系的谱速度。

当结构体系的最大地震输入能 E_I 足够大时，结构体系无法完全以弹性振动能的形式将其吸收，结构将会产生塑性变形，如果结构的塑性变形在变形限值范围内，则结构不会发生严重破坏或倒塌，此时：

$$E_e + E_p = E_I \tag{4.17}$$

式(4.15)和式(4.17)形式上相近，但物理意义不用。式(4.17)是静力意义上的能量平衡，其中的弹性振动能和塑性耗能也非时程意义上的瞬时能量，而是结构总能量。

Leelataviwat 和 Goel(1999)基于上述概念，提出了基于能量平衡的塑性设计方法，该方法采用图 4.3 所示的能量平衡关系，其基本假设为：①将结构单向推覆至目标位移所做

的功等于将等效的理想弹塑性单自由度体系推覆至相同的目标位移所做的功。②将理想弹塑性单自由度体系推覆至目标位移所做的功近似等于多个等效弹性单自由度的最大地震输入能之和 E_{I} 的 γ 倍，γ 为最大地震输入能修正系数。

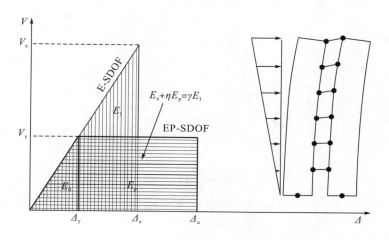

图 4.3　能量平衡关系示意图

此时的能量平衡方程为

$$E_{\mathrm{e}} + E_{\mathrm{p}} = \gamma E_{\mathrm{I}} \tag{4.18}$$

式（4.18）中 γ 的计算过程如下：

$$\frac{1}{2} V_{\mathrm{y}} \varDelta_{\mathrm{y}} + V_{\mathrm{y}} \left(\varDelta_{\mathrm{u}} - \varDelta_{\mathrm{y}} \right) = \gamma \frac{1}{2} V_{\mathrm{e}} \varDelta_{\mathrm{e}} \tag{4.19}$$

由式（4.19）可得

$$\gamma = \frac{2\mu - 1}{R_{\mu}^{2}} \tag{4.20}$$

其中：

$$\mu = \frac{\varDelta_{\mathrm{u}}}{\varDelta_{\mathrm{y}}} \tag{4.21}$$

$$R_{\mu} = \frac{V_{\mathrm{e}}}{V_{\mathrm{y}}} = \frac{\varDelta_{\mathrm{e}}}{\varDelta_{\mathrm{y}}} \tag{4.22}$$

式中，V_{e}、$\varDelta_{\mathrm{e}}$ 分别为弹性体系的基底剪力和侧向位移；V_{y}、$\varDelta_{\mathrm{y}}$、$\varDelta_{\mathrm{u}}$ 分别为弹塑性体系的设计基底剪力、屈服位移和目标位移；μ 为目标延性系数；R_{μ} 为延性折减系数。

由式（4.20）可知，最大地震输入能修正系数 γ 是目标延性系数 μ 和延性折减系数 R_{μ} 的函数，国内外已有诸多学者对 R_{μ} 和 μ 的相关关系进行了研究，本章中采用 Newmark

和 Hall(1982)所建议的关系(图4.4)。分析所用结构算例计算得到的 μ 与 R_μ 均等于1.667，γ 为0.84。

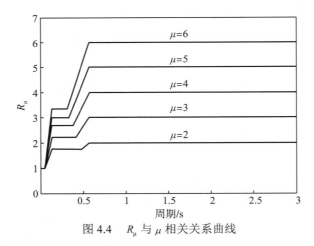

图 4.4　R_μ 与 μ 相关关系曲线

　　Leelataviwat 和 Goel(1999)所提出的设计方法中，最大地震输入能由单向推覆分析得到，单向推覆分析中无法考虑结构体系的滞回性能，组合结构中由于刚度退化的滞回性能和钢筋、钢材与混凝土间的黏结滑移将导致结构在地震作用下的塑性耗能能力降低，据此，白久林(2015)通过考虑刚度退化体系滞回曲线和理想弹塑性体系滞回曲线间的关系(图4.5)对结构塑性耗能进行了修正，并提出了考虑滞回耗能修正的能量平衡方程：

$$E_e + \eta E_p = \gamma E_I \tag{4.23}$$

其中：

$$\eta = \frac{A_P}{A_F} \tag{4.24}$$

式中，η 为滞回耗能修正系数；A_P 为考虑刚度退化的弹塑性体系滞回耗能曲线所包围的面积；A_F 为理想弹塑性体系滞回曲线所包围的面积。对于本章所涉及的组合联肢剪力墙结构，偏保守地取 $\eta = 0.588$。

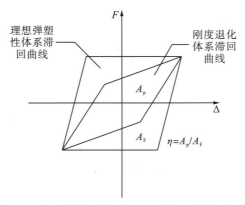

图 4.5　理想弹塑性滞回曲线及刚度退化滞回曲线

4.3.5　最大地震输入能

Housner(1956)简化地假设体系速度谱为水平直线，体系各阶模态所对应的谱速度相等，则弹性多自由度体系的最大地震输入能可由式(4.16)计算。而实际结构设计中，速度谱由体系的加速度谱积分得到，并非水平直线。弹塑性多自由度体系的最大地震输入能可以用其对应的多个弹性单自由度体系的最大地震输入能之和近似计算，采用式(4.25)进行计算：

$$E_I = \sum_{n=1}^{N} \frac{1}{2} M_n^* S_{v,n}^2 \tag{4.25}$$

式中，M_n^* 为第 n 阶模态的有效模态质量；$S_{v,n}$ 为第 n 阶模态对应的谱速度。

一般采用结构体系前两阶或三阶模态的地震动最大输入能便可较好地估算结构的最大地震输入能，本章拟采用前三阶模态来估算组合联肢剪力墙结构体系的最大地震输入能。

结构第 n 阶模态对应的谱速度 $S_{v,n}$ 需要由速度谱和 n 阶模态对应的有效周期进行计算。本章设计所用的速度谱由《建筑抗震设计规范》(GB 50011—2010)中的设防地震加速度谱计算得到。虽然在设防地震作用下，结构进入一定程度的塑性阶段，计算结构有效周期需要考虑结构体系的刚度退化，但根据所设定的性能目标，组合联肢剪力墙结构在设防地震水平作用下刚度退化不明显，且速度谱在结构周期大于特征周期后变化趋势平缓。故仍采用结构的弹性周期进行最大地震输入能的计算。

4.3.6　弹性振动能

结构的弹性振动能可根据图 4.3 中的屈服力与屈服位移计算，公式如下：

$$E_e = \frac{1}{2} V_y \Delta_y = \frac{1}{2} M \left(\frac{T_e}{2\pi} \cdot \frac{V_y}{G} \cdot g \right)^2 \tag{4.26}$$

式中，V_y 为结构设计基底剪力；M 为结构总质量；G 为结构总重量；T_e 为结构的弹性基本周期；g 为重力加速度。

4.3.7　塑性变形能

根据前述假设，结构的设计侧向力在结构塑性变形上所做的功即为结构的塑性耗能。目前倒三角分布等诸多侧向力分布模式均是在结构弹性分析的基础上得来的，而 Chao 等(2007)的研究表明，弹性侧向力分布无法较好地预测结构的塑性响应。在对多个结构进行了大量动力弹塑性时程分析后，Chao 等(2007)根据结构的最大层剪力分布提出了一种基于结构塑性响应的侧向力分布模式。根据本章所设定的性能目标，结构在设防地震作用下进入一定程度的塑性阶段，故采用上述侧向力分布模式进行结构设计，公式如下：

$$F_i = \lambda_i V_y = (\beta_i - \beta_{i+1}) \left(\frac{G_t h_t}{\sum_{j=1}^n G_j h_j} \right)^{\alpha_s T_e^{-0.2}} V_y \tag{4.27}$$

式中，F_i 为结构第 i 层的侧向力；λ_i 为侧向力分布系数；α_s 为与结构体系有关的无量纲参数；β_i 为层剪力分布系数，$\beta_i = \dfrac{V_i}{V_t} = \left(\sum_{j=i}^n G_j h_j / G_t h_t \right)^{\alpha_s T_e^{-0.2}}$；$G_j$、$G_t$ 分别为结构第 j 层和顶层的重量；h_j、h_t 分别为结构第 j 层和顶层离地高度；V_i 为结构第 i 层的层剪力；V_t 为结构顶层的层剪力。

对于框架结构，Chao 等(2007)建议 α_s 取值为 0.75，对于剪力墙结构体系，目前并未有相关建议，本章基于一定初步研究，认为对于组合联肢剪力墙结构体系，α_s 的取值也可取 0.75，且初步判断认为，参数 α_s 的取值与结构目标侧移有一定相关性。

侧向荷载在结构屈服后所做的功等于结构的塑性变形能，而结构内部的塑性变形能全部由形成理想屈服机制的"塑性铰"耗散，由此可得

$$\sum_{i=1}^n F_i h_i \theta_p = E_p = M_{pw} \theta_p + \sum_{i=1}^n \beta_i V_{pb} l_b \gamma_p \tag{4.28}$$

式中，θ_p 为目标塑性位移角；M_{pw} 为墙肢底部截面塑性抗弯承载力之和；V_{pb} 为顶层连梁的塑性抗剪承载力；γ_p 为连梁的塑性转角。

其中，目标塑性位移角 θ_p 可由式(4.29)计算：

$$\theta_p = \theta_u - \theta_y \tag{4.29}$$

式中，θ_u 为结构目标位移角；θ_y 为结构屈服位移角。

结构目标位移角 θ_u 根据本章所定的性能目标，取为 1/120。屈服位移角的取值与 4.3.3 节中选取性能目标位移角的方法相同，综合前述试验，取大致平均结果为 1/200。

4.3.8 结构设计基底剪力与倾覆力矩

将式(4.25)、式(4.26)及式(4.29)代入式(4.23)，可得出结构的设计基底剪力如下：

$$E_p = \frac{\gamma E_I - E_e}{\eta} = \frac{\gamma E_I - \frac{1}{2} M \left(\frac{T_e}{2\pi} \cdot \frac{V_y}{G} \cdot g \right)^2}{\eta} = V_y \theta_p \sum_{j=1}^n \lambda_i h_i$$

$$\Rightarrow V_y = \frac{-\eta \theta_p \sum_{j=1}^n \lambda_i h_i + \sqrt{\left(\eta \theta_p \sum_{j=1}^n \lambda_i h_i \right)^2 - 4 \cdot \left[2T_e^2 / (8\pi^2 M) \right] \cdot (-\gamma E_I)}}{2T_e^2 / 8\pi^2 M} \tag{4.30}$$

得出设计基底剪力后，可根据式(4.27)计算出结构各层所受侧向力，结合结构高度，可计算出结构基底倾覆力矩 M_{otm}：

$$M_{otm} = \sum_{i=1}^n F_i h_i \tag{4.31}$$

4.3.9　结构构件的塑性设计

根据前述推导，通过基于能量平衡的塑性设计方法在预定的性能目标下可获得组合联肢剪力墙结构的基底剪力和基底倾覆力矩，再根据特定的内力分布模式，即可获得结构构件内力，并进行构件设计。CR 作为联肢剪力墙结构的重要设计参数之一，对结构的性能影响显著，本书将 CR 作为组合联肢剪力墙设计的主要参数变量，并在以往研究的基础上，探讨针对 9 度区组合联肢剪力墙结构体系合适的 CR 范围。

4.3.10　构件的内力确定

1. 钢连梁

组合联肢剪力墙结构的基底倾覆力矩由组合墙肢的抵抗矩（M_{cw}，M_{tw}）以及连梁耦合作用形成的拉压力偶（Tl_w）共同平衡，根据预定的 CR 值以及基底倾覆力矩 M_{otm}，连梁的总剪力需求可由式（4.32）计算：

$$\sum_{i=1}^{n} V_{bi} = T = \frac{M_{otm} \cdot CR}{l_w} \tag{4.32}$$

式中，V_{bi} 为第 i 层连梁的剪力需求。

结构每层连梁的剪力需求由连梁总剪力需求以及特定的分布模式确定，对连梁沿结构高度的剪力需求分布采用基于层剪力分布系数 β_i 的分布模式进行确定，即

$$V_{bi} = \frac{\beta_i}{\sum_{i=1}^{n} \beta_i} \cdot \sum_{i=1}^{n} V_{bi} \tag{4.33}$$

对于联肢剪力墙结构，允许连梁进行竖向内力调幅，对连梁截面进行一定程度归并可使设计更加高效并能降低墙肢超强系数。加拿大规范（CSA A23.3-04）中规定可在保持调幅后的连梁抗剪总承载力不低于计算所得连梁总剪力需求时（$\sum V_{ni} \geqslant \sum V_{bi}$），允许对连梁进行 20%幅度以内的内力调幅（图 4.1）。后续设计中将采用此建议对钢连梁剪力需求进行竖向调幅。

2. 墙肢底截面

墙肢底部截面所承担的倾覆力矩之和（M_{pw}）同样可由基底倾覆力矩 M_{otm} 以及预定的 CR 值进行确定：

$$M_{pw} = M_{cw} + M_{tw} = M_{otm} \cdot (1 - CR) \tag{4.34}$$

已有研究表明，联肢剪力墙结构在地震作用下由于混凝土的开裂以及连梁耦合传导的轴力差，将导致受压墙肢比受拉墙肢承受更大的倾覆力矩。国外规范通过对拉压墙肢采取不同的有效刚度来考虑这种力矩重分布（表 4.2）。

表 4.2   国外规范中墙肢有效刚度建议值

墙肢构件	ACI 318	CSA A23.3	NZS 3101[*]
受压墙肢弯曲刚度	$0.70\,EI_g$	$0.80\,EI_g$	$0.45\,EI_g$
受拉墙肢弯曲刚度	$0.35\,EI_g$	$0.50\,EI_g$	$0.25\,EI_g$
受压墙肢轴向刚度	$1.00\,EA_g$	$1.00\,EA_g$	$0.80\,EA_g$
受拉墙肢轴向刚度	$0.35\,EA_g$	$0.50\,EA_g$	$0.50\,EA_g$

注: * 表示 NZS 3101 中对不同的极限状态建议了不同的有效刚度,表中值为其中最严格的极限状态。

由表 4.2 可见,各国规范对于墙肢有效刚度的取值差异较大,而墙肢有效刚度取值对墙肢底部截面的力矩重分布影响较大,可对联肢剪力墙结构采用固定的力矩分配比例(如 $M_{cw}:M_{tw}=0.7:0.3$)来考虑上述力矩重分布。然而,对于具有不同 CR 的联肢剪力墙结构,拉压墙肢间的轴力差存在差异,这种差异在 9 度区设防地震水平的设计背景下更为显著。借鉴相关文献的方法,针对后续设计中拟采用的 CR 值提出了如表 4.3 所示的弯矩分配比例,并将在后续章节中说明其合理性。

表 4.3   拉压墙肢弯矩分配比例

墙肢构件	CR			
	30%	40%	50%	60%
受压墙肢	0.55	0.58	0.61	0.64
受拉墙肢	0.45	0.42	0.39	0.36

为了更好地实现联肢剪力墙结构的“双重抗震防线”机制,可对墙肢底部截面的弯矩引入一个超强系数 γ_w,该超强系数的取值主要取决于连梁的竖向内力调幅,即 $\gamma_w = \sum V_{ni} / \sum V_{bi}$。同时,考虑到钢连梁在实际地震作用中存在一定的材料强化,由连梁耦合传递至墙肢的轴力也应进行一定程度的放大,采用放大系数,在计算连梁向墙肢传递的轴力时,将其放大 1.1 倍。

Paulay 和 Priestley(1992)认为剪力墙结构在地震作用下的最大动态基底剪力实际上远大于设计基底剪力,这主要是因为剪力墙结构的基底剪力受到高阶模态的影响较大。为了保证剪力墙为弯曲破坏控制,Paulay 和 Priestley(1992)建议对设计基底剪力乘以一个动态剪力修正系数 ω。同时,我国的《组合结构设计规范》(JGJ 138—2016)中,为了实现“强剪切弱弯曲”的原则,对于 9 度设防一级抗震等级的剪力墙底部加强区,其受剪承载力要求按照式(4.35)调整:

$$V = 1.1\frac{M_{wua}}{M_w}V_w \qquad (4.35)$$

式中，V 为剪力墙墙肢截面的剪力设计值；V_w 为剪力墙墙肢截面的剪力计算值；M_{wua} 为剪力墙墙肢正截面的受弯承载力；M_w 为剪力墙墙肢正截面的弯矩设计值。

本章对于组合墙肢底部截面的剪力调整暂按照《组合结构设计规范》(JGJ 138—2016) 的相关规定进行。

3. 墙肢其余截面

墙肢其余截面的内力可根据基本隔离体受力平衡条件进行求解。如图 4.6 所示，将组合联肢墙剪力墙结果从连梁两端"切开"，取左右墙肢为脱离体，同时假设：①连梁均达到其塑性抗剪承载力；②拉压墙肢的侧向力分布服从结构设计侧向力分布。即可通过平衡条件得到拉压墙肢所分别承担的基底剪力：

$$\begin{cases} V_{tw} = \dfrac{h_w/2 \times \sum_{i=1}^{n} V_{bi} + \sum_{i=1}^{n} M_{bi} + M_{tw}}{\sum_{i=1}^{n} \lambda_i h_i} \\ V_{cw} = \dfrac{h_w/2 \times \sum_{i=1}^{n} V_{bi} + \sum_{i=1}^{n} M_{bi} + M_{cw}}{\sum_{i=1}^{n} \lambda_i h_i} \end{cases} \tag{4.36}$$

式中，h_w 为墙肢截面高度；M_{bi} 为第 i 层连梁端弯矩。

求得拉压墙肢各自的基底剪力(V_{tw}、V_{cw})后，可根据结构侧向力分布模式计算得出拉压墙肢各层所受到的侧向力，进而可求出拉压墙肢各层底截面的剪力及弯矩。

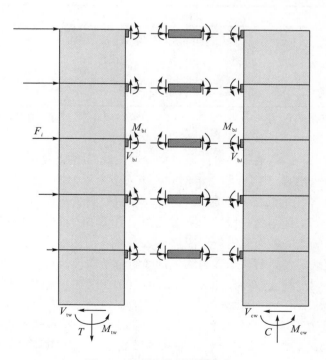

图 4.6　结构内力计算示意图

4.3.11　构件设计准则

1. 构件设计依据

当钢连梁在墙肢中具有足够的嵌入深度时，钢连梁的受力特性将类似于如图4.7所示的偏心支钢框架中耗能梁段的受力特性。故钢连梁可依据美国《钢结构建筑抗震规范》（ANSI/AISC 341—10）中偏心支撑钢框架耗能梁段的相关设计条款进行设计。钢连梁剪切屈服的耗能能力强于其弯曲屈服的耗能能力，故钢连梁应设计为剪切屈服控制，以充分发挥其耗能能力。表4.4给出了钢连梁在不同净跨下的变形特征。

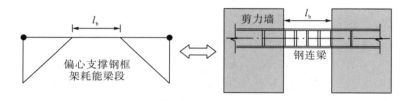

图 4.7　偏心支撑钢框架与钢连梁类比示意图

表 4.4　钢连梁变形特征

钢连梁长度	钢连梁变形特征	钢连梁转角上限/rad
$l_b < 1.6M_p/V_p$	以剪切塑性变形为主	0.08
$1.6M_p/V_p < l_b < 2.6M_p/V_p$	剪切塑性变形伴随弯曲塑性变形	0.02～0.08
$2.6M_p/V_p < l_b$	以弯曲塑性变形为主	0.02

注：V_p 为钢连梁塑性受剪承载力（$V_p=f_{yv}A_w$），其中，f_{yv} 为钢材抗剪强度，A_w 为钢连梁腹板截面面积；l_b 为钢连梁净跨度。

根据经济性需求，组合墙肢将分三段：第一段为底部钢板-混凝土组合剪力墙墙肢；第二段为中下部型钢-混凝土组合剪力墙墙肢；第三段为顶部钢筋混凝土剪力墙墙肢。第一段与第二段的分界线为底部加强区上一至二层处（原则上应保持取消钢板后的截面配筋与配钢量相近）；第二段与第三段的分界线为距组合墙肢顶部约 1/3 高度处（原则上取消暗柱后的钢筋混凝土墙肢截面仅需构造配筋）。

组合墙肢的正截面及斜截面承载力均依据《组合结构设计规范》（JGJ 138—2016）第九章、第十章以及《混凝土结构设计规范》（GB 50010—2010）相关公式进行设计。

2. 截面设计准则

求出组合联肢剪力墙结构各构件内力后，即可对各个构件进行截面设计，结合设定的性能目标，采用塑性设计进行钢连梁和墙肢底部加强区截面抗弯承载力的设计，即式（4.37）；采用弹性设计进行墙肢非加强区截面抗弯承载力以及墙肢所有截面抗剪承载力的设计，即式（4.38）。

$$S_{GE} + S_{Ek} \leqslant R_k \tag{4.37}$$

$$\gamma_G S_{GE} + \gamma_E S_{Ek} \leqslant R / \gamma_{RE} \tag{4.38}$$

式中，R_k 为按材料强度标准值计算的承载力；R 为按材料强度设计值计算的承载力；S_{GE} 为重力荷载代表值的效应；S_{Ek} 为水平地震作用标准值效应；γ_G 为重力荷载分项系数；γ_E 为水平地震作用分项系数；γ_{RE} 为抗震承载力调整系数。

4.3.12　组合联肢剪力墙结构塑性设计方法流程

综上所述，组合联肢剪力墙结构基于能量平衡的塑性设计流程如图 4.8 所示。

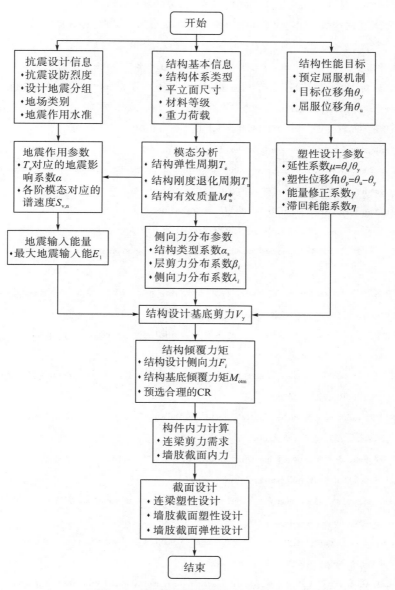

图 4.8　基于能量平衡的塑性设计流程

参 考 文 献

白久林, 金双双, 欧进萍, 2017. 钢筋混凝土框架结构强柱弱梁整体失效模式可控设计[J]. 工程力学, 34(8):51-59.

白久林, 2015. 钢筋混凝土框架结构地震主要失效模式分析与优化[D]. 哈尔滨:哈尔滨工业大学.

干淳洁, 2008. 内置钢板钢筋混凝土剪力墙抗震性能研究[D]. 上海:同济大学.

纪晓东, 贾翔夫, 钱稼茹, 2015. 钢板混凝土剪力墙抗剪性能试验研究[J]. 建筑结构学报, 36(11):46-55.

蒋冬启, 2011. 高强混凝土钢板组合剪力墙压弯性能试验研究[D]. 北京:中国建筑科学研究院.

康道阳, 2017. 钢框架钢板混凝土组合联肢剪力墙抗震性能研究[D]. 重庆:重庆大学.

秋山宏, 2010. 基于能量平衡的建筑结构抗震设计[M]. 叶列平, 裴星洙, 译. 北京:清华大学出版社.

苏义庭, 2018. 基于螺栓连接的钢板混凝土组合联肢剪力墙抗震性能研究[D]. 重庆:重庆大学.

王金金, 范重, 邢超, 等, 2016. 钢板混凝土组合剪力墙轴压比影响研究[J]. 建筑结构学报, 37(7):29-37.

伍云天, 李英民, 张祁, 等, 2011. 美国组合联肢剪力墙抗震设计方法探讨[J]. 建筑结构学报, 32(12):137-144.

周庆, 2018. 混合联肢剪力墙结构性能化设计方法及抗震性能研究[D]. 重庆:重庆大学.

朱爱萍, 2015. 内置钢板-C80混凝土组合剪力墙抗震性能研究[D]. 北京:中国建筑科学研究院.

Akiyama H, 1985. Earthquake-Resistant Limit-State Design of Buildings[M]. Tokyo:University of Tokyo Press.

Antoniou S, Pinho R, 2004. Development and verification of a displacement-basedadaptive pushover procedure[J]. Journal of Earthquake Engineering, 8(5): 643-661.

Bentz E C, 2000. Response 2000 Version 1.0.5[D]. Toronto:University of Toronto.

Beyer K, 2005. Design and analysis of walls coupled by floor diaphragm[D]. Pavia:University of Pavia.

Chao S H, Goel S C, Lee S S, 2007. A seismic design lateral force distribution based on inelastic state of structures[J]. Earthquake Spectra, 23(3):547-569.

Chopra A K, Goel R K, 2002. A modal pushover analysis procedure for estimating seismic demands for buildings[J]. Earthquake Engineering and Structural Dynamics, 31: 561-582.

Chopra A K, Goel R K, Chintanapakdee C, 2004. Evaluation of a modified MPA procedure assuming higher modes as elastic to estimate seismic demands[J]. Earthquake Spectra, 20(3), 757-778.

El-Tawil S, Kuenzli C M, Hassan M, 2002. Pushover of hybrid coupled walls. Part I: Design and modeling[J]. Journal of Structural Engineering, ASCE, 128(10): 1272-1281.

FEMA 273, 1997. NEHRP Guidelines for the Seismic Rehabilitation of Buildings[S]. FEMA273/October, 1997, Applied Technology Council (ATC-33 Project), Redwood City, California.

FEMA 350, 2000. Recommended Seismic Design Criteria For New Steel Moment-FrameBuildings[S]. FEMA 350/July 2000, Building Seismic Safety Council, Washington, D.C.

FEMA 356, 2000.Prestandard and Commentary for the Seismic Rehabilitation of Buildings[S]. FEMA 356/November 2000, Building Seismic Safety Council, Washington, D.C.

FEMA 450, 2003. NEHRP Recommended Provisions for Seismic Regulations for New Buildings and Other Structures[S]. Part 1-Provisions, Building Seismic Safety Council,Washington, D.C.

Fortney P J, Shahrooz B M, Rassati G A,2007.Seismic performance evaluation of coupled core walls with concrete and steel coupling beams[J]. Journal of Steel and Composite Structures, 7(4): 279-301.

Gong B, Shahrooz B M, Gillum A J,1998. Cyclic response of composite coupling beams[J]. ACI Special Publication 174 - Hybrid and Composite Structures, ACI, Farmington Hills, Michigan: 89-112.

Gupta B, Kunnath S K,2000. Adaptive spectra-based pushover procedure for seismic valuation of structures[J]. Earthquake Spectra, 16 (2): 367-391.

Harries K A, McNeice D S, 2006. Performance-based design of high-rise coupled wall systems[J]. Structural Design of Tall and Special Buildings, 15 (3):289-306.

Harries K A, Mitchell D, Redwood R G, et al., 1997. Seismic design of coupling beams - a case for mixed construction[J]. Canadian Journal of Civil Engineering, 24 (3): 448-459.

Harries K A, Moulton D, Clemson R, 2004a.Parametric study of coupled wall behavior-implications for the design of coupling beams[J]. ASCE Journal of Structural Engineering, 130 (3): 480-488.

Harries K A, Shahrooz B M, Brienen P,et al., 2004b. Performance based design of coupled walls[C]. Proceedings of the 5th International Conference on Composite Construction, South Africa, July 2004.

Hassan M, El-Tawil S, 2004. Inelastic dynamic behavior of hybrid coupled walls[J]. Journal of Structural Engineering, ASCE, 130 (2):285-296.

Housner G W, 1956. Limit design of structures to resist earthquake[C]. Proceedings of the 1st World Conference on Earthquake Engineering, Earthquake Engineering Research Institute, Oakland, Calif., 5:1-13.

Jan T S, Liu M W, Kao Y C, 2003. An upper-bound pushover analysis procedure for estimating the seismic demands of high-rise buildings[J]. Engineering Structures, 26:117-128.

Kalkan E, Kunnath S K, 2006.Adaptive Modal Combination Procedure for Nonlinear Static Analysis of Building Structures[S]. Accepted for publication in the Journal of Structural Engineering, ASCE.

Kunnath S K,2004.Identification of modal combinations for nonlinear static analysis of building structures[J]. Computer-Aided Civil and Infrastructure Engineering, 19: 282-295.

Leelataviwat S, Goel S C, 1999. Toward performance-based seismic design of structures[J]. Earthquake Spectra, 15 (3):435-461.

Newmark N M, Hall W J, 1982. Earthquake Spectra and Design[M]. Oakland: Earthquake Engineering Research Institute.

Paulay T, Priestley M J N , 1992. Seismic Design of Reinforced Concrete and Masonry Buildings[M]. Washington D C: Wiley.

Popov E P, Engelhardt M D, Ricle J M, 1989.Eccentrically braced frames: US practice[J].Engineering Journal, 26 (2):66-80.

Shahrooz B M, Remetter M E, Qin F, 1993.Seismic design and performance of composite coupled walls[J]. Journal of Structural Engineering, ASCE, 119 (11):3291-3309.

Uang C M, Bertero V V,1988. Use of energy as a design criterion in earthquake resistant design[R]. Berkeley, California: Earthquake Engineering Research Center.

Wang B, Jiang H, 2016. Experimental study on seismic performance of steel plate reinforced concrete tubes under cyclic loading[J]. The Structural Design of Tall and Special Buildings, 26 (16): e1345.

Xuan G, Shahrooz B M, 2005.Performance based design of a 15 story reinforced concrete coupled core wall structure[R]. Report No. UC-CII 05/03, Cincinnati Infrastructure Institute.

第 5 章　考虑耦连比的联肢剪力墙抗震性能评估

本章采用基于能量平衡的塑性设计方法设计了 12 个组合联肢剪力墙算例，探讨高烈度区不同高度条件下组合联肢剪力墙的合理耦连比取值范围及其对于抗震性能的影响。

5.1　算　例　设　计

12 个算例以高度作为分组依据，即第一组 12 层，第二组 16 层，第三组 20 层；每一组内又分别设置了四种不同的设计耦连比值，即 30%、40%、50% 和 60%。各个算例的命名规则如图 5.1 所示。结构基本设计信息见表 5.1。

图 5.1　组合联肢剪力墙算例命名规则

表 5.1　结构基本设计信息

信息类别	设计信息	
设计基本信息	重要性类别	乙类
	层高	3m
	抗震设防烈度	9 度 0.4g
	设计地震分组	第三组
	场地类别	二类
	抗震等级	一级
材料信息	混凝土强度等级	C40
	钢筋	HRB400
	钢材	Q235B
集中重力荷载代表值	12 层算例	1250kN
	16 层算例	1150kN
	20 层算例	1150kN
墙肢厚度	12 层算例	200mm
	16 层算例	250mm
	20 层算例	300mm

由于主要分析参数为耦连比，故采取以下措施以排除其余设计参数的影响。

（1）12 个算例的结构平面尺寸均相同（图 5.2），墙肢长度均取为 4m。连梁净跨度为 2m。

（2）对于层数相同的结构，保持墙肢厚度相同，同时墙肢厚度沿结构竖向不做变化，仅通过改变连梁尺寸来实现耦连比的改变。

（3）为了充分发挥组合墙肢内藏钢板抵抗轴压力的作用，三组算例的墙肢底部截面轴压比均设置为 0.384。

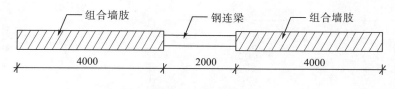

图 5.2　算例平面尺寸（单位：mm）

主要计算结果见表 5.2～表 5.4。

表 5.2　12 层组合联肢剪力结构主要设计参数

主要设计参数		C-12-30	C-12-40	C-12-50	C-12-60
前三阶弹性周期 /s	一阶	0.965	0.918	0.858	0.840
	二阶	0.230	0.224	0.216	0.212
	三阶	0.095	0.094	0.092	0.091
地震总输入能 E_{I}/(N·m)		217357.2	215571.1	211948.8	210731.0
基底剪力 V_{y}/kN		2387.38	2425.97	2462.77	2472.54
基底倾覆力矩 M_{otm}/(kN·m)		67295.70	68242.68	69086.26	69299.43
受拉墙肢计算弯矩 M_{tw}/(kN·m)		21198.07	17197.15	13471.82	9424.72
受压墙肢计算弯矩 M_{cw}/(kN·m)		25908.76	23748.45	21071.31	18295.05
连梁总剪力需求/kN		3364.77	4549.51	5757.19	6929.94

表 5.3　16 层组合联肢剪力结构主要设计参数

主要设计参数		C-16-30	C-16-40	C-16-50	C-16-60
前三阶弹性周期 /s	一阶	1.378	1.311	1.245	1.221
	二阶	0.323	0.313	0.304	0.314
	三阶	0.131	0.129	0.127	0.130
地震总输入能 E_{I}/(N·m)		286473.7	282248.0	279347.5	275418.4
基底剪力 V_{y}/kN		2065.91	2099.52	2140.60	2181.39
基底倾覆力矩 M_{otm}/(kN·m)		78126.77	79240.09	80622.86	82095.76

续表

主要设计参数	C-16-30	C-16-40	C-16-50	C-16-60
受拉墙肢计算弯矩 M_{tw}/(kN·m)	24609.93	19968.50	15721.46	11821.79
受压墙肢计算弯矩 M_{cw}/(kN·m)	30078.81	27575.55	24589.97	21016.51
连梁总剪力需求/kN	3906.34	5282.67	6718.57	8209.58

表 5.4　20 层组合联肢剪力结构主要设计参数

主要设计参数		C-20-30	C-20-40	C-20-50	C-20-60
前三阶弹性周期 /s	一阶	1.704	1.608	1.513	1.459
	二阶	0.412	0.393	0.376	0.363
	三阶	0.168	0.164	0.160	0.156
地震总输入能 E_I/(N·m)		377389.2	369379.0	361150.5	354963.9
基底剪力 V_y/kN		2295.47	2324.88	2352.16	2359.19
基底倾覆力矩 M_{otm}/(kN·m)		108882.43	110027.51	111050.01	111221.32
受拉墙肢计算弯矩 M_{tw}/(kN·m)		34297.97	27726.93	21654.75	16015.87
受压墙肢计算弯矩 M_{cw}/(kN·m)		41919.74	38289.57	33870.25	28472.66
连梁总剪力需求/kN		5444.12	7335.17	9254.17	11122.13

　　得到结构基底剪力和倾覆力矩后，即可进行构件设计。钢连梁内力调幅时沿结构高度将连梁截面分为 4 组，每组大致取组内平均结果，如图 5.3 所示。12 个组合联肢剪力墙结构算例的墙肢截面配筋、含钢信息与钢连梁截面尺寸信息详见附录 A、附录 B。

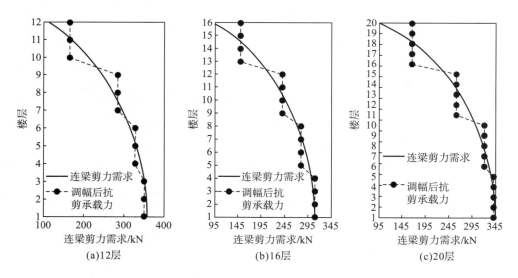

图 5.3　钢连梁内力调幅示例

5.2　有限元模型的建立与验证

本节将通过静力弹塑性方法与动力弹塑性时程分析方法对上文所设计的12个组合联肢剪力墙结构算例进行抗震性能研究,并对所提设计方法进行验证。ABAQUS作为大型通用有限元软件,能够较好地模拟组合结构的力学性能,并从微观上反映出材料的应力、应变情况,较好地实现结构分析目的,故将采用ABAQUS进行组合联肢剪力墙结构的非线性分析。

5.2.1　混凝土本构模型

1. 本构关系

ABAQUS中提供了混凝土弥散开裂模型(concrete smeared crack,CSC)以及混凝土损伤塑性模型(concrete damage plasticity,CDP)两种混凝土本构模型,CDP模型中将损伤指标引入到本构关系中,能够考虑材料在往复荷载作用下的裂缝开闭、刚度恢复、损伤等,由于地震作用本质上是一种往复荷载作用,故选用CDP模型进行混凝土的模拟。

CDP模型中混凝土的受压应力-应变曲线经历了弹性、强化和软化三个阶段,受拉曲线则只规定了弹性和软化两个阶段,如图5.4所示。其中,受压弹性段与强化段的弹塑性分界点一般取 $\sigma_{c,e0} = 1/3 f_c$,并以该分界点($\sigma_{c,e0}$,$\varepsilon_{c,e0}$)来计算混凝土初始弹性模量,如式(5.1)所示。

$$E_0 = \sigma_{c,e0} / \varepsilon_{c,e0} \tag{5.1}$$

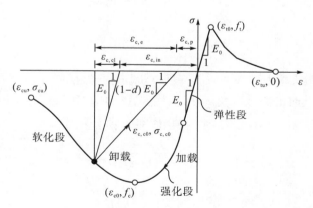

图 5.4　混凝土单轴应力-应变关系

应力超过弹塑性分界点后,ABAQUS程序中以输入非弹性应变 $\varepsilon_{c,in}$ 的方式确定混凝土的单轴应力-应变曲线,计算方式见式(5.2),其中混凝土塑性阶段的应力(σ_c、σ_t)和应变(ε_c、ε_t)依据《混凝土结构设计规范》(GB 50010—2010)中附录C进行计算,相应的混凝土单轴损伤演化系数 d_c 和 d_t 亦可按《混凝土结构设计规范》（GB 50010—2010）中附录 C 进行计算。

$$\varepsilon_{c,in} = \varepsilon_c - \sigma_c / E_c \tag{5.2}$$

在本构曲线的计算中，f_c 取《混凝土结构设计规范》（GB 50010—2010）中提供的混凝土轴心抗压强度标准值 f_{ck} =26.8，f_t 取《混凝土结构设计规范》（GB 50010—2010）中提供的混凝土轴心抗拉强度标准值 f_{tk} =2.39，弹性模量 E_c 取 32500。

2. 滞回规则

CDP 模型的滞回规则中假定混凝土的破坏为拉裂和压碎，并通过折减弹性刚度和控制裂缝的开闭合来模拟这种损伤破坏。其本构曲线具体由刚度恢复系数 w 以及损伤因子 D 共同控制。刚度恢复系数 w 表示混凝土本构曲线从受压（拉）应力区向相反方向发展时，其弹性模量变化情况。如图 5.5 所示，w =1 表示本构曲线跨越横轴时，混凝土弹性模量可完全恢复至相反方向上一次卸载时的情况；w =0 则表示不能恢复。本章的模拟中取 w_c =0.3，w_t 为默认值。

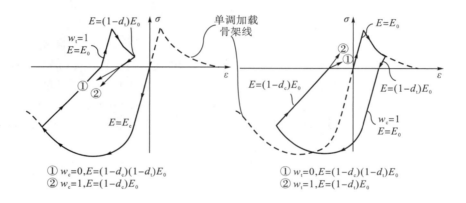

图 5.5　CDP 模型滞回规则

损伤因子 D 表示本构曲线卸载时其弹性模量相对于初始弹性模量 E_0 的折减系数，程序根据 D 自动计算此时的塑性应变 $\varepsilon_{c,p}$ 或 $\varepsilon_{t,p}$［式(5.3)］。D =0 表示本构无损伤，卸载模量与初始弹性模量相等；D =0 代表完全损伤，即卸载模量为 0。

$$\begin{cases} \varepsilon_{c,p} = \varepsilon_c - \dfrac{\sigma_c}{(1-D_c)E_c} \\[2mm] \varepsilon_{t,p} = \varepsilon_t - \dfrac{\sigma_t}{(1-D_t)E_c} \end{cases} \tag{5.3}$$

对于损伤因子 D 的计算，采用等能量假定，参考康道阳(2017)、苏义庭(2018)的介绍进行计算。

3. 其余参数

其余 CDP 模型中相关参数的取值如表 5.5 所示。

表 5.5　CDP 模型参数取值

膨胀角	偏心距	f_{b0}/f_{c0}	K	黏性系数	泊松比
38°	0.1	1.16	2/3	0.001	0.2

5.2.2　钢材本构模型

1. 钢筋本构

采用曲哲和叶列平(2011)基于 Clough 和 Johnston(1966)提出的最大指向型双线性模型而修改并完成的一种随动硬化钢筋本构模型(PQ-Fiber-USTEEL02)以更好地模拟钢筋的滞回行为。该模型有以下特点：①如图 5.6 所示，在反向加载时，卸载刚度先保持不变，加载至对应方向历史最大应力的 0.2 倍后再向历史最大应力发展；②如式(5.4)、式(5.5)所示，该本构引入了有效累积滞回耗能 E_{eff}，以此考虑累积损伤对第 i 个循环的屈服强度 f_{yi} 的影响；③加载到一定程度后，设置如图 5.7 所示的下降段，当钢筋超过其破坏应变 ε_f 后，曲线将以 $0.5E_0$ 的刚度下降至强度完全退化。软件中参数取值参考《钢结构设计标准》(GB 50017—2017)，$f_y=400$，$E_s=206000$，$\alpha_2=0.01$。

$$f_{yi} = f_{y1}\left\{1 - \left[\frac{E_{\text{eff},i}}{3f_{y1}\varepsilon_f(1-\alpha)}\right]\right\} \geqslant f_{y1} \tag{5.4}$$

$$E_{\text{eff},i} = \sum\left[E_i \times \left(\frac{\varepsilon_i}{\varepsilon_f}\right)^2\right] \tag{5.5}$$

式中，f_{yi} 为第 i 个加载循环的屈服强度；$E_{\text{eff},i}$ 为加载至第一个循环时的有效累积滞回耗能；E_i 为第 i 个循环的滞回耗能；α 为屈服刚度系数(如图 5.6 所示)；ε_i 为第 i 个循环所达到的最大应变；ε_f 为钢筋混凝土构件单轴加载破坏时的钢筋受拉应变。

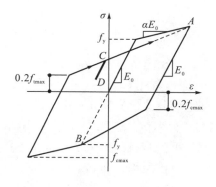

图 5.6　钢筋本构卸载规则

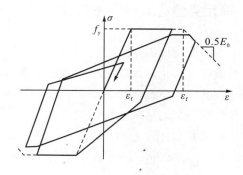

图 5.7　强度退化规则

2. 钢构件本构

钢构件部分的本构参考欧洲规范 Eurocode 3 中建议的钢材本构：

$$\sigma = \begin{cases} \varepsilon E_{\mathrm{s}}, & \varepsilon \leqslant \varepsilon_{\mathrm{p}} \\ f_{\mathrm{y}}, & \varepsilon_{\mathrm{p}} < \varepsilon \leqslant \varepsilon_{\mathrm{y}} \\ f_{\mathrm{y}} + \dfrac{f_{\mathrm{u}} - f_{\mathrm{y}}}{\varepsilon_{\mathrm{s}} - \varepsilon_{\mathrm{y}}}\left(\varepsilon - \varepsilon_{\mathrm{y}}\right), & \varepsilon_{\mathrm{y}} < \varepsilon \leqslant \varepsilon_{\mathrm{s}} \\ f_{\mathrm{u}}, & \varepsilon_{\mathrm{s}} < \varepsilon \leqslant \varepsilon_{\mathrm{t}} \\ f_{\mathrm{u}}\left(1 - \dfrac{\varepsilon - \varepsilon_{\mathrm{t}}}{\varepsilon_{\mathrm{u}} - \varepsilon_{\mathrm{t}}}\right), & \varepsilon_{\mathrm{t}} < \varepsilon \leqslant \varepsilon_{\mathrm{u}} \\ 0, & \varepsilon > \varepsilon_{\mathrm{u}} \end{cases} \tag{5.6}$$

式中，E_{s} 为钢材弹性模量；σ 为钢材应力；f_{y} 为钢材屈服强度；f_{u} 为钢材极限强度；ε_{p} 为比例极限应变；ε_{y} 为钢筋屈服应变；ε_{s} 为极限强度应变；ε_{t} 为强度退化应变；ε_{u} 为钢材极限应变。

如图 5.8 所示，该本构考虑了钢材的屈服平台、硬化以及最终的损伤破坏阶段的应力-应变规律，软件中参数取值参考《钢结构设计规范》（GB 50017—2017），f_{y}=235，f_{u}=370。

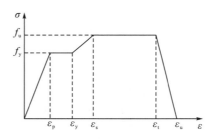

图 5.8　钢构件本构模型

5.2.3　单元类型选取与网格划分

对于本章所设计的 12 个组合联肢剪力墙结构的有限元模型，将混凝土、钢筋与钢材进行分别建模。其中，混凝土采用三维实体八节点六面体单元 C3D8R；钢筋采用只能承受轴向荷载的桁架单元 T3D2；钢构件采用 4 节点缩减积分曲面壳单元 S4R。

所有数值模型均采用结构化网格划分，模型网格划分示例如图 5.9～图 5.11 所示。为了兼顾计算效率与计算精度，混凝土部分 12 层结构模型的网格尺寸为 200mm，16 层为 250mm，20 层为 300mm；钢筋与钢构件的网格尺寸所有模型均为 200mm。

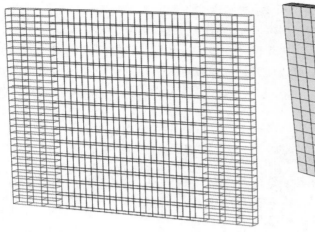
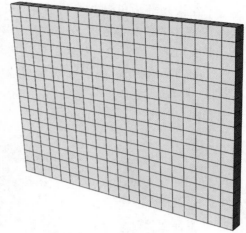

图 5.9　墙肢一层钢筋网格划分示意图　　　　　图 5.10　墙肢一层混凝土网格划分示意图

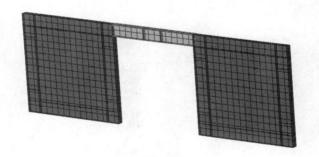

图 5.11　一层钢构件网格划分示意图

5.2.4　荷载与分析步设置

1. 静力弹塑性分析

根据第 4 章所采用的侧向力分布模式，在结构模型每层顶部侧边局部面积布置均布荷载 P_{Fi} 来模拟结构侧向力，如图 5.12 所示。

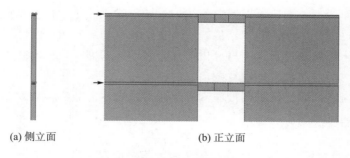

(a) 侧立面　　　　　　　　　　　(b) 正立面

图 5.12　结构侧向力模拟方式

为了在未知结构极限荷载的情况下实现这种固定比例的侧向力加载模式，可采用 ABAQUS 程序中的 Riks 分析法来进行结构的静力弹塑性分析。Riks 分析法将施加的荷载作为一个未知量，通过同时约束荷载水平和位移向量来达到对非线性问题的求解，属于一种广义的位移控制法，采用该方法可以较好地计算临近极值点的结构反应和负刚度问题。Riks 分析法的基本原理为引入一个在几何上相当于求解曲线弧长的参数，通过控制弧长参数来实现每个增量步的计算。

弧长的定义为

$$\Delta l = \Delta \lambda_i \times \sqrt{v_i^N (v_i^N)^T + 1} \tag{5.7}$$

式中，Δl 为弧长增量；$\Delta \lambda_i$ 为荷载增长系数；v_i^N 为位移增量与初次迭代得到的最大位移绝对值之比；T 为迭代次数。

2. 动力弹塑性时程分析

动力弹塑性时程分析在 ABAQUS 程序中主要通过采用动力隐式分析步实现。地面运动的输入通过在结构模型底部施加平面内单方向"加速度/角加速度"类型的边界条件予以实现，如图 5.13 所示。

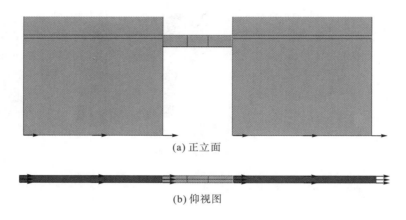

(a) 正立面

(b) 仰视图

图 5.13　地面运动输入的模拟方式

5.2.5　结构阻尼

结构在地震作用下的响应可以理解为结构对地震输入能量的耗散过程，除塑性变形外，结构还将通过阻尼进行耗能。结构的塑性变形耗能与滞回阻尼耗能可以采用非线性单元模型化，即上述软件材料本构与分析单元，余下尚未被模型化的能量耗散将由黏滞阻尼来表示。阻尼的作用机理异常复杂，目前尚无办法将阻尼像结构质量或刚度等动力特性一样准确地表达，故通常将其抽象为以矩阵形式表达的数学模型。黏滞阻尼通常采用 Rayleigh 比例阻尼来表示，即

$$C = \alpha M + \beta K \tag{5.8}$$

式中，C 为 Rayleigh 阻尼矩阵；M 为结构质量矩阵；K 为结构刚度矩阵；α、β 为待定系数。

根据结构振型的正交条件，待定系数 α 和 β 与振型阻尼比之间满足如下关系：

$$\xi_k = \frac{\alpha}{2\omega_k} + \frac{\beta\omega_k}{2} \quad (k=1,2,\cdots,n) \tag{5.9}$$

工程分析应用中通常假设两个振型的阻尼比均为 ξ，于是上述待定系数可以表达为

$$\begin{cases} \alpha = \xi\dfrac{2\omega_i\omega_j}{\omega_i+\omega_j} \\ \beta = \xi\dfrac{2}{\omega_i+\omega_j} \end{cases} \tag{5.10}$$

鉴于工程计算中采用固定阻尼系数进行非线性时程分析时产生的误差是可接受的，故按照《建筑抗震设计规范》(GB 50011—2010)，指定结构前两阶振型的阻尼比取 $\xi_1=\xi_2=0.05$，并根据式(5.10)计算各组合联肢剪力墙结构模型的 Rayleigh 阻尼待定系数 α 和 β。

5.2.6　模态分析

本章采用 SAP 2000 程序对 12 个组合联肢剪力墙结构模型进行模态分析，并将其与 ABAQUS 中模型前三阶周期($T_1\sim T_3$)进行对比，如表 5.6 所示。结构前三阶周期的相对误差均在 2.3%以内，表明 ABAQUS 软件中建立的模型是合理的。

表 5.6　结构模型周期比较

结构	SAP 2000/s			ABAQUS/s			误差/%		
	T_1	T_2	T_3	T_1	T_2	T_3	T_1	T_2	T_3
C-12-30	0.943	0.227	0.095	0.965	0.230	0.095	2.23	1.35	0.00
C-12-40	0.900	0.221	0.094	0.918	0.224	0.094	1.98	1.48	0.00
C-12-50	0.850	0.214	0.092	0.858	0.216	0.092	0.90	0.89	0.00
C-12-60	0.836	0.211	0.091	0.840	0.212	0.091	0.53	0.42	0.00
C-16-30	1.346	0.318	0.130	1.378	0.323	0.131	2.30	1.47	0.88
C-16-40	1.288	0.306	0.127	1.311	0.313	0.129	1.74	2.10	1.92
C-16-50	1.236	0.301	0.127	1.245	0.304	0.127	0.73	1.05	0.00
C-16-60	1.216	0.313	0.129	1.221	0.314	0.129	0.41	0.33	0.00
C-20-30	1.669	0.403	0.165	1.704	0.412	0.168	2.08	2.14	1.69
C-20-40	1.585	0.384	0.161	1.608	0.392	0.164	1.46	1.93	1.89
C-20-50	1.505	0.372	0.160	1.513	0.376	0.160	0.53	1.05	0.00
C-20-60	1.454	0.360	0.156	1.459	0.363	0.156	0.32	0.76	0.00

5.2.7　试验对比验证

为了研究组合联肢剪力墙的抗震性能，康道阳(2017)在重庆大学结构工程实验室进行了一个 5 层 1/4 缩尺的组合联肢剪力墙低周往复荷载试验。本章利用 ABAQUS 对该试验的试件进行了低周往复模拟分析，通过对比分析结果和试验结果以验证建模方法的正确性。

1）试验概况

康道阳（2017）结合"双重抗震防线"机制的设计理念和耦连比概念设计了一个 5 层 1/4 缩尺的组合联肢剪力墙，在墙肢顶端施加竖向荷载以考虑轴压力对结构的影响，其试验轴压比为 0.1；在试件顶部施加水平低周往复荷载以研究其滞回性能。试件基本信息如图 5.14、图 5.15 与表 5.7 所示。该试验采用拟静力加载方案，试验过程全程采用位移控制，取 Δ 为 4mm、8mm、12mm、16mm、20mm、30mm、40mm、50mm、60mm、70mm、80mm、100mm、120mm 等逐级加载，每级循环两次，直至试件水平荷载下降至最大荷载的 85%以下即停止加载。

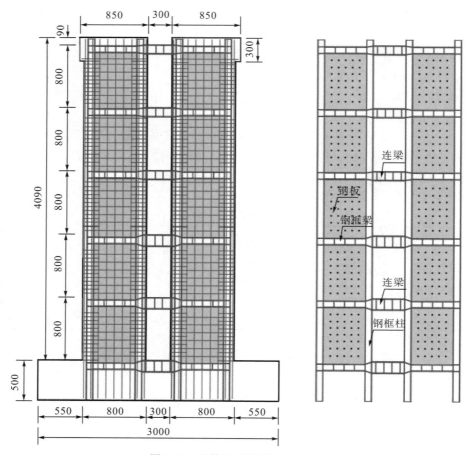

图 5.14　试件尺寸图（单位：mm）

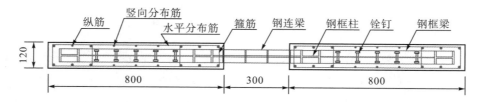

图 5.15　试件截面及配筋图（单位：mm）

表 5.7　试件设计参数表

类别	参数/mm	类别	参数/mm
墙体	4000×800×120	钢框梁、柱	90×60×6×10
加载梁	850×300×300	钢连梁	150×130×6×10(1F,2F)
基座梁	3000×500×500		120×100×6×10(3F,4F,5F)
纵筋	⏀8@100	水平分布筋	⏀6@100
箍筋	⏀8@100	竖向分布筋	⏀6@100
栓钉	ML10×40@90	钢板	6

2)结果对比

各材料性能指标均取自试验实测平均值,如表 5.8 和表 5.9 所示,其中对于加载梁仅设置弹性性质,且弹性模量放大 100 倍,不定义强度和破坏准则。

表 5.8　钢材实测力学性能指标

类别	厚度/mm	屈服强度/MPa	极限强度/MPa	弹性模量/MPa
钢板	4	356	416	209865
	6	344	438	208979
	10	348	452	206022
钢筋	6	434	483	206064
	8	428	541	201621

表 5.9　混凝土实测力学性能指标　　　　(单位:MPa)

位置	立方体抗压强度平均值	轴心抗压强度平均值	轴心抗拉强度平均值	弹性模量
基座梁	58.1	44.2	3.7	32600
加载梁	46.4	35.3	3.3	32600
墙体	41.5	31.5	3.1	32600

低周往复试验能够在一定程度上模拟水平地震对结构在正负方向的往复交替作用,低周往复试验获得的试件荷载-位移曲线称为滞回曲线,可反映结构的刚度退化、耗能能力等特点;滞回曲线每一圈峰值点的连线又称为骨架曲线,能够反映结构的强度、刚度、延性等特点。滞回曲线和骨架曲线是评价结构抗震性能的重要依据,故主要从滞回曲线和骨架曲线两方面进行有限元模拟与试验结果的对比,如图 5.16、图 5.17 所示。

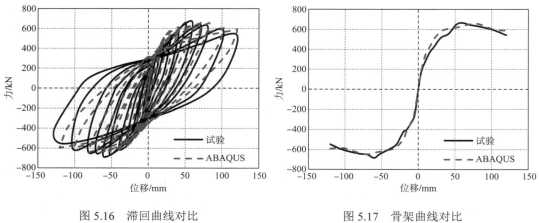

图 5.16　滞回曲线对比　　　　　　　图 5.17　骨架曲线对比

由图 5.16、图 5.17 可以看出，ABAQUS 分析结果与试验结果吻合较好，分析结果对于试件的初期刚度、峰值承载力以及承载力退化情况的模拟均较为良好地反映了试验情况。ABAQUS 分析结果在加载过程中其刚度降低现象较试验结果更晚出现，主要原因是在分析过程中未对混凝土早期开裂后导致的混凝土与钢构件、钢筋间的黏结滑移现象进行考虑。但就结构整体承载力、变形情况而言，本节所述模拟方式对于组合联肢剪力墙结构的模拟准确性是可以接受的。

5.3　静力弹塑性分析

5.3.1　静力弹塑性分析方法简述

静力弹塑性分析（static pushover analysis）又称为 pushover 分析，由 Freeman 等（1975）提出。该分析方法通过对结构逐级施加一种能代表结构在地震作用下水平惯性力模式的侧向力，获取结构推覆曲线来近似表达结构在地震作用下的性能。

静力弹塑性分析中，采用不同的侧向力加载模式对于分析结果有较大影响，目前运用最为广泛的侧向力分布模式主要有均匀分布、倒三角分布以及弹性反应谱多振型组合分布等模式。已有研究表明：沿高度均匀分布的侧向力分布模式对于结构层间位移以及结构整体响应的预测精度最差；弹性反应谱多振型组合分布模式能够较好地预测结构弹性阶段的响应情况；相较之下，倒三角分布模式对于结构塑性阶段响应的预测相对有效。本节主要研究组合联肢剪力墙结构在设防及罕遇地震作用水平下的结构响应，此时结构已经进入塑性阶段，侧向力分布模式需要更多考虑结构的塑性发展。本节选择第 4 章基于能量平衡的塑性设计方法中所采用的侧向力分布模式进行静力弹塑性分析。

5.3.2　推覆曲线基本特征

从静力弹塑性分析中获取的 12 个结构的推覆曲线如图 5.18 所示。图中"○"点代表结构超过 50%连梁屈服时的状态;"□"点代表结构底层组合墙肢内部钢板边缘达到屈服应力时的状态;"△"点代表结构墙肢非加强区部位任意钢筋或型钢材料达到屈服应力时对应的状态。

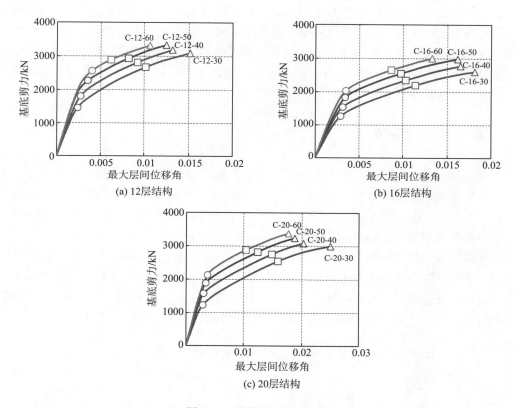

图 5.18　结构静力推覆曲线

需要说明的是,由于建模时对钢筋采用 PQ-fiber 本构模型,钢筋在结构推覆分析中达到破坏应变前应力将按照屈服后刚度持续增长,推覆分析中由于无滞回损伤积累,导致钢筋在较大位移角后才会达到破坏应变并进入下降段;同时由于 ABAQUS 软件并非基于塑性铰理论,墙肢底部加强区内藏钢板的塑性行为将逐渐由暗柱向钢板内部发展,直至某一截面完全达到屈服应力使结构形成机构,才会出现结构承载力降低行为。上述两种有限元模拟行为均与实际试验现象存在出入。根据实际低周往复试验结果,将第 4 章中性能目标 "墙肢底部屈服"的性能状态定义为"组合墙肢加强区截面钢板达到屈服应力",即图 5.18 中"□"点;并根据第 4 章构件设计准则将组合墙肢非加强区任意部位进入屈服定义为研究的极限状态,即图 5.18 中"△"点。

由图 5.18 可知，CR 从 30%增大至 50%的过程中，不同高度的结构均表现出弹性刚度微幅度增大的现象；而 CR 从 50%增大至 60%的过程中，结构的弹性刚度几乎不再变化，结合周庆(2018)对于混合联肢剪力墙结构的研究，可以认为对于不同墙肢形式的联肢剪力墙结构体系，结构的初始弹性刚度主要由墙肢混凝土控制。此外，当结构超过 50%的连梁进入屈服状态时，结构推覆曲线出现明显拐点，说明对于不同 CR 和不同高度的组合联肢剪力墙结构，钢连梁作为第一道"抗震防线"，其屈服程度可以作为组合联肢剪力墙结构整体进入塑性状态的判断依据。

随着 CR 的增大，结构"□"点与"○"间的距离越来越短；即大部分连梁屈服后，墙肢进入屈服的位移越来越早，这种现象在 CR 为 60%时尤为明显。这主要是由于 9 度区相比其他烈度区结构受到的地震作用大，连梁耦合作用向拉压墙肢传递的轴力较其他烈度区明显增大，甚至超过墙肢本身由重力作用引起的轴力，这种过大的轴力将使墙肢截面过早进入塑性状态。

5.3.3 结构整体屈服情况

本节统计了 12 个结构在侧向力作用下"超过 50%连梁屈服"和"组合墙肢加强区截面钢板达到屈服应力"时的最大层间位移角，即钢连梁屈服和墙肢屈服时的最大层间位移角如图 5.19 所示。钢连梁屈服的最大层间位移角分布在 0.0024～0.004 区段，接近第 4 章根据实验结果判断的结构屈服位移角 1/200，是合理的；同时远小于结构设防地震作用下的性能目标最大层间位移角 1/120，确保大部分连梁能在设防地震水平作用下达到屈服。此外由于 9 度区结构水平地震作用较大，连梁耦合形成的拉压力偶所承担的弯矩也较大，故不同 CR 值对应的连梁截面尺寸差别明显，且当结构层数为 12 层时更为显著(截面信息详见附录 B)，所以钢连梁屈服时的最大层间位移角随结构 CR 值变化显著增大。

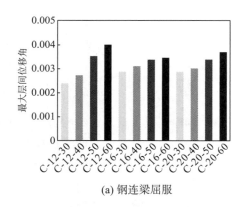
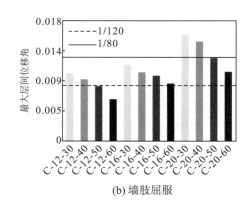

图 5.19   不同性能状态的结构最大层间位移角

由图 5.19(b)可知，绝大部分结构墙肢屈服时的最大层间位移角均大于 1/120，说明这些结构在设防地震水平作用下墙肢不会进入屈服，满足性能目标。但对于 12 层结构 CR 为 50%与 60%时，墙肢屈服时的最大层间位移角小于 1/120，不满足性能目标。这主要是由于对于 12 层结构，当 CR 较大时，连梁向墙肢传递的轴压力过大，造成墙肢过早屈服。建议对于 9 度区 12 层的组合联肢剪力墙结构，在设计时 CR 不宜超过 50%，以控制墙肢在设防地震作用下的屈服程度。对于 20 层结构，当 CR 小于 50%时，墙肢屈服的最大层间位移角已大幅超过 1/80，使得结构设计过于保守，故对于 20 层结构，在设计阶段 CR 取值不宜小于 50%。

5.3.4　墙肢内力发展规律

组合联肢剪力墙结构在侧向力作用下拉压墙肢分别分担的力矩将不再相等，且随着连梁耦合作用向墙肢传递的轴力大小而改变。该比例的大小与结构高度基本无关，本节三组结构算例所得出的结果规律类似，以下通过 16 层结构 C-16 系列算例进行举例说明，如图 5.20 所示。

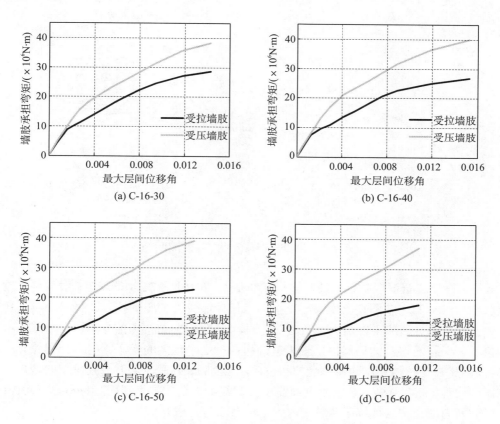

图 5.20　墙肢底部截面弯矩发展规律

从图 5.20 中可以看出，当组合联肢剪力墙结构在最大层间位移角小于 0.0015 范围内时，拉压墙肢承担的弯矩几乎相等，随后由于墙肢混凝土开裂导致的墙肢有效刚度降低以及连梁向墙肢传递轴力的影响，拉压墙肢所承担的弯矩逐渐拉开差距，且这种差距随着 CR 的增大越发显著。以 16 层结构 C-16 系列为例，提取了推覆作用下拉压墙肢分别承担的基底剪力，如图 5.21 所示。从图中可以发现，侧向力作用下结构拉压墙肢所承担的剪力也并不相同，随着墙肢轴力差的增大其差距也越发明显。

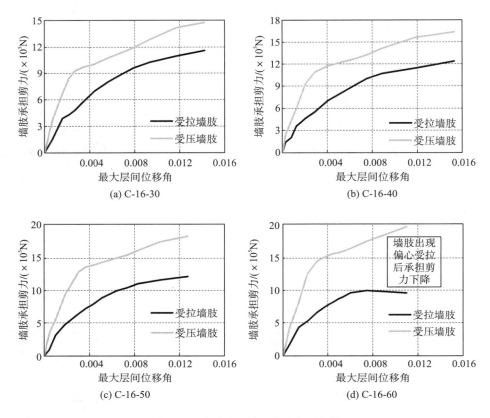

图 5.21 墙肢底部截面剪力发展规律

我国《高层建筑混凝土结构技术规程》（JGJ 3—2010）中 7.2.4 条规定：对于抗震设计的双肢剪力墙，其墙肢不宜出现偏心受拉；当任一墙肢为偏心受拉时，另一墙肢的弯矩设计值及剪力设计值应乘以增大系数 1.25。本节所分析的结构大部分未出现墙肢偏心受拉的情况，但拉压墙肢间仍然由于轴力差的作用产生了较大的弯矩、剪力分配差异；当 C-16-60 结构在受拉墙肢出现偏心受拉状态后，受拉墙肢与受压墙肢分别承担的弯矩与剪力的比例均为 0.33：0.67。表明目前《高层建筑混凝土结构技术规程》（JGJ 3—2010）中对于联肢剪力墙结构这种拉压墙肢间内力重分布的考虑略有不足。

上述分析表明了组合联肢剪力墙结构拉压墙肢在轴力差作用下存在明显的内力重分布情况，本节提取了各结构在"墙肢底部屈服"状态时拉压墙肢所承担的倾覆力矩比例，如表 5.10 所示。在 CR 为 30%、40%、50%时，拉压墙肢所分担的弯矩比例与设计比例吻合较好；当 CR 为 60%时，静力弹塑性分析结果与设计有轻微偏差。

表 5.10　"墙肢底部屈服"状态时墙肢承担弯矩比例

结构编号	pushover 分析		设计	
	左墙	右墙	左墙	右墙
C-12-30	0.44	0.56		
C-16-30	0.44	0.56	0.45	0.55
C-20-30	0.44	0.56		
C-12-40	0.42	0.58		
C-16-40	0.42	0.58	0.42	0.58
C-20-40	0.42	0.58		
C-12-50	0.38	0.62		
C-16-50	0.39	0.61	0.39	0.61
C-20-50	0.39	0.61		
C-12-60	0.34	0.66		
C-16-60	0.35	0.65	0.36	0.64
C-20-60	0.35	0.65		

5.3.5　连梁剪力发展规律

本书第 4 章中采用基于层剪力分布系数的连梁剪力需求分布,并考虑一定程度的内力调幅对连梁剪力需求进行设计,此处随机选取三个结构算例(C-12-30、C-16-60、C-20-50)提取 pushover 分析中连梁剪力发展情况,如图 5.22 所示。图中,对连梁各层剪力进行归一化,即以顶层为基准,将各层连梁剪力进行归一化得到连梁剪力相对分布。弹性分布时连梁总屈服(强化)率为 α_{beam}（$\alpha_{beam} = \Sigma V / \Sigma V_{ni}$,其中:$\Sigma V$ 为连梁实际剪力综合,ΣV_{ni} 为连梁总抗剪承载力）。当 α_{beam} 小于 70% 时,不同 α_{beam} 下的连梁剪力相对分布;弹塑性分布,α_{beam} 为 70%～100% 时,连梁剪力相对分布;塑性分布,α_{beam} 超过 100% 后,不同 α_{beam} 下的连梁剪力相对分布。从图 5.22 中可以看出,不同层数、不同 CR 的情况下,连梁在结构基本保持弹性状态时,均为中间楼层受到的剪力最大,为顶层剪力的 2.5～3 倍,下部楼层剪力逐渐减小;当部分连梁开始屈服后,结构 1/3 以上高度部位的连梁剪力分布模式逐渐向设计分布模式靠拢;当 α_{beam} 超过 100% 后,结构 1/3 高度以上部位的连梁剪力相对分布基本和设计分布模式相同。此外,α_{beam} 超过 100% 后,结构中上部楼层基本保持相同的强化程度,并无明显突出部位,下部楼层连梁逐渐达到屈服。当底层连梁达到屈服时,α_{beam} 基本已超过 115%,当底层连梁的强化程度与下部楼层相近时,α_{beam} 已超过 120%。

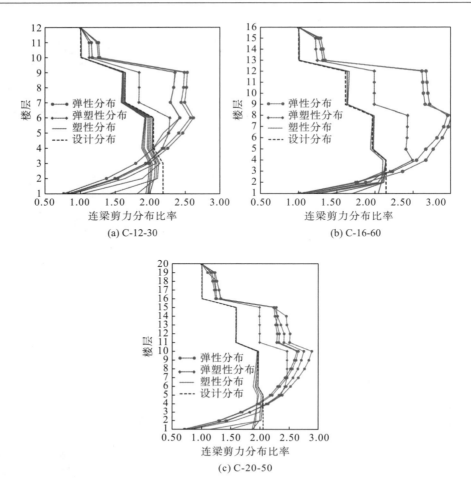

图 5.22　连梁剪力分布发展图

　　通过上述分析，认为采用基于层剪力分布系数的连梁剪力需求分布对连梁剪力进行设计是可行的，但应在此基础上对下部楼层尤其是底层剪力需求进行调幅折减。

5.3.6　结构 CR 发展规律

　　图 5.23 展示了 12 个组合联肢剪力墙结构算例 CR 随结构侧移的变化规律。所有曲线均呈现出了 CR 变化规律中"上升段"与"下降段"的变化规律；未能呈现结构形成机构后的"缓慢上升段"，原因为：单向推覆中 PQ-fiber 所模拟的钢筋单元应力持续上升，以及钢板塑性行为的发展，使结构无法形成机构，墙肢所能承担的弯矩持续增大导致 CR持续下降。但从整体变化规律而言依然与理论是相符的，表明结构能够实现预定的屈服顺序机制。

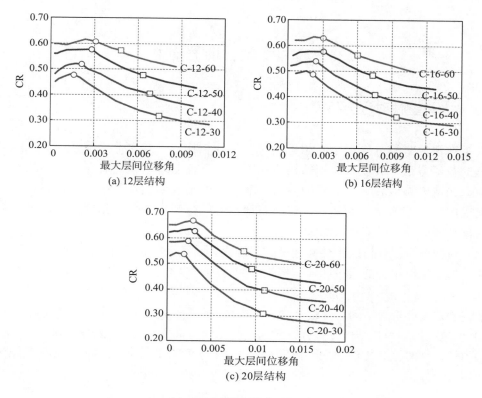

(a) 12层结构　　(b) 16层结构

(c) 20层结构

图 5.23　结构 CR 发展规律

图 5.23 中"○"点和"□"与 5.3.2 节所述含义相同，从图中可以观察到以下结论。

(1)结构的 CR 最大值均出现在结构连梁超过 50%屈服时的状态或稍早一些，表明当结构超过半数连梁屈服后，墙肢将逐渐成为承担抵抗倾覆力矩的主要角色，这是符合"双重抗震防线"机制的。

(2)结构的完全弹性耦连比均与塑性耦连比存在一定差异，且当结构高度增加时，完全弹性耦连比显著增大，当楼层高度增加时，完全弹性耦连比明显增大，故不建议对组合联肢剪力墙结构的设计采用完全弹性耦连比。

(3)各结构"墙肢屈服"性能点所对应的 CR 值在设计 CR 为 30%、40%、50%时基本与设计塑性耦连比相吻合，而在设计 CR 为 60%时有一定差异。主要原因在于：设计 CR 的计算是假定连梁全部达到屈服抗剪承载力的，5.3 节分析已经指出结构下部尤其是底层连梁的屈服较晚，这就导致了在计算"墙肢屈服"性能点的实际 CR 时，下部楼层连梁并未达到其抗剪承载力，使实际 CR 偏低。且当 CR 越大时，结构下部楼层的连梁设计抗剪承载力也越大，则计算实际 CR 时其偏低情况也越明显。因此更应对下部楼层尤其是底层连梁的剪力需求进行折减。

(4)12 个结构单向推覆分析中结构 CR 发展规律基本符合理论与设计预期，表明本书所提设计方法能够较好地实现组合联肢剪力墙结构"双重抗震防线"机制的性能目标。

5.4 动力弹塑性时程分析

5.4.1 动力弹塑性时程分析概述

动力弹塑性时程分析最早开始于 20 世纪 50 年代，该方法是一种直接基于结构动力方程的数值方法，其能够得到结构在地震作用下任意时刻任意质点的位移响应、速度响应、加速度响应和各个构件的内力。基于上述响应还能判断结构的开裂和屈服顺序、发现应力和变形集中的薄弱部位，获得结构的弹塑性变形和延性需求，进而判断结构的破坏模式。

动力弹塑性时程分析的主要问题是如何确保地震记录的合理性以及计算量庞大，但近年来，随着强震记录的增多和计算机性能的增强，该方法逐渐成为结构抗震性能分析中的一种常用方法。鉴于该方法的先进性，目前大多数国家均建议对重要、复杂以及大跨度结构的抗震分析采用动力弹塑性时程分析法，我国《建筑抗震设计规范》（GB 50011—2010）也建议将动力弹塑性时程分析作为某些特殊建筑分析的补充方法。

动力弹塑性时程分析法的主要内容包括建立结构弹塑性分析模型、合理地震记录的选取和调幅、分析结果的统计与分析。本节将着重介绍后两个部分的内容。

5.4.2 地震记录选择标准

地震动过程是复杂、随机的，具有相当大的不确定性，采用不同的地震记录可能会导致动力弹塑性时程分析结构相差巨大。地震动的加速度时程特性可以通过强度幅值、频谱特性以及持时三个参数来描述，这三个参数也是合理选择地震记录时最受关注的参数。强度幅值通常以地面运动峰值加速度（peak ground acceleration，PGA）来表示，PGA 越大，通常代表震害越严重。选择地震记录时 PGA 不宜与结构所需达到的 PGA 相差过大，若 PGA 相差较大，也应在保持频谱特性一致的情况下进行调幅。频谱特性在结构设计过程中通常指地震加速度反应谱，我国《建筑抗震设计规范》（GB 50011—2010）中以地震影响系数曲线来表征地震动的频谱特性，该曲线根据结构所处的场地类别与设计地震分组来确定场地特征周期。持时通常指地震动过程中超过某一幅值的地震动时间的长度。《建筑抗震设计规范》（GB 50011—2010）附录 5.1.2 规定：输入的地震加速度时程曲线的有效持续时间，一般从首次达到该时程曲线最大峰值的 10%那一点算起，到最后一点达到最大峰值的 10%为止；不论是实际的强震记录还是人工模拟波形，有效持续时间一般为结构基本周期的 5～10 倍，即结构顶点的位移可按基本周期往复 5～10 次。在输入地震加速度时程曲线时，将按照上述规定对地震记录进行适当截取。

目前工程抗震领域中常用的选波方法大致可以分为基于震源与台站信息的选波法与拟合目标谱选波法。前者需要控制的震源信息过于繁杂，难以实现，故采用拟合目标谱选波法进行地震记录的选取。本节采用《建筑抗震设计规范》（GB 50011—2010）第 5.1.5

节所提供的地震影响系数曲线以及本书第 4 章中拟定的参数(9 度 0.4g,设计地震分组第三组)共同确定的设计反应谱为目标反应谱;采用杨溥等(2000)提出的"双频段选波"法进行地震记录选取。"双频段选波"法对地震记录的加速度反应谱值在 $0.1s \sim T_g$ 平台段的平均值和对结构基本周期 T_1 附近区段的平均值进行控制,差值一般控制在 10%以内。

5.4.3　地震记录来源

所选的 5 条天然地震记录来自 PEER Ground Motion Database(太平洋地震工程研究中心地震动数据库),两条人工波记录采用陆新征博士提供的 AGM 造波软件生成,具体信息如表 5.11 所示。

表 5.11　地震记录信息

地震记录编号	年份	震级	PGA /(cm/s²)	持时/s	地震名称	记录站台	记录分量
RSN951	1994	6.69	99.47	34.99	Northbridge-01	Bell Gardens - Jaboneria	JAB220
RSN1000	1994	6.69	100.84	40	Northbridge-01	LA - Pico & Sentous	PIC090
RSN1008	1994	6.69	96.89	39.99	Northbridge-01	LA - W 15th St	W15090
RSN5776	2008	6.9	152.68	60	Iwate_Japan	Kami_ Miyagi Miyazaki City	54010EW
RSN5779	2008	6.9	70.46	60	Iwate_Japan	Sanbongi Osaki City	54013NS
人工波 1 (R1)	—	—	44	30	—	—	—
人工波 2 (R2)	—	—	44	30	—	—	—

上述 7 条地震记录经过归一化后的平均加速度反应谱与目标反应谱的对比如图 5.24(a)所示,7 条地震记录的加速度反应谱经过归一化后与目标反应谱的对比如图 5.24(b)所示。从图中可以看出,平均反应谱与目标反应谱吻合较好,其平台段与结构基本周期附近区段的差值较小,两者在统计意义上是相符的。7 条地震记录的原始加速度记录与原始加速度反应谱详见附录 C。

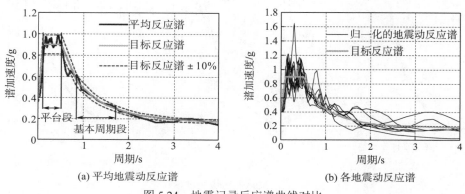

(a) 平均地震动反应谱　　　　　　　(b) 各地震动反应谱

图 5.24　地震记录反应谱曲线对比

5.4.4 地震记录的调幅

为使本节所选 7 条地震记录的输入 PGA 满足预期设计目标，按照《建筑抗震设计规范》(GB 50011—2010)第 5.1.2 条规定对地震加速度记录进行调幅，调幅后的地震加速度记录 PGA 按表 5.12 取值，调幅方式如下：

$$a(t)' = a(t)\frac{A'_{\max}}{A_{\max}} \tag{5.11}$$

式中，$a(t)'$ 为调幅后的地震加速度记录曲线；$a(t)$ 为原始地震加速度记录曲线；$A'_{\max}$ 为调幅后的地震加速度记录峰值；$A_{\max}$ 为原始地震加速度记录峰值。

表 5.12　时程分析所用地震动峰值加速度　　　　　　　　　　(单位：cm/s^2)

地震影响	6 度	7 度	8 度	9 度
设防地震	50	100(150)	200(300)	400
罕遇地震	125	220(310)	400(510)	620

注：括号内数值分别用于设计基本加速度为 0.15g 和 0.30g 的地区。

5.4.5 最大层间位移角

12 个结构在设防地震作用以及罕遇地震作用下的最大层间位移角平均值如图 5.25 及图 5.26 所示。12 个结构在设防地震作用下的层间位移角最大值均小于 1/120，满足设防地震作用下的性能目标；在罕遇地震作用下的层间位移角最大值除 C-16-30 外均小于 1/80，基本满足罕遇地震作用下的性能目标。

从各结构平均层间位移角包络曲线整体形状可以看出，虽然组合墙肢竖向存在不同的截面形式，但是曲线并未体现出明显的突变特征，仅有 16 层和 20 层结构在罕遇地震

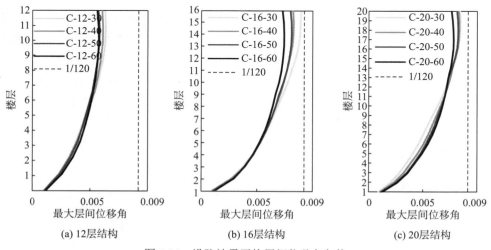

(a) 12层结构　　　　　　　(b) 16层结构　　　　　　　(c) 20层结构

图 5.25　设防地震平均层间位移角包络

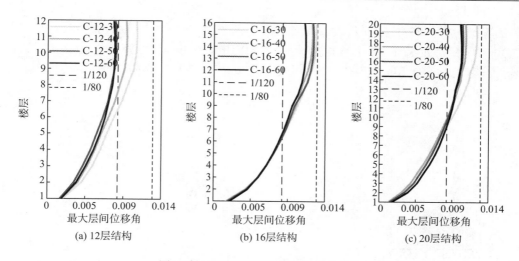

图 5.26　罕遇地震平均层间位移角包络

作用下第二段与第三段截面交界部位有细微的走势改变，说明所设置的截面类型变化对组合联肢剪力墙结构整体的变形特点没有影响。

随着 CR 的增大，结构中下部变形增大，上部变形减小，结构整体变形趋向均匀。表明连梁对墙肢存在明显的约束作用，当 CR 越大时，组合联肢剪力墙的行为越趋向于"一整片墙"。对于 12 层结构，当 CR 大于 50%后，改变 CR 对于结构变形的影响不再明显，且结构在罕遇地震作用下的变形能力较小。对于 16 层和 20 层结构，当结构 CR 从 40%提高至 50%时，改变 CR 对于结构变形效应的影响不显著。由此可以认为，不同高度的组合联肢剪力墙结构在地震作用下的变形对不同范围的 CR 的敏感性存在差异。对于 9 度区 12 层及以下的组合联肢剪力墙结构，推荐采用 30%~40%的 CR，可在保证连梁率先屈服的前提下，充分发挥组合联肢剪力墙结构的变形能力；对于 9 度区 16~20 层的结构，推荐采用 50%~60%的 CR，在结构变形性能较好的情况下充分利用钢连梁进行耗能，充分发挥组合联肢剪力墙"双重抗震防线"机制。

5.4.6　层剪力与弯矩分布

如本书第 4 章中所述，组合联肢剪力墙结构在设防地震作用下，结构进入一定的塑性阶段，其侧向力分布模式应与弹性状态下不尽相同，Chao 等(2007)根据其大量动力弹塑性时程分析结果，提出了一种基于最大层剪力分布且考虑结构进入塑性阶段的侧向力分布模式。在该分布模式中，Chao 等(2007)已提出了针对钢筋混凝土框架结构合理的参数 α_s 值为 0.75，并建议其他结构形式可以适当修改该参数以获得合理的侧向力分布模式。针对组合联肢剪力墙结构也取 α_s 为 0.75，当 α_s 取低值时将低估结构上部楼层的层剪力，进而低估结构设计基底倾覆力矩；当 α_s 取值大于 0.75 时，将在准确预估结构上部及下部楼层层剪力的基础上高估中部楼层的层剪力，进而高估结构设计基底剪力与倾覆力矩，造成设计浪费。

图 5.27～图 5.29 汇总了 12 个结构在设防地震作用下的最大层剪力相对分布情况；图 5.30～图 5.32 汇总了 12 个结构在设防地震作用下的最大层弯矩分布情况。各结构的最大层剪力与最大层弯矩分布变化均较为规律，不存在明显的薄弱层突变。

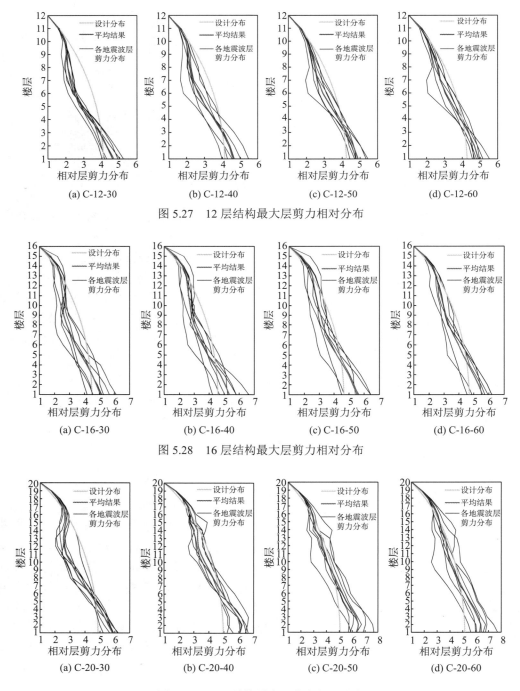

图 5.27　12 层结构最大层剪力相对分布

图 5.28　16 层结构最大层剪力相对分布

图 5.29　20 层结构最大层剪力相对分布

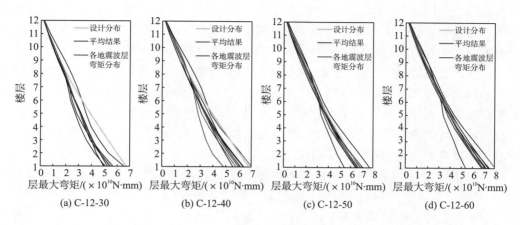

图 5.30　12 层结构最大层弯矩分布

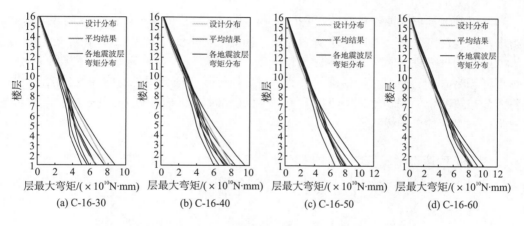

图 5.31　16 层结构最大层弯矩分布

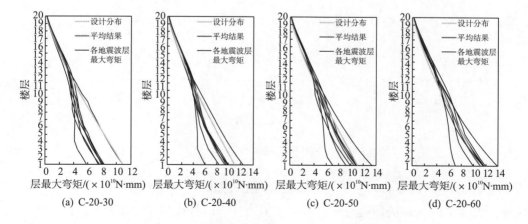

图 5.32　20 层结构最大层弯矩分布

由图 5.27～图 5.29 可知，设计假定的最大层剪力分布对于结构上部的层剪力分布情况预估较为准确，仅对 16 层和 20 层结构上部楼层层剪力存在设计分布小于实际的情况，设计假定分布情况整体较结构中部的实际分布更大，较结构底部的实际分布偏小，结合图 5.30～图 5.32 的最大弯矩分布情况可知上述层剪力预估情况对于结构的倾覆力矩以及层弯矩的预估是可以接受的。由图 5.30～图 5.32 可知，设计假定的弯矩分布情况仅在结构中上部可能出现小于实际的情况；对于结构中下部设计假定的弯矩均小于或等于实际结构在中震作用下的层弯矩。虽然对于 C-16-60 结构下部层弯矩略大于设计假定，但幅度甚微，可通过材料强化等效应进行抵抗。

对于结构层剪力与层弯矩分布随 CR 的变化规律，可以发现当 CR 从 30% 逐渐增大到 60% 的过程中，实际层剪力与层弯矩分布与设计分布逐渐吻合。周庆(2018)的研究指出其主要原因是剪力墙结构的基底剪力以及剪力分布受到结构高阶模态的影响；当 CR 增大时，结构的刚度和整体性增强，使结构中部的剪力分布受高阶模态的影响减弱，各分布情况与设计假定更加吻合。

为了更好地补充说明结构高阶模态的影响，通过弹性反应谱分析，以 C-12-30 结构为例给出了结构前三阶模态对应的层剪力分布，如图 5.33 所示。结构二阶模态和三阶模态对应的层剪力分布在结构上部、中部出现负值，当高阶模态对于剪力结构的层剪力分布影响不可忽略时，剪力墙结构中部的层剪力将大幅缩小。结合图 5.27～图 5.29 结构相对剪力分布情况中的平均结果也可以看出，当 CR 增大时，结构的层剪力分布模式越趋向于一阶模态对应的分布模式。

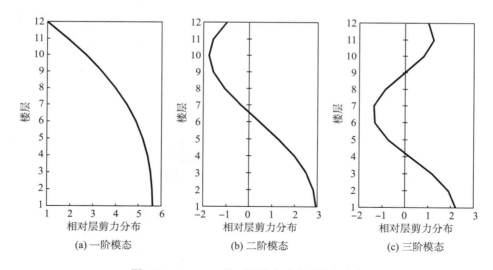

图 5.33　C-12-30 前三阶模态对应层剪力分布

综合上述分析，可以认为对于以弯曲变形为主的组合联肢剪力墙结构，参数 α_s 取 0.75 时能够较好地估计结构的倾覆力矩，对于层剪力分布的估计也在可接受范围内，故认为参数 α_s 的取值较为合理。

5.4.7　动力基底剪力

为了保证组合联肢剪力墙结构"强剪切弱弯曲"的设计目标，第 4 章阐述了两种基底剪力的放大方式，此处将两种放大系数与结构在设防地震作用下的动力基底剪力列于表 5.13 中。两种方式均能有效地达成组合联肢剪力墙结构"强剪切弱弯曲"的设计目的，Paulay 和 Priestly(1992)给出的动态修正系数略微大于实际结果，《组合结构设计规范》(JBJ 138—2016)给出的剪力设计值计算公式是沿用的《高层建筑混凝土结构技术规程》(JGJ 3—2010)的公式，其含义为通过实配受弯钢筋反算得到墙肢剪力设计值。当 CR 较大时，墙肢弯矩计算值大幅度减小，而由于较大轴力作用导致的结构受弯配筋(含钢)减小幅度较小，导致计算出的剪力设计值放大系数非常大。

表 5.13　结构基底剪力对比

结构编号	设计基底剪力/kN	动力基底剪力/kN	动力放大系数	平均值	动态修正系数	规范放大系数
C-12-30	2387.38	3479.69	1.458			1.870
C-12-40	2425.97	3633.67	1.498	1.498	1.700	2.031
C-12-50	2462.77	3723.50	1.512			2.253
C-12-60	2472.54	3764.68	1.523			2.587
C-16-30	2065.91	3208.82	1.553			1.878
C-16-40	2099.52	3435.90	1.637	1.665	1.800	2.035
C-16-50	2140.60	3648.85	1.709			2.261
C-16-60	2181.39	3768.22	1.762			2.589
C-20-30	2295.47	3515.76	1.532			1.812
C-20-40	2324.88	3776.01	1.624	1.651	1.800	1.942
C-20-50	2352.16	4008.11	1.704			2.185
C-20-60	2359.19	4116.06	1.744			2.509

与普通钢筋混凝土结构剪力墙结构不同的是，钢板混凝土组合剪力墙墙肢中的钢板和型钢暗柱对截面抗剪贡献较大，使得设计过程中在计算斜截面抗剪承载力时通常只需要构造配筋即可满足斜截面抗剪的要求，但对于 C-12-50 和 C-12-60 结构由于过大的规范放大系数使得结构依然需要通过计算进行抗剪配筋。

综合而言，对于 9 度区的组合联肢剪力墙结构，采用 Paulay 和 Priestly(1992)提出的动态修正系数能够更加经济有效地保证组合剪力墙结构"强剪切弱弯曲"的设计目标。

5.4.8　墙肢内力

组合联肢剪力墙结构在地震作用下由于连梁向墙肢传递的轴力而造成左右墙肢存在较大的轴力差，这种轴力差使得组合联肢剪力墙结构左右墙肢所承担的弯矩与剪力不再相等。由第 4 章静力弹塑性分析可知，当结构 CR 越大时，左右墙肢间的轴力差越大，其所承担的弯矩剪力的差距也越大。为了更加系统地探究这种内力重分布在地震作用下的规律，本节在动力弹塑性时程分析中也统计了相应结果。由于动力弹塑性时程分析的结果随着地震动的输入有一定差异，故此处选择使各个结构均具有相对较大基底倾覆力矩的地震动记录 RSN1000 进行举例说明。

　　与单向推覆分析不同的是，动力弹塑性时程分析的结果受各方面因素影响较为复杂，不能单纯以某一时刻的结构响应作为研究依据或判断标准，故本节拟截取各结构基底倾覆力矩超过 80%最大倾覆力矩的所有时刻进行上述墙肢内力重分布的统计研究，如图 5.34 所示。各结构在 RSN1000 设防地震作用下的墙肢弯矩分担情况如图 5.35～图 5.38 所示。

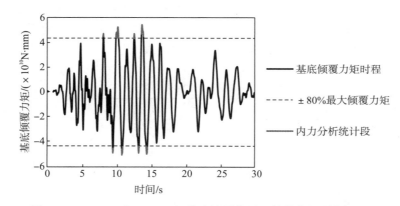

图 5.34　C-12-30 在 RSN1000 设防地震作用下的基底倾覆力矩时程

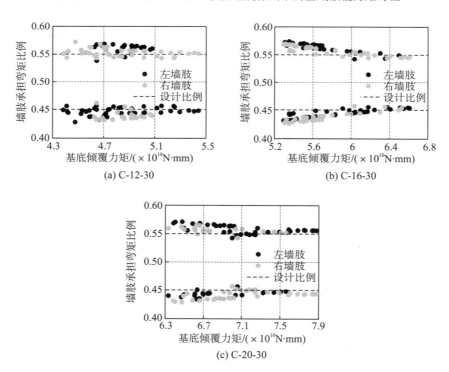

(a) C-12-30　　　　　　　　　　　　(b) C-16-30

(c) C-20-30

图 5.35　CR=30%时结构在 RSN1000 设防地震作用下的墙肢承担弯矩比例

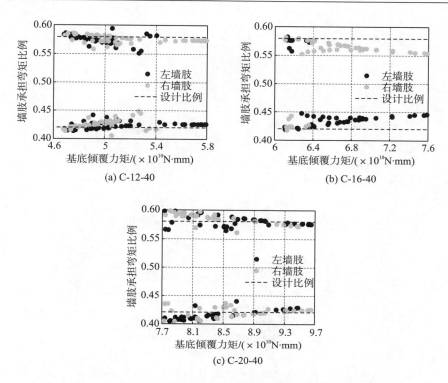

图 5.36　CR=40%时结构在 RSN1000 设防地震作用下的墙肢承担弯矩比例

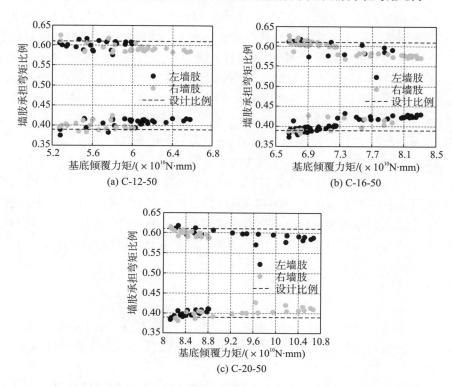

图 5.37　CR=50%时结构在 RSN1000 设防地震作用下的墙肢承担弯矩比例

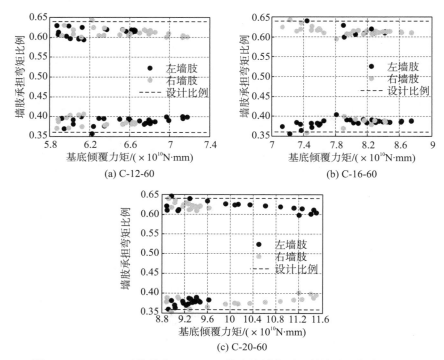

图 5.38　CR=60%时结构在 RSN1000 设防地震作用下的墙肢承担弯矩比例

由图 5.35～图 5.38 可以看出，对于所设计的 12 个结构，其在设防地震作用下，左右墙肢的基底弯矩分担情况并不均等，也并不会维持在一个固定的值。随着结构 CR 增大，左右墙肢间所承担弯矩的差距明显增大。同时，各结构均表现出这样一种规律：对于某一个结构在某次地震作用下，随着基底倾覆力矩的增大，左右墙肢所分担的弯矩将趋向于接近，但不会相等。此外，还能观察到结构在地震作用下的倾覆力矩分担差距与设计预期以及推覆分析结果相比偏小，且这种情况在 CR 大于 50%后较为稳定。这主要是由于实际地震作用可以理解为一种往复荷载作用，结构在往复荷载作用下会存在损伤累积的过程，进而使得受压墙肢在地震作用下比单向推覆作用下屈服得"更早"，从而使得受拉墙肢将分担更多的弯矩。结构在罕遇地震作用下的弯矩分担情况具有类似规律。采用表 5.10 所给出的墙肢弯矩分配比例在 CR 为 30%和 40%时能够较为准确地预测结构在地震作用下的墙肢弯矩分配比例，当 CR 为 50%和 60%时存在微小偏差，但该偏差使结构设计更加安全，同时也在可接受的范围内，故可以认为表 5.10 给出的墙肢弯矩分配比例是合理的。

5.4.9　连梁剪力

由于推覆分析不能完全代替时程分析而得出结论，故本节提取了各结构在设防、罕遇地震作用下基底倾覆力矩最大时，各结构连梁剪力屈服(强化)率的平均值，如图 5.39、图 5.40 所示。

由图 5.39 可以看出，设防地震作用下，结构连梁受力最大，强化程度最高的地方主要在结构中下部，与推覆分析结果有一定差异；但相同的是结构底层的连梁屈服(强化)率相对低得多，可以考虑进行调幅折减。在时程分析中，设防地震用下结构上部楼层的连梁剪力屈服(强化)率均不高，没有达到屈服，但均超过 80%。由于假定的连梁剪力分布模式所确定的上部楼层连梁剪力需求本身较低，加之上部楼层的受力情况对结构整体分析影响较小，故认为上部楼层的剪力需求可在假定分布模式的基础上不做调整，但可在调幅过程中对分组进行细化。此外，连梁剪力的发展情况随 CR 的变化并无明显规律，也对设计无明显影响，故不做讨论。

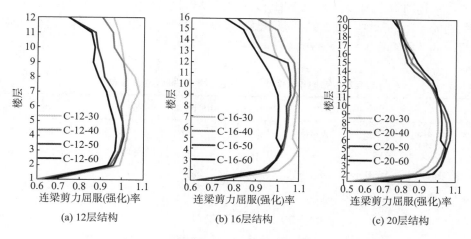

图 5.39　设防地震作用下连梁剪力平均屈服(强化)率

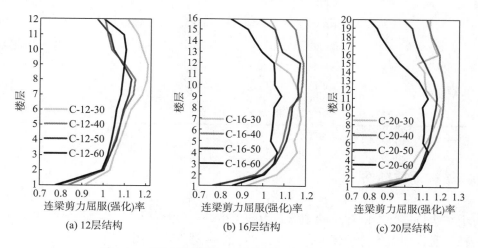

图 5.40　罕遇地震作用下连梁剪力平均屈服(强化)率

图 5.40 展示了各结构在罕遇地震作用下，连梁屈服(强化)率的情况，罕遇地震作用下，结构基底倾覆力矩最大时，结构中上部某些连梁可能由于局部应变过大已经进入材料下降段，整体规律并不十分明显，但可以观察到的是，在罕遇地震作用下，结构底层连梁的屈服(强化)率也无法达到100%，利用率不高。

综上所述，基于层剪力系数的连梁剪力需求分布模式是可以用来设计组合联肢剪力墙结构的，但应在此分布模式的基础上，按照本书第4章所述方式进行调幅，尤其注意折减底层连梁剪力需求，折减幅度根据图 5.39 强化情况，可以取 75%，并将该部分需求均摊至结构中下部楼层，以使得连梁整体屈服情况更加均匀。

为了实现预定的屈服机制，在第4章中针对连梁向墙肢传递的轴力还考虑了一个放大系数，该放大系数主要考虑为钢连梁材料强化的效应，为了验证该放大系数的可靠性，此处统计了各结构在设防地震作用下的连梁总屈服(强化)率 α_{beam}，如表 5.14 所示。从表 5.14 中可以看出，12 个结构在设防地震作用下连梁平均总屈服(强化)率为 0.932～1.067，且大致规律为随着 CR 的增大，连梁总屈服(强化)率微幅降低。可以认为，对连梁向墙肢传递轴力所采用的放大系数 1.1 是合理的。

表 5.14　结构在设防地震作用下的连梁总屈服(强化)率(α_{beam})

结构编号	R1	R2	RSN951	RSN1000	RSN1008	RSN5776	RSN5779	平均值
C-12-30	1.040	0.996	1.032	1.055	1.076	0.963	1.011	1.025
C-12-40	0.995	0.997	1.004	1.006	1.046	0.883	0.963	0.985
C-12-50	0.987	0.978	0.985	0.967	1.037	0.812	0.965	0.962
C-12-60	0.968	0.953	0.970	0.944	1.018	0.739	0.931	0.932
C-16-30	1.058	1.049	0.929	1.099	1.141	0.996	1.202	1.068
C-16-40	1.002	0.994	0.917	1.036	1.073	1.001	1.147	1.024
C-16-50	0.968	0.976	0.891	1.013	1.039	0.998	1.129	1.002
C-16-60	0.931	0.957	0.858	0.951	0.970	0.959	1.087	0.959
C-20-30	0.990	0.951	0.900	1.054	1.066	0.931	1.095	0.998
C-20-40	1.013	1.022	0.815	1.088	1.093	0.916	1.092	1.006
C-20-50	0.991	1.010	0.778	1.052	1.059	0.909	1.045	0.978
C-20-60	0.939	0.971	0.971	1.000	1.013	0.858	1.073	0.975

注：本表中 α_{beam} 取值为时程分析中连梁总剪力最大时刻的 α_{beam}。

5.4.10　结构地震损伤

对于结构抗震性能的评价除了承载力的角度外还需从结构变形以及损伤的角度去考察结构在地震作用下的性能情况，尤其是结构在罕遇地震作用下的变形是否满足规范限制或设计要求。前文已经给出了 12 个结构在罕遇地震作用下的最大层间位移角平均值，基本能满足设计目标，故本节将从结构损伤的角度进一步进行讨论。《建筑结构抗倒塌设计规范》(CECS 392:2014)中表示压弯破坏模式的钢筋混凝土构件的损伤可根据钢筋的应变作为损伤的衡量标准，对于组合联肢剪力墙结构，本节将借鉴此方式进行损伤衡量。对于组合墙肢，将利用墙肢的钢筋应变来衡量其损伤情况，并采用表 5.15 所示色阶来表示；对于钢连梁，基于"双重抗震防线"机制的理念，则仅判断其是否达到屈服。

表 5.15　结构损伤衡量标准

钢连梁		组合墙肢		
性能水平	色阶	性能水平	钢筋应变	色阶
弹性		1 级	$\varepsilon < 0.4\varepsilon_y$	
		2 级	$0.4\varepsilon_y < \varepsilon < 0.7\varepsilon_y$	
		3 级	$0.7\varepsilon_y < \varepsilon < \varepsilon_y$	
屈服		4 级	$\varepsilon_y < \varepsilon < 1.5\varepsilon_y$	
		5 级	$1.5\varepsilon_y < \varepsilon$	

各个结构在 RSN1000 地震作用下基本都有相对较大的基底倾覆力矩，由于基底倾覆力矩也是导致结构损伤的最直接原因，故将以各结构在 RSN1000 罕遇地震作用下的结构损伤情况为例进行探讨，12 个结构在 RSN1000 罕遇地震作用下的损伤分布情况如图 5.41～图 5.43 所示。

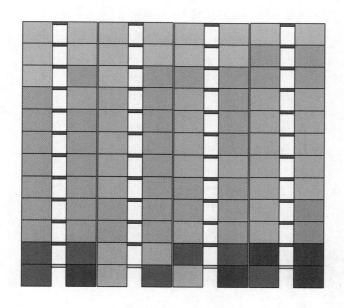

图 5.41　12 层结构在 RSN1000 罕遇地震作用下构件的损伤分布

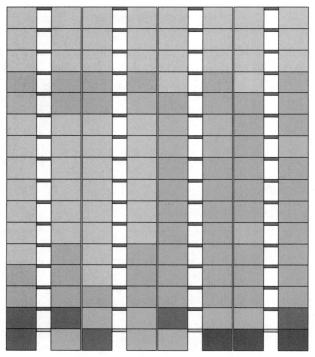

图 5.42 16 层结构在 RSN1000 罕遇地震作用下构件的损伤分布

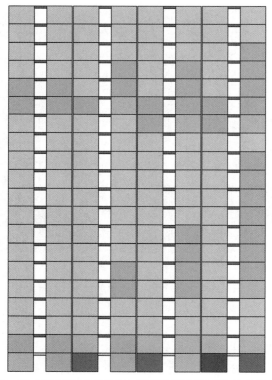

图 5.43 20 层结构在 RSN1000 罕遇地震作用下构件的损伤分布

由图 5.41～图 5.43 可知，12 个结构在罕遇地震作用下除底层外各层连梁均能进入屈服状态，组合墙肢的屈服以及损伤状态均维持在底部两层，符合设计预期的性能目标。对于不同层数的结构，其在地震作用下的损伤情况均呈现出随着 CR 增大结构整体屈服程度增大的规律，这主要是由高阶模态的影响造成的。

对于不同层数不同 CR 的结构，其上部均有局部达到 3 级性能状态的情况，这主要是因为该部位属于钢筋混凝土墙肢截面与型钢-混凝土组合墙肢截面交界处，但该部位在罕遇地震作用下仍处于弹性状态，表明依据所拟定的截面过渡原则不会使该交界部位存在过度损伤情况，是安全合理的。

对于 12 层结构，可以明显看到，当 CR 等于或大于 50%后，结构底部损伤程度加剧，当 CR 为 60%时，结构中部墙肢也几乎全部接近屈服状态，故对于 12 层结构不宜使用大于 40%的 CR 进行设计。

对于 16 层和 20 层结构，当 CR 不大于 40%时，结构中部及上部墙肢大部分处于 1 级性能状态，且墙肢底部截面屈服程度也不高，并未充分发挥组合墙肢的材料性能；当 CR 大于等于 50%后，墙肢屈服集中在底部两层，结构中更多上部楼层也达到 2 级性能水平。故对于 16 层和 20 层结构，推荐使用 50%～60%的 CR 进行设计。

图 5.41～图 5.43 中可以看出各结构钢连梁已经几乎全部在罕遇地震作用下进入屈服状态，但其具体的屈服程度无法简单地用色阶进行衡量。此处将从钢连梁的转角情况来描述其在罕遇地震作用下的状态，根据图 5.44 所示墙肢与连梁的几何关系，可以推导出钢连梁相对于墙肢的转角：

$$\gamma_{p}=\theta_{l}+\theta_{w}=\frac{l_{w}-l_{b}}{l_{b}}\theta_{w}+\theta_{w}=\frac{l_{w}}{l_{b}}\theta_{w} \tag{5.12}$$

式中，γ_{p} 为连梁相对墙肢转角；θ_{l} 为连梁相对水平位置转角；θ_{w} 为墙肢相对水平(或竖直)位置转角。

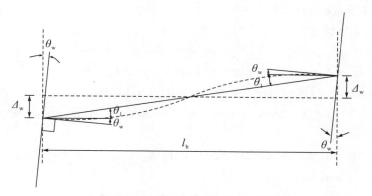

图 5.44　钢连梁转角计算示意图

图 5.44 中，$\varDelta_{w}=\frac{l_{w}-l_{b}}{2}\theta_{w}$；本书中 $l_{w}=6\text{m}$，$l_{b}=2\text{m}$，故 $\gamma_{p}=3\theta_{w}$。

根据各结构在罕遇地震 RSN1000 作用下的楼层层间位移角最大值，计算出各结构钢连梁在罕遇地震作用下的转角，如表 5.16 所示。钢连梁相对墙肢的转角为 0.0258～0.0372，距离上限值 0.08 尚有较大的变形空间，表明钢连梁在罕遇地震作用下仍然具有良好的延性和耗能能力。

表 5.16　钢连梁在罕遇地震 RSN1000 作用下转角

结构编号	结构最大层间位移角	钢连梁转角	对应楼层
C-12-30	0.0100	0.0300	11
C-12-40	0.0086	0.0258	11
C-12-50	0.0087	0.0261	10
C-12-60	0.0087	0.0261	10
C-16-30	0.0124	0.0372	15
C-16-40	0.0112	0.0336	15
C-16-50	0.0105	0.0315	14
C-16-60	0.0099	0.0299	13
C-20-30	0.0118	0.0354	19
C-20-40	0.0112	0.0336	18
C-20-50	0.0097	0.0292	17
C-20--60	0.0095	0.0286	18

参 考 文 献

侯爽,欧进萍, 2004. 结构 Pushover 分析的侧向力分布及高阶振型影响[J]. 地震工程与工程振动,(3):89-97.

江晓峰, 陈以一, 2008. 固定阻尼系数对结构弹塑性时程分析的误差影响[J]. 结构工程师,(1):51-55.

康道阳,2017. 钢框架钢板混凝土组合联肢剪力墙抗震性能研究[D]. 重庆:重庆大学.

龙渝川, 李正良,2011. 模拟混凝土滞回行为的各向异性损伤模型[J]. 工程力学, 28(8):62-69.

聂建国, 王宇航, 2013. ABAQUS 中混凝土本构模型用于模拟结构静力行为的比较研究[J]. 工程力学, 30(4):59-67, 82.

曲哲, 叶列平,2011. 基于有效累积滞回耗能的钢筋混凝土构件承载力退化模型[J]. 工程力学, 28(6):45-51.

苏义庭, 2018. 基于螺栓连接的钢板混凝土组合联肢剪力墙抗震性能研究[D]. 重庆:重庆大学.

王亚勇, 刘小弟, 程民宪,1991. 建筑结构时程分析法输入地震波的研究[J].建筑结构学报,(2):51-60.

杨溥, 李英民, 赖明,2000. 结构时程分析法输入地震波的选择控制指标[J]. 土木工程学报,(6):33-37.

周庆, 2018. 混合联肢剪力墙结构性能化设计方法及抗震性能研究[D]. 重庆:重庆大学.

Chao S H, Goel S C, Lee S S, 2007. A seismic design lateral force distribution based on inelastic state of structures[J]. Earthquake Spectra, 23(3):547-569.

Clough R W, Johnston S B, 1966. Effect of stiffness degradation on earthquake ductility requirements[C]. Tokyo: Proceedings of 2nd Japan Earthquake Engineering Symposium.

Freeman S A, Nicoletti J P, Tyrell J V, 1975. Evaluation of existing buildings for seismic risk—a case study of puget naval sound shipyard, Bremerton, Washington[C]. Berkley:Proceedings of US National Conference on Earthquake Engineering:113-122.

Lee J, Fenves G L, 1998. Plastic-damage model for cyclic loading of concrete structures[J]. Journal of Engineering Mechanics, 124(8):892-900

Paulay T, Priestley M J N, 1992. Seismic Design of Reinforced Concrete and Masonry Buildings[M]. Washington D C: Wiley.

第6章 基于几何参数优化的
联肢剪力墙抗震设计方法

本章综合采用静力推覆分析、非线性动力时程分析以及基于增量动力分析(incremental dynamic analysis, IDA)的地震易损性分析的手段全面地评估 8 度 0.2g 区的高层建筑结构中钢筋混凝土联肢剪力墙在不同耦连比下弹塑性阶段的抗震性能,研究墙肢高宽比和连梁跨高比对结构的承载能力、变形能力、刚度退化和损伤模式以及结构各级性能水平的失效概率和相应性能水平的储备能力的影响规律,并在非线性分析结果的基础上完成双因子二阶响应应面分析,以 F 检验揭示因子显著性,进一步基于综合优化分析求得各因子的最优值,从而优化钢筋混凝土联肢剪力墙的几何尺寸设计方案。

6.1 联肢剪力墙的耦连比及其主要几何参数的关系

钢筋混凝土联肢剪力墙的耦连比对其抗震性能的影响显著,该参数是墙肢和连梁的刚度关系的综合体现,反映了墙肢间耦合作用的程度,弹性耦连比 $CR_{elastic}$ 的计算公式可由连续介质法得到:

$$
\begin{aligned}
CR_{elastic} = \frac{3}{k^2 (k\alpha_1 H)^2} \\
\times \left[\frac{(k\alpha_1 H)^2}{3} - \cos h \cdot (k\alpha_1 H) + \frac{\sin h \cdot (k\alpha_1 H) - \dfrac{k\alpha_1 H}{2} + \dfrac{1}{k\alpha_1 H}}{\cos h \cdot (k\alpha_1 H)} \sin h \cdot (k\alpha_1 H) \right]
\end{aligned}
\tag{6.1}
$$

式(6.1)中的 α_1 和 k 分别按照式(6.2)和式(6.3)计算:

$$
\alpha_1 = \sqrt{\frac{12 I_c L^2}{L_b^3 h I}}
\tag{6.2}
$$

$$
k = \sqrt{1 + \frac{AI}{A_1 A_2 L^2}}
\tag{6.3}
$$

式中,I 为墙肢的惯性矩之和($I = I_1 + I_2$);A 为墙肢的截面面积之和($A = A_1 + A_2$);L 为洞口两侧墙肢形心距离;L_b 为连梁的跨度;h 为结构的层高;I_c 为考虑了连梁剪切效应后的折算惯性矩,按式(6.4)进行计算。

$$I_{c} = \frac{I_{b}}{1 + \left(\dfrac{12EI_{b}}{I_{b}^{2}GA_{b}} \lambda \right)} \tag{6.4}$$

式中，I_b 和 A_b 为连梁截面的惯性矩和面积；E 和 G 为连梁混凝土的杨氏模量和剪切模量；λ 为连梁的剪应力分布不均匀系数。

黄东升（2006）指出可以用衡量连梁对墙肢约束程度的剪力墙整体性系数 α 和代表墙肢相对强弱指标的肢强系数 ζ 作为判别小开口整体剪力墙、联肢剪力墙以及壁式框架的条件：①$\alpha < 10$、$\zeta < [\zeta]$ 时为联肢剪力墙；②$\alpha \geqslant 10$、$\zeta \leqslant [\zeta]$ 时为整体小开口墙；③$\alpha > 10$、$\zeta > [\zeta]$ 时为壁式框架。

肢强系数 ζ 体现了洞口大小对剪力墙截面的削弱程度，ζ 越大说明截面削弱越多，墙肢相对越弱。双肢联肢剪力墙的肢强系数 ζ 按式（6.5）计算：

$$\zeta = \frac{I_{n}}{I_{A}} = \frac{\sum A_{ji}r_{ji}^{2}}{\sum I_{ji} + \sum A_{ji}r_{ji}^{2}} \tag{6.5}$$

式中，I_n 为剪力墙各墙肢对组合截面形心的惯性矩之和；I_A 为剪力墙对组合截面形心的总惯性矩。

剪力墙整体性系数 α 反映了连梁与墙肢的相对刚度关系，整体性系数越大则连梁刚度相对墙肢刚度越大，表明竖向拉、压力偶对双肢联肢剪力墙抗力的贡献越大，双肢联肢剪力墙的整体性系数 α 按式（6.6）计算：

$$\alpha = H \sqrt{\frac{12EI_{c}L^{2}}{h(EI_{1} + EI_{2})L_{b}^{3}} \cdot \frac{I_{A}}{I_{n}}} \tag{6.6}$$

式中，H 为剪力墙总高度。

建筑结构的剪力墙总高度 H 实际上反映的是墙肢的高宽比，当墙肢总宽度一定时，墙肢的高度越高，墙肢高宽比就越大，从而墙肢的破坏形式更加趋向于以弯曲型为主，连梁的塑性发展程度要比高宽比较小时充分得多。对于双肢联肢剪力墙，系数 k 与整体性系数 α 和肢强系数 ζ 分别满足下列关系：

$$\alpha = k\alpha_{1}H \tag{6.7}$$

$$\zeta = \frac{1}{k^{2}} \tag{6.8}$$

因此，式（6.1）弹性耦连比 $\mathrm{CR}_{elastic}$ 的计算公式可表示为

$$\mathrm{CR}_{elastic} = \frac{3\zeta}{\alpha^{2}} \left[\frac{\alpha^{2}}{3} - \alpha \cdot \cos h + \frac{\alpha \cdot \sin h - \dfrac{\alpha}{2} + \dfrac{1}{\alpha}}{\alpha \cdot \cos h} \alpha \cdot \sin h \right] \tag{6.9}$$

剪力墙的整体性系数和弹性耦连比之间的关系如图 6.1 所示，图中虚线为趋势线，由图可知两者呈正相关的对数关系，随着整体性系数的增大，弹性耦连比也相应提高，但变化梯度逐渐放缓，后期弹性耦连比趋于稳定。

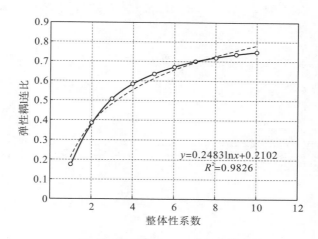

图 6.1　剪力墙整体性系数和弹性耦连比的关系

　　综上所述，钢筋混凝土联肢剪力墙力学性能的差别主要来源于反映墙肢间耦合作用的耦连比。耦连比与整体性系数之间成近似对数关系，而整体性系数则与墙肢高宽比和连梁跨高比两个几何参数紧密相关。墙肢高宽比指墙肢总高度与总宽度的比值，该参数对结构的抗侧刚度、承载能力、抗倾覆能力以及经济性起宏观控制作用。连梁跨高比是指连梁净跨与截面高度的比值，该参数对结构的内力和变形分布以及结构的破坏模式影响显著。墙肢高宽比和连梁跨高比都是混凝土联肢剪力墙结构体系的关键几何参数，对高层建筑在地震作用下的抗震性能有着重要影响。

6.2　基于几何参数的联肢墙原型结构设计

　　本章依照中心复合设计的双因子面心立方体设计准则，以结构中联肢剪力墙的墙肢高宽比和连梁跨高比作为关键因子设计了 9 个用途为办公楼的结构模型。结构的设计严格遵循《建筑结构荷载规范》（GB 50009—2012）、《混凝土结构设计规范》（GB 50010—2010）、《高层建筑混凝土结构技术规程》（JGJ 3—2010）和《建筑抗震设计规范》（GB 50011—2010）的要求，使用中国建筑科学研究院开发的 PKPM 程序作为设计软件，在不考虑风荷载工况下完成结构模型的设计。各结构的墙体高宽比和连梁跨高比的改变以结构高度和连梁截面高度取值的不同来实现，分析所建立的 9 个结构模型以结构高宽比 3.35（33.5m）、4.85（48.5m）和 6.35（63.5m）分为三组，每组再以连梁跨高比 7（285mm）、5（400mm）、3（665mm）划分，依次编号为 CW-1～CW-3、CW-4～CW-6 和 CW-7～CW-9。结构平面布置如图 6.2 所示，虚线框中的混凝土联肢剪力墙是本章的研究对象，配筋信息见附录 D。结构的设计参数如表 6.1 所示。

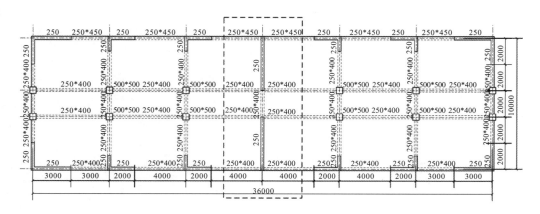

图 6.2　结构平面布置(单位：mm)

表 6.1　结构设计参数

项目		参数
设计总信息	重要性类别	丙类
	结构类别	钢筋混凝土框架剪力墙结构
	楼层分布	1 层层高 3.5m，2 层及以上层高 3m
	设防烈度区	8 度 0.20g
	设计地震分组	第二组
	场地类别	II 类场地
荷载	楼面恒荷载	2kN/m²
	房间活荷载	2kN/m²
	走廊活荷载	2.5kN/m²
	屋面恒荷载	3kN/m²
	屋面活荷载	2kN/m²
构件截面尺寸	框架梁 纵向边梁	250mm×450mm
	框架梁 纵向中梁	250mm×400mm
	框架梁 横向梁	250mm×400mm
	框架柱	500mm×500mm
	板 楼板	100mm
	板 屋面板	120mm
	剪力墙	250mm
混凝土等级	所有构件	C40
配筋信息	梁主筋	HRB400
	梁箍筋	HRB300
	柱主筋	HRB400
	柱箍筋	HRB300
	墙主筋	HRB400

续表

项目	参数
墙分布筋	HRB400
墙箍筋	HRB300
梁箍筋最大间距	100mm
柱箍筋最大间距	100mm
墙水平分布筋 最大间距	200mm
墙竖向分布筋 配筋率	0.25%

（配筋信息）

竖向规则结构的设计中最重要的几个指标为扭转周期比、层间位移角、位移比和剪重比等，只有在这些参数都满足规范的要求时，结构设计才被认为是合理的。该结构的重要指标的验算结果如表 6.2 所示，括号中为各指标限值，其中 S_e 为底部加强层层数，S_r 为约束边缘构件层层数，TR 为扭转周期，DR 为扭转位移比，$\theta_{\max Y}$ 为 Y 向最大层间位移角，R_{swY} 为 Y 向楼层剪重比。从表 6.2 可知，所设计的 9 个结构模型均满足规范重要指标的限值，属于合理的结构设计。因此，该结构计算的内力、变形以及配筋信息可靠，可作为非线性分析建模的依据。原型结构中的混凝土联肢剪力墙是本章的研究对象，结构 CW-1～CW-9 中的联肢剪力墙设计参数如表 6.3 所示，其中 ζ 为肢强系数，α 为整体性系数，W_h 为单肢墙截面高度，W_b 为单肢墙截面宽度，H 为剪力墙高度，W 为墙肢高宽比，B_h 为连梁截面高度，B_b 连梁截面宽度，L 为连梁跨度。

表 6.2　结构设计重要指标

结构编号	CW-1	CW-2	CW-3	CW-4	CW-5	CW-6	CW-7	CW-8	CW-9
S_e	1, 2	1, 2	1, 2	1, 2	1, 2	1, 2	1, 2	1, 2	1, 2
S_r	1～3	1～3	1～3	1～3	1～3	1～3	1～3	1～3	1～3
T_1 / s	0.855	0.836	0.764	1.360	1.329	1.227	1.917	1.875	1.748
T_2 / s	0.763	0.764	0.764	1.208	1.209	1.209	1.680	1.681	1.681
T_t / s	0.661	0.661	0.661	1.046	1.046	1.046	1.459	1.459	1.459
TR(0.9)	0.77	0.79	0.87	0.77	0.79	0.85	0.76	0.78	0.83
DR(1.2)	1.14	1.15	1.18	1.14	1.15	1.17	1.14	1.15	1.17
$\theta_{\max Y}$ (1/800)	1/1059	1/1086	1/1182	1/896	1/918	1/1020	1/801	1/819	1/902
R_{swY} (3.20%)	7.62%	7.77%	8.41%	5.31%	5.41%	5.76%	4.10%	4.18%	4.50%

表 6.3　联肢剪力墙参数

编号	CW-1	CW-2	CW-3	CW-4	CW-5	CW-6	CW-7	CW-8	CW-9
ζ	0.871	0.871	0.871	0.871	0.871	0.871	0.871	0.871	0.871
α	1.800	2.815	5.197	2.606	4.076	7.524	3.412	5.337	9.851

编号	CW-1	CW-2	CW-3	CW-4	CW-5	CW-6	CW-7	CW-8	CW-9
$CR_{elastic}$	0.348	0.487	0.637	0.465	0.584	0.703	0.540	0.642	0.741
W_h/ m	4	4	4	4	4	4	4	4	4
W_b/ m	0.25	0.25	0.25	0.25	0.25	0.25	0.25	0.25	0.25
H/ m	33.5	33.5	33.5	48.5	48.5	48.5	63.5	63.5	63.5
W	3.35	3.35	3.35	4.85	4.85	4.85	6.35	6.35	6.35
B_h/ m	0.285	0.4	0.665	0.285	0.4	0.665	0.285	0.4	0.665
B_b/ m	0.25	0.25	0.25	0.25	0.25	0.25	0.25	0.25	0.25
L/ m	2	2	2	2	2	2	2	2	2
B	7	5	3	7	5	3	7	5	3

　　傅学怡(2010)提出开洞剪力墙结构可根据剪力墙的肢强系数 ζ 和整体性系数 α 分为整体小开口墙、联肢墙和多肢独立墙。

　　(1)当 $\alpha < 1$ 时，不计连梁对墙肢的约束作用，按多肢独立墙分别计算。

　　(2)当 $1 < \alpha < 10$ 且 $\zeta < [\zeta]$ 时，按联肢剪力墙计算。

　　(3)当 $\alpha > 10$ 且 $\zeta < [\zeta]$ 时，按整体小开口墙计算。

　　(4)当 $\alpha > 10$ 且 $\zeta > [\zeta]$ 时，按壁式框架计算。

　　从表 6.3 可知，开洞剪力墙肢强系数 ζ 均为 0.871，而所有结构中最小的肢强系数限值为 0.9615，满足 $\zeta < [\zeta]$ 的要求；所有结构的整体性系数 α 的范围为 1.8～9.851，满足 $1 < \alpha < 10$ 的要求，因此，本章研究的剪力墙均属于典型的联肢剪力墙。

6.3　基于 Perform-3D 的联肢墙建模

　　本章以混凝土联肢剪力墙为研究对象，连梁跨高比和墙肢高宽比为关键参数，采用静力推覆分析、非线性动力时程分析以及结构地震易损性分析的非线性分析方法研究两个几何参数对联肢剪力墙结构性能的影响。因此对于连梁和墙肢的模型化方式以及非线性分析程序的选择显得极其重要。选用 Perform-3D 程序完成结构的非线性分析，连梁和剪力墙模型分别选用该软件提供的纤维段与弹性段组合的梁单元和纤维截面剪力墙单元。

6.3.1　材料本构的模型化

　　钢筋混凝土结构在遭受强烈地震作用下的材料非线性行为主要由混凝土的拉、压状态下的非线性行为以及连梁端部和剪力墙底部等高拉应力区域的钢筋屈服后的非线性行为组成。本章的非线性模型建立中混凝土联肢剪力墙的连梁和墙肢截面都采用纤维截面模型，因此需要预先定义混凝土与钢筋材料的本构关系。结构模型中使用到的混凝土材料可以分为非约束混凝土和约束混凝土。非约束和约束混凝土本构模型分别采用《混凝土结构设计规范》（GB 50010—2010）中的混凝土单轴受压本构模型和考虑约束效应的 Park 约束混凝土模型，钢筋本构采用二折线的弹性强化模型。为了尽可能真实地体现结构的地震反应，混凝土和钢筋强度均取为平均值。

1. 混凝土本构模型

剪力墙边缘构件核心区混凝土因为有大量箍筋约束，极限变形能力较强，对其采用考虑矩形箍筋约束影响的 Park 约束混凝土模型；对连梁和剪力墙截面腹部采用混凝土规范中的非约束混凝土模型。由于混凝土极限拉应变和抗拉强度均很小，本章中约束混凝土和非约束混凝土均不考虑混凝土受拉。

对于混凝土结构的杆系有限元分析而言，若在模型中以建立箍筋单元的方式考虑箍筋对受压构件截面核心区混凝土的约束效应是不够经济的，因此通过修正混凝土材料的本构曲线来体现箍筋的作用，即采用约束混凝土本构模型。箍筋的配置对受压构件截面核心区混凝土具有侧向约束作用，使得该区域混凝土的强度和延性明显提高，合理考虑这一约束作用是控制结构非线性地震反应分析准确性的基础，Park 约束混凝土模型是较为常用的约束混凝土模型之一。Kent 和 Park 于 1971 年在总结以往学者在混凝土本构成果基础上提出了 Kent-Park 模型，关于该模型的文献指出矩形箍筋对提高混凝土抗压强度的作用有限，因此未考虑矩形箍筋对混凝土抗压强度的提高作用。1982 年，Park 等在此基础上根据混凝土构件低应变试验的结果，对 Kent-Park 模型进行了修正，提出了 Park 约束混凝土模型，该模型通过约束效应系数 K 来考虑箍筋对混凝土强度和变形的提高作用，Kent-Park 模型和 Park 约束混凝土模型的对比见图 6.3，Park 约束混凝土模型公式如下：

$$\sigma_{\mathrm{c}} = \begin{cases} Kf_{\mathrm{c}}' \left[2\left(\dfrac{\varepsilon_{\mathrm{c}}}{\varepsilon_0}\right) - \left(\dfrac{\varepsilon_{\mathrm{c}}}{\varepsilon_0}\right)^2 \right], & \varepsilon_{\mathrm{c}} \leqslant \varepsilon_0 \\ Kf_{\mathrm{c}}' \left[1 - Z\left(\varepsilon_{\mathrm{c}} - \varepsilon_0\right) \right], & \varepsilon_0 < \varepsilon_{\mathrm{c}} \leqslant \varepsilon_{20} \\ 0.2Kf_{\mathrm{c}}', & \varepsilon_{\mathrm{c}} > \varepsilon_{20} \end{cases} \tag{6.10}$$

式中，峰值应力对应的应变值按式（6.11）取值：

$$\varepsilon_0 = 0.002K \tag{6.11}$$

约束效应系数 K 按式（6.12）取值：

$$K = 1 + \frac{\rho_{\mathrm{s}} f_{\mathrm{yh}}}{f_{\mathrm{c}}'} \tag{6.12}$$

Z 为模型下降段斜率，按式（6.13）取值：

$$Z = \frac{0.5}{\dfrac{3 + 0.29 f_{\mathrm{c}}'}{145 f_{\mathrm{c}}' - 1000} + 0.75 \rho_{\mathrm{s}} \sqrt{\dfrac{h'}{s_{\mathrm{h}}}} - 0.002K} \tag{6.13}$$

式中，ε_{c} 为混凝土压应变；σ_{c} 为混凝土压应力，MPa；f_{c}' 为非约束混凝土抗压强度，MPa；f_{yh} 为箍筋屈服强度，MPa；ρ_{s} 为混凝土核心区体积配箍率，核心区从箍筋的外边缘算起；h' 为混凝土核心区宽度，m；s_{h} 为箍筋间距，m。

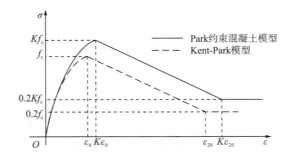

图 6.3   Kent-Park 模型和 Park 约束混凝土模型对比

对非约束混凝土采用的是《混凝土结构设计规范》（GB 50010—2010）附录 C.2 里面的非约束混凝土本构模型，其计算公式如下，其应力-应变曲线如图 6.4 所示。

$$\sigma = (1 - d_{\mathrm{c}}) E_{\mathrm{c}} \varepsilon \tag{6.14}$$

$$d_{\mathrm{c}} = \begin{cases} 1 - \dfrac{\rho_{\mathrm{c}} n}{n - 1 + x^{n}}, & x \leqslant 1 \\[3mm] 1 - \dfrac{\rho_{\mathrm{c}}}{\alpha_{\mathrm{c}} (x-1)^{2} + x}, & x > 1 \end{cases} \tag{6.15}$$

$$\rho_{\mathrm{c}} = \frac{f_{\mathrm{cm}}}{E_{\mathrm{c}} \varepsilon_{\mathrm{cm}}} \tag{6.16}$$

$$n = \frac{E_{\mathrm{c}} \varepsilon_{\mathrm{cm}}}{E_{\mathrm{c}} \varepsilon_{\mathrm{cm}} - f_{\mathrm{cm}}} \tag{6.17}$$

$$x = \frac{\varepsilon}{\varepsilon_{\mathrm{cm}}} \tag{6.18}$$

式中，α_{c} 为混凝土单轴受压本构曲线下降段参数值；f_{cm} 为混凝土单轴抗压强度的平均值；$\varepsilon_{\mathrm{cm}}$ 为与混凝土单轴抗压强度相应的混凝土峰值压应变；d_{c} 为混凝土单轴受压损伤演化参数。

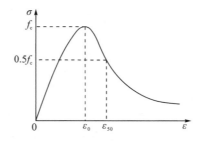

图 6.4   非约束混凝土的应力-应变曲线

根据混凝土规范的建议，材料的性能指标宜取平均值，可按式(6.19)计算，其中变异系数 δ_{c} 的取值按表 6.4 进行选取。

$$f_{\mathrm{cm}} = \frac{f_{\mathrm{ck}}}{1 - 1.645 \times \delta_{\mathrm{c}}} \tag{6.19}$$

表 6.4　混凝土强度变异系数

强度等级	C15	C20	C25	C30	C35	C40	C45	C50	C60
δ_c / %	23.3	20.6	18.9	17.2	16.4	15.6	15.6	14.9	14.1

根据 Perform-3D 的用户手册可知在该软件中对混凝土采用的是 YULRX 五折线模型，涉及的参数含义参见 Perform-3D 用户手册。本章无论是约束混凝土本构还是非约束混凝土本构的峰值应力 FU 均取为混凝土抗压强度最大值，其余参数分别与规范的 Park 约束混凝土模型和非约束混凝土模型拟合确定。由于墙肢的边缘构件箍筋的体积配箍率不同而使得对核心区混凝土的强度与变形能力的提高也不相同，本章研究对象所涉及的边缘构件箍筋体积配箍率分为 0.71%、0.85% 及 1.41% 三类。联肢剪力墙墙肢边缘构件所采用的三种约束混凝土以及连梁和墙肢腹板区域的一种非约束混凝土本构曲线的对比如图 6.5 所示。

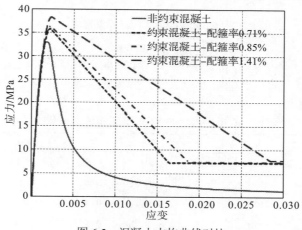

图 6.5　混凝土本构曲线对比

连梁和墙肢腹板区域的非约束混凝土本构曲线以及墙肢的边缘构件箍筋体积配箍率分为 0.71%、0.85% 以及 1.41% 的约束混凝土本构曲线与 Perform-3D 中的 YULRX 五折线的对比如图 6.6 所示，可看出两者的吻合程度较高。

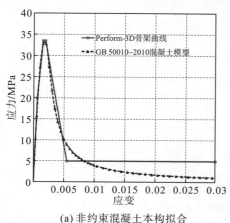

(a) 非约束混凝土本构拟合　　　　　　　(b) 配箍率0.71%的约束混凝土本构拟合

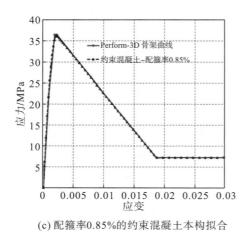
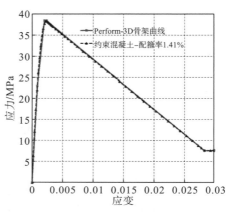

(c) 配箍率0.85%的约束混凝土本构拟合　　　　(d) 配箍率1.41%的约束混凝土本构拟合

图 6.6　混凝土本构曲线拟合

非约束混凝土本构和约束混凝土本构分别根据混凝土规范建议的非约束混凝土模型和 Park 约束混凝土模型的拟合确定 YULRX 五折线参数取值如表 6.5 所示。

表 6.5　C40 混凝土的 YULRX 五折线本构参数

	FY	FU	DU	DL	DR	DX	FR/FU
非约束	20.03	33.39	0.0015	0.0019	0.0055	0.1	0.15
体积配箍率 0.71%	21.54	35.89	0.0018	0.0022	0.0163	0.1	0.2
体积配箍率 0.85%	21.84	36.40	0.0018	0.0022	0.0187	0.1	0.2
体积配箍率 1.41%	23.04	38.40	0.0020	0.0024	0.0284	0.1	0.2

在 Perform-3D 程序的混凝土材料受压滞回模型中，卸载刚度总是和初始弹性刚度保持一致。混凝土本构通过改变再加载刚度来改变滞回曲线所包含的面积从而控制滞回规则，该材料模型中再加载刚度的改变是通过调整能量耗散系数来实现的。如果能量耗散系数等于 1.0，再加载曲线则如图 6.7(a) 所示，此时滞回耗散的能量达到最大；如果能量耗散系数小于 1.0，再加载曲线如图 6.7(b) 所示；如果能量耗散系数等于 0，则卸载线和再加载线重合，也就意味着没有耗散能量。

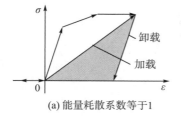
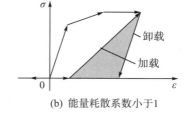

(a) 能量耗散系数等于1　　　　　　　　　(b) 能量耗散系数小于1

图 6.7　能量耗散系数

根据过镇海等(1997)对混凝土进行的重复加载试验结果可知混凝土卸载和再加载刚度在混凝土达到峰值应力之前变化较小，但混凝土达到峰值应力之后再加载刚度有所减小。因此 YULRX 五折线模型中混凝土对应于各点的能量耗散系数按表 6.6 设置。

表 6.6　混凝土能量耗散系数

参考点	Y	U	L	R	X
能量耗散因子	1	0.15	0.1	0.1	0.1

2. 钢筋弹性强化二折线模型

参考过镇海和李卫(1993)的研究，钢筋的本构曲线应根据不同要求选用。理想弹塑性模型由弹性阶段的斜直线和塑性阶段的水平线组成，该模型在结构破坏后钢筋尚未进入强化段时才适用。弹性强化模型为二折线，在弹性阶段为斜直线，塑性阶段的本构关系定义为非常平缓的斜直线，一般取 $E'_s = 0.01E_s$，其优点是应力应变的唯一性，同时考虑了应变硬化效应。三折线曲线可较为准确地表示钢筋的大变形性能，但较为复杂，在 Perform-3D 的 YULRX 五折线本构中难以实现。因此选择二折线的弹性强化模型作为钢筋本构的骨架曲线并取 $E'_s = 0.01E_s$，最大拉应力下的应变取 10%，如图 6.8 所示。

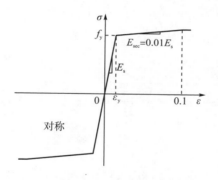

图 6.8　钢筋二折线模型

钢筋强度取平均值，根据规范的要求，钢筋屈服强度的平均值可按式(6.20)计算：

$$f_{ym} = \frac{f_{yk}}{1 - 1.645 \times \delta_s} \tag{6.20}$$

HRB400 钢筋的弹性模量 E_s 均取为 2.00×10^5 MPa，δ_s 通常取为 0.07，由公式 f_{ym} / E_s 可得到应力达到屈服强度时对应的屈服应变。

本章对钢筋力学行为的模拟不考虑其屈曲效应，根据过镇海和王传志(1991)关于钢筋往复加载试验的结果可知钢筋往复加载的卸载应力-应变曲线不论是正向还是反向都近似为直线且与钢筋初始加载应力-应变时的走势平行，但钢筋在往复加载达到屈服后，由于包兴格效应，反向加载将不再为直线而以曲线变化，钢筋在往复荷载下的滞回曲线较为饱满，表明钢筋的滞回耗能能力较强。因此，本章在使用弹性强化二折线模型的同时对钢筋能量耗散因子的取值较大以反映钢筋在反映荷载下刚度退化程度低的滞回特性。

卸载刚度因子用以定义弹性范围，本章中取为 0.5。

表 6.7　钢筋能量耗散因子

参考点	Y	$2\varepsilon_y$	$15\varepsilon_y$	$20\varepsilon_y$	X
能量耗散因子	1	0.9	0.8	0.8	0.8

6.3.2　构件的模型化

1. 连梁

结构中的连梁跨高比大于 2.5，不属于小跨高比范畴的连梁，因此都考虑为弯曲破坏模式。连梁构件端部的模拟采用基于纤维截面的塑性区模型，梁单元由纤维截面段和弹性梁段组成，如图 6.9 所示。该模型的基本性能同曲率塑性铰模型类似，区别在于采用非线性纤维截面代替曲率塑性铰，可以更精细化地模拟截面的非线性行为。值得注意的是，当一个钢筋混凝土梁加载至开裂后，截面的中性轴会向受压边偏移，梁单元表现为伸长，类似于混凝土板的膜效应。若在梁单元中采用纤维截面模型的同时结构也采用刚性楼板假定会使得梁单元的伸长被限制，引起梁单元内部轴压力增加，从而额外提高了梁单元的强度和刚度，这会对相邻构件的内力和变形产生影响。本章不考虑刚性隔板假定的方式。

图 6.9　塑性区模型

参照 Paulay 和 Priestly（1992）的建议，对于梁塑性区的长度可取为

$$L_p = 0.5D \tag{6.21}$$

式中，L_p 为塑性区长度；D 为构件截面高度。

另外，塑性铰变形以纤维塑性区的中点为计算点，即相当于以中点所受的力和变形来代表整个塑性区段所受的力和变形，这使得纤维塑性区段所得到的力和变形值是该塑性区段的平均值。因此，塑性区段的长度应该参照上文所述的方法来确定，不应使塑性区长度过长，否则过长的塑性区段将使塑性区所得结果失真。Perform-3D 程序中梁单元的纤维截面的非线性特征仅适用于轴向变形和平面内弯曲变形的模拟，对平面外弯曲的模型为弹性的。

2. 剪力墙

本章模型中的墙肢构件采用剪力墙单元，该单元属性中的轴向、弯曲耦合行为和剪切行为是分开模拟的，两者相互独立，因而所建立的每个墙肢单元必须分别定义它的轴向弯曲耦合的纤维截面属性和剪切属性。

1）轴向、弯曲耦合的纤维截面

首先定义组成剪力墙的混凝土和钢筋的材料本构属性，再将定义完成的材料指定至截面纤维化后的相应位置，组装剪力墙单元时应当准确选择事先定义好的纤维截面，墙肢的剪力墙单元横截面模型如图 6.10 所示。

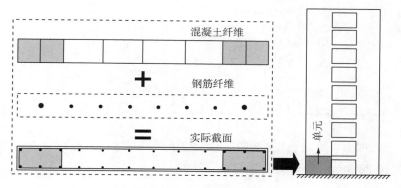

图 6.10　剪力墙单元的横截面模型

2）剪切效应

首先定义装配至剪力墙单元的剪切材料，剪切材料的行为主要取决于混凝土的性能，后续组装剪力墙单元时，再选择对应的剪切材料，并定义等效的墙厚。

由于本章中墙肢均为高宽比远大于 3 的高剪力墙，不考虑剪切的非线性，因此模型采用弹性剪切材料，剪切变形模量按照混凝土材料的弹性模量和泊松比换算得到，计算方法见式(6.22)。

$$G = \frac{E}{2(1 + \mu)} \tag{6.22}$$

式中，G 为剪力墙的剪切变形模量；E 为混凝土的弹性模型；μ 为混凝土泊松比，取 0.2。

此外，该剪力墙单元还需要定义剪力墙平面外的刚度和平面内水平向的刚度，前述两个刚度的定义也都是弹性的。

6.3.3　模态分析对比

1. 质量

根据结构的动力方程式(6.23)可知，结构的动力作用是以 $-m\ddot{v}_g(t)$ 的形式输入到结构，其中 $\ddot{v}_g(t)$ 表示地震地面加速度，m 代表结构的质量，所以质量的选择将对结构的地震反应产生巨大的影响。

$$m\ddot{v}(t) + c\dot{v}(t) + k(t) = -m\ddot{v}_g(t) \tag{6.23}$$

各结构模型根据抗震规范的规定计算节点质量源，即建筑的重力荷载代表值取结构自重的标准值和各可变荷载的组合值之和。为验证质量源计算导入的准确性，现将结构每一层节点的质量均进行累加，得到 SAP 2000 程序中结构的总质量，该质量与 Perform-3D 程序中的质量源对比情况如表 6.8 所示。

表 6.8 SAP 2000 程序总质量与 Perform-3D 程序总质量比较

模型编号	SAP 2000/t	Perform-3D/t	误差/%
CW-1	557.34	548.39	1.61
CW-2	559.10	550.00	1.63
CW-3	562.83	553.71	1.62
CW-4	805.34	796.38	1.11
CW-5	807.91	798.73	1.14
CW-6	813.33	804.13	1.13
CW-7	1053.34	1044.40	0.85
CW-8	1056.73	1047.50	0.87
CW-9	1063.83	1054.50	0.88

从表 6.8 的数据中可以看出,程序中结构模型所得到的总质量和 SAP 2000 相差很小,由此说明模型在 Perform-3D 中的质量源是可靠的。

2. 荷载

Perform-3D 程序中荷载形式分为节点荷载、单元荷载和自重荷载三类。节点荷载沿结构的 H 向、V 向以及 R 向直接作用于节点上。单元荷载包括梁、柱单元分布荷载和杆单元的热膨胀效应产生的荷载,值得注意的是该程序中剪力墙单元不存在单元均布荷载,只能由节点荷载的形式施加。自重荷载根据组件的重度和单元的长度与截面面积来计算,并将其转化为节点荷载。

因此,为了将楼面荷载能转化为连梁上的线荷载而不是节点荷载,本章把连梁所承载的楼面荷载部分以及连梁自重均以单元线荷载的形式加到连梁上,而剪力墙所承载的楼面荷载部分转化为节点荷载施加在剪力墙的节点上,剪力墙单元的自重则以默认自重荷载的方式加以考虑。联肢剪力墙所承担的楼面荷载范围为该榀联肢墙的两侧各半个跨度内,楼面荷载的分区如图 6.11 所示。结构模型中的联肢剪力墙所承载的楼面荷载被划分为 10 个部分,连梁所承载的楼面荷载以 45°塑性铰线的方式计算,对应 5 号荷载域,该区域的荷载转化为单元均布荷载施加在连梁上。墙肢所承载的楼面荷载范围为其余 8 个荷载域,各区域的楼面荷载就近传递到墙肢的节点上。

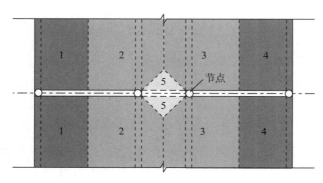

图 6.11 荷载分区

3. 阻尼

阻尼是用以表示结构在振动过程中的某种能量耗散的参数，是影响结构的动力响应的关键因素之一。ATC-72-1 指出非线性动力反应分析中塑性阶段的滞回阻尼已经采用非线性单元模型化，此时黏滞阻尼则被用以表示除滞回反应耗能作用以外尚未被模型化的其他形式的能量耗散。虽然结构的阻尼是客观存在的，但由于其作用机理非常复杂，不能与结构的质量和刚度等动力特性一样采用准确的方法计算，因此将阻尼抽象为数学模型。最一般的与振型正交的阻尼矩阵为 Caughey 阻尼矩阵，当指定系统两个振型的阻尼比时便演化成 Rayleigh 阻尼，Rayleigy 阻尼系数根据系统的质量和初始刚度而定，按式（6.24）计算：

$$C = \alpha M + \beta K \tag{6.24}$$

式中，α、β 为待定常数；M 为结构质量矩阵；K 为结构初始刚度矩阵。

根据结构振型的正交条件，待定常数 α 和 β 与振型阻尼比之间满足以下关系：

$$\xi_k = \frac{\alpha}{2\omega_k} + \frac{\beta\omega_k}{2} \quad (k = 1, 2, \cdots, n) \tag{6.25}$$

任意指定两个振型阻尼比 ξ_i 和 ξ_j 后，可按照式（6.26）确定待定的常数：

$$\begin{cases} \alpha = 2\left(\dfrac{\xi_i}{\omega_i} - \dfrac{\xi_j}{\omega_j}\right) \Big/ \left(\dfrac{1}{\omega_i^2} - \dfrac{1}{\omega_j^2}\right) \\ \beta = 2\left(\xi_i\omega_j - \xi_j\omega_i\right) \Big/ \left(\omega_j^2 - \omega_i^2\right) \end{cases} \tag{6.26}$$

根据以往的工程经验一般假设两个振型阻尼比同为 ξ，则两个待定常数可按式（6.27）计算：

$$\begin{cases} \alpha = \xi \dfrac{2\omega_i\omega_j}{\omega_i + \omega_j} \\ \beta = \xi \dfrac{2}{\omega_i + \omega_j} \end{cases} \tag{6.27}$$

综上，本章采用 Rayleigh 阻尼模拟黏滞阻尼部分的能量耗散，鉴于工程计算中采用固定阻尼系数进行非线性时程分析是可行的，因此依照《建筑抗震设计规范》（GB 50011—2010），指定两个振型阻尼比相同，取 $\xi=0.05$。根据 Perform-3D 用户手册的建议，取 $T_a=0.2T_1$，$T_b=0.9T_1$，可使周期在 $0.1T_1 \sim T_1$ 振型的阻尼比接近 5%，这涵盖了大多数的重要振型。Rayleigh 阻尼的阻尼比与周期的关系如图 6.12 所示。

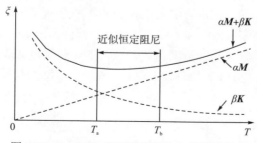

图 6.12　Raylaigh 阻尼的阻尼比与周期的关系

4．模态分析结果

模型 CW-1～CW-9 的 SAP 2000 程序与 Perform-3D 程序模态分析结果如表 6.9 所示，由表可知，结构的前 3 阶周期相对误差均在 2.3%以下，表明通过 SAP 2000 程序导入 Perform-3D 程序所建立的分析模型是准确合理的。

表 6.9　结构的周期比较

结构	SAP 2000/s			Perform-3D/s			误差/%		
	T_1	T_2	T_3	T_1	T_2	T_3	T_1	T_2	T_3
CW-1	0.673	0.148	0.071	0.688	0.150	0.071	2.23	1.35	0.00
CW-2	0.555	0.135	0.071	0.566	0.137	0.071	1.98	1.48	0.00
CW-3	0.444	0.112	0.071	0.448	0.113	0.071	0.90	0.89	0.00
CW-4	1.176	0.272	0.113	1.203	0.276	0.114	2.30	1.47	0.88
CW-5	0.978	0.238	0.104	0.995	0.243	0.106	1.74	2.10	1.92
CW-6	0.819	0.191	0.102	0.825	0.193	0.102	0.73	1.05	0.00
CW-7	1.779	0.420	0.177	1.816	0.429	0.180	2.08	2.14	1.69
CW-8	1.509	0.362	0.159	1.531	0.369	0.162	1.46	1.93	1.89
CW-9	1.314	0.286	0.132	1.321	0.289	0.132	0.53	1.05	0.00

6.4　程序对比试验验证

6.4.1　试验概况

为校验本章采用 Perform-3D 程序建立钢筋混凝土联肢剪力墙技术的正确性，现与陈云涛和吕西林(2003)根据当时规范所设计的联肢剪力墙试件 2 完成的低周往复荷载试验进行对比验证。

试件 2 为五层的钢筋混凝土联肢剪力墙结构，缩尺比为 1/4，墙体总高度为 3500mm，总宽度为 1600mm，单肢的墙肢宽度 600mm，厚度为 70mm，连梁宽度为 400mm，连梁高度为 250mm，根据式(6.6)计算得到的墙体整体系数为 5.92，属于典型的联肢剪力墙。该试件的混凝土强度为 C30，钢筋等级为 HRB300，两个墙肢顶部均承受约 100kN 的轴压力，相当于 0.16 的设计轴压比。试件 2 的几何尺寸与配筋如图 6.13 所示。试件 2 在顶部加载头处采用单点加载方式施加侧向荷载，试件的加载制度如表 6.10 所示，前期阶段为荷载控制，后期采用位移控制，试验在试件的承载力下降为极限承载力的 85%后结束加载。

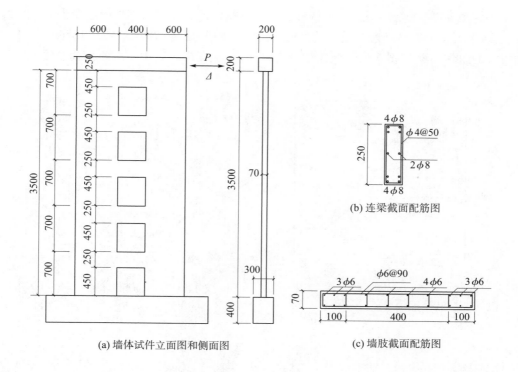

图 6.13　试件 2 的几何尺寸与配筋（单位：mm）

表 6.10　试件 2 的加载制度

力控制阶段/kN	位移控制阶段/mm
10 20 30 40 50 60 70 80	6 9 12 15 18 21 24 27 30 33 36 39 42 45

6.4.2　试件建模

　　试件 2 采用的建模技术如前所述，非线性模型中模拟试件的连梁采用基于纤维截面模型的塑性区与弹性梁段组装的梁单元，试件的墙肢采用基于纤维截面模型并叠加弹性剪切材料的剪力墙单元。试件的非约束和约束混凝土本构模型分别采用规范中的混凝土单轴受压本构模型和考虑约束效应的 Park 约束混凝土模型。试件的钢筋本构采用二折线的弹性强化模型，取 $E_s' = 0.01E_s$，最大拉应力下的应变取 10%。混凝土和钢筋的强度也均取平均值。

　　对于 C30 混凝土而言，强度变异系数 δ_c 可取 15.6%，则混凝土的抗压强度平均值为

$$f_{cm} = \frac{26.8}{1 - 1.645 \times 0.156} = 36.05(\text{MPa}) \tag{6.28}$$

　　对 HRB300 钢筋而言，强度变异系数 δ_s 可取 7%，钢筋屈服强度平均值为

$$f_{ym} = \frac{300}{1 - 1.645 \times 0.07} = 339.04(\text{MPa}) \tag{6.29}$$

HRB300 钢筋的弹性模量 E_s 均取为 2.10×10^5MPa，由此可得到屈服应变为 0.00162。

试件 2 所采用的等级为 C30 的约束混凝土和非约束混凝土本构曲线与 Perform-3D 程序中的 YULRX 五折线拟合曲线对比如图 6.14 所示，从图中对比可知两者吻合程度较好。

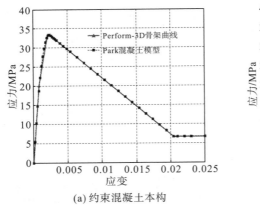
(a) 约束混凝土本构

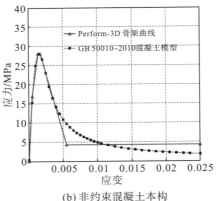
(b) 非约束混凝土本构

图 6.14　混凝土本构对比

约束混凝土本构和非约束混凝土本构拟合确定的 YULRX 五折线参数取值如表 6.11 所示。

表 6.11　C30 混凝土参数取值

	FY	FU	DU	DL	DR	DX	FR/FU
约束	20.01	33.36	0.0021	0.0024	0.0204	0.1	0.2
非约束	16.82	28.03	0.0014	0.0017	0.0055	0.1	0.2

6.4.3　滞回曲线对比

结构在地震作用下受到的"荷载"为结构的反应加速度与节点质量引起的惯性力。该"荷载"会使结构在水平方向往复运动，相当于受到水平荷载在正、负方向上的交变作用。但由于地震作用持续时间一般不长而且结构本身存在阻尼作用，因此结构受到的水平作用交变的反复次数并不多，相当于低周往复的荷载作用。滞回曲线表示的是在水平荷载的循环往复作用下得到结构的荷载与变形关系曲线，是评价结构抗震性能的核心数据。试件 2 的数值模拟和试验数据的对比如图 6.15 所示。

从图 6.15 可知，数值模拟和试验数据吻合良好。数值模拟中的试件初期刚度、卸载刚度以及捏缩效应都与试验数据吻合很好，但本章所建立的模型中忽略了钢筋屈曲和混凝土压溃的现象，难以模拟承载力突降，导致试件破坏时分析的承载力高于试验值。通过以上的对比分析可以证明所采用的建模方法是可行的，模型的准确度是可接受的。

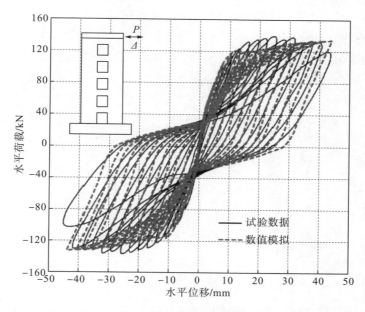

图 6.15　数值模拟与试验数据的对比

6.5　静力推覆分析

6.5.1　静力推覆分析概述

Freeman 等(1975)提出了结构的静力推覆分析(static pushover analysis)，该分析方法是对结构逐级单调施加按某一分布模式模拟地震作用的水平侧向力，直至结构达到目标位移。

静力推覆分析的首要工作是获取结构的静力推覆曲线，通常是以基底剪力与顶点侧向位移的关系来表示。首先是建立结构模型、定义材料或构件的力与变形关系，然后指定荷载模式、选择控制位移，最后运行分析。值得注意的是，静力推覆分析所采用的模型应能够充分体现结构所具有的质量分布、强度和刚度。同时，侧向力的分布意味着地震作用下结构各楼层惯性力的分布，该分布形式对分析结果的影响较大。侯爽和欧进萍(2004)的研究表明，均匀侧向力分布作用下的结构各层间位移及整体反应计算精度最差，引入结构高度参数的等效侧向力分布和弹性反应谱多振型组合分布作用下的层间位移计算精度在结构的弹性阶段好于倒三角分布，但当结构进入塑性阶段后，倒三角分布作用下的计算精度最好，而且侧向力分布形式最简洁。因此在静力推覆分析中所采用的侧向力为从基础固接点起到剪力墙顶点的倒三角分布。另外，结构在静力推覆分析中会被成比例地施加指定分布形式的侧向力，直到施加的荷载或变形程度达到预设值，或者无法继续承受重力荷载而结束。由于在地震作用中所施加的荷载预先未知，静力推覆分析工况采用位移控制，如图 6.16 所示。位移控制中的位移增量为定值，侧向力的分布模式不变，而力的大小通过位移值反算得到，若结构失去竖向承载力，分析将在到达目标位移前停止。运行分析时的第一个工况必须是重力荷载工况，重力荷载作用下的非线性分析工况的终点则为结构静力推覆分析的起点，接着再进行静力推覆分析。

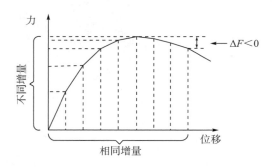

图 6.16　位移控制模式

　　静力推覆分析的目的是预测结构或构件在地震作用下的峰值响应，通过结构的基底剪力-顶点侧向位移来描述侧向力作用下结构变形从线性到非线性发展的各个阶段。如图 6.17 所示，A 点为"小震不坏"的控制点，在 A 点之前结构处于弹性状态，初始弹性刚度为 k_0；结构在变形过程中的有效刚度取割线刚度，如 B 点的有效刚度为 k_e，C 点为"大震不倒"的控制点，结构承载力接近峰值，变形达到 D 点时结构已经进入不稳定阶段，后续随时面临倒塌的危险。

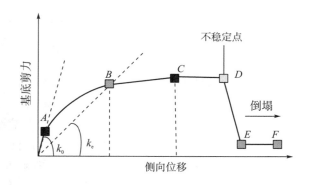

图 6.17　结构荷载-位移曲线

　　结构的荷载-位移曲线上不同的位置点代表着结构不同阶段的性能控制点，通过静力推覆分析可以考察结构从弹性到倒塌的全过程非线性行为，明确结构中可能存在的薄弱部位，预测结构和构件层面的能力需求。

6.5.2　刚性隔板与轴力释放分析

通常情况下钢筋混凝土梁在加载至开裂后，截面的中性轴会向受压边偏移，梁将表现为伸长。结构模型中的梁单元采用纤维截面模型而且同时楼板采用刚性假定时，刚性隔板将会限制梁单元的伸长，引起梁单元内部轴压力增加，从而额外提高了梁单元的强度和刚度。一般在分析模型中采用刚性隔板模拟楼板平面内无限刚的特性，为避免梁单元伸长过程中被刚性隔板节点束缚而尝试采用在梁单元组件中设置轴力释放的措施，因此形成了原始模型(Original)、设置了刚性隔板的模型(Diaphragm)和设置了刚性隔板且采用梁单元轴力释放的模型(Diaphragm&Release)三类建模方式。通过静力推覆分析研究在结构模型中增加刚性隔板和设置梁单元轴力释放对结构静力推覆曲线的影响规律。

基于前述的建模技术分别建立 CW-1～CW-9 三类方法对应的 27 个模型，原始模型、设置了刚性隔板的模型和设置了刚性隔板且采用梁单元轴力释放的模型的静力推覆分析的结果如图 6.18 所示。

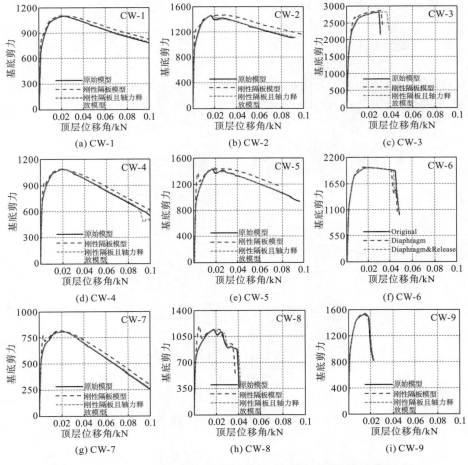

图 6.18　结构 CW-1～CW-9 的刚性隔板与轴力释放静力推覆曲线对比

从不同结构模型的三类建模方式对比结果可知，三类模型的初始刚度和极限承载力都基本一致，说明改变楼板的建模方式对联肢剪力墙的初始刚度和极限承载力影响很小。Diaphragm 模型在开裂后的刚度明显大于另外两类模型，甚至在 CW-5、CW-7 和 CW-8 中出现了不规则的尖点，该现象可能是由于非正常的变形或不收敛导致，不过极限承载力后的刚度和另外两类模型基本相同，只是承载力略有提高。对比 Original 模型和 Diaphragm&Release 模型的分析曲线可以得知两者差距微小，可以认为结构表现出的性能一致，说明 Original 模型不考虑楼板的贡献与 Diaphragm&Release 模型考虑楼板平面内刚度无限大的作用并释放梁单元轴力的模型对于本章研究范畴的钢筋混凝土联肢剪力墙的结构性能影响一致。

综上表明，设置了刚性隔板的模型可能会出现非正常变形引起的尖点，而且因刚性隔板节点的束缚作用过大提高了梁单元的强度和刚度，与实际情况不太符合。而原始模型和设置了刚性隔板束缚节点的同时采用梁单元的轴力释放模型的结构性能一致，但原始模型的建立简洁清晰，减少了结构的计算，不考虑楼板的贡献也可作为安全储备，因此本章所研究范畴的钢筋混凝土联肢剪力墙结构均以原始模型的方法建立，即不考虑刚性隔板假定而且不设置梁单元的轴力释放。

6.5.3 推覆曲线分析

各结构的静力推覆曲线的对比如图 6.19 所示。根据结构变形从弹性到弹塑性发展的不同阶段的定义，极限承载力对应的位移角可近似作为"大震不倒"的控制点，承载力骤降点为结构的失稳起点。

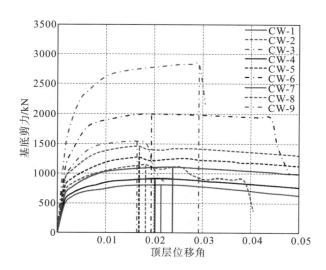

图 6.19　各结构的静力推覆曲线的对比

从图 6.19 中可知，各结构的静力推覆曲线在达到极限承载力之前的趋势类似，但结构 CW-3、CW-6、CW-8 和 CW-9 的变形超过极限承载力对应的变形后发生了结构的失稳，这表明连梁跨高比越小、墙肢高宽比越大则越容易使结构后期变得不稳定，另外，本章所建立的 9 个结构中最小的"大震不倒"的控制点的顶点位移角为 0.0164，而《高层建筑混凝土结构技术规程》(JGJ 3—2010) 第 3.7.5 节规定剪力墙结构的层间弹塑性位移角限值为 0.0083，以及根据邓明科等(2008)的研究表明顶点位移角在防止倒塌性能水平的限值为 0.01，因此两种限值都表明作为研究对象的钢筋混凝土联肢剪力墙结构的变形能力满足要求。

6.5.4　极限承载力

基于静力推覆分析的各结构的极限承载力如图 6.20 所示。从联肢剪力墙几何尺寸的变化来看，如图 6.20(a)所示，结构的极限承载力在墙肢高宽比的三个水平下(CW-1～CW-3、CW-4～CW-6 和 CW-7～CW-9 三组结构的墙肢高宽比分别为 3.35、4.85 和 6.35)都随着连梁跨高比的减小而提高，而且墙肢高宽比越小，极限承载力提高的梯度越大。结构的极限承载力在连梁跨高比的三个水平下(CW-1、CW-4、CW-7，CW-2、CW-5、CW-8 和 CW-3、CW-6、CW-9 三组结构的连梁跨高比分别为 7、5 和 3)都随着墙肢高宽比的增大而降低，而且连梁跨高比越小，极限承载力降低的梯度越大。从联肢剪力墙的耦连比方面［图 6.20(b)］可知，单一的耦连比并没有明显的变化规律，若通过分段对比耦连比对极限承载力的影响，大致可总结为耦连比为 0.3～0.55，处于中位数位置的 0.487 左右的耦连比可使极限承载力达到最大，但耦连比的变化为 0.55～0.8 时则是处于相对偏小的 0.637 附近的耦连比可使极限承载力达到最大。

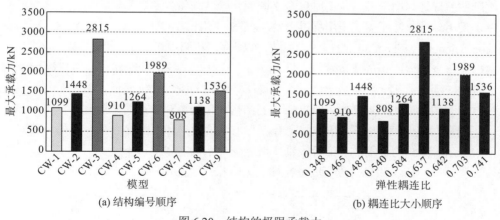

(a) 结构编号顺序　　　　　(b) 耦连比大小顺序

图 6.20　结构的极限承载力

6.5.5　结构刚度

1. 初始刚度

基于静力推覆分析的各结构的初始刚度如图 6.21 所示，本章中的初始刚度取结构承载力为极限承载力的 10%时对应的割线刚度。从图 6.21(a)可知，结构的初始刚度在墙肢高宽比的三个水平下都随连梁跨高比的减小而提高，且墙肢高宽比越小，初始刚度随连梁跨高比增大的梯度越大；而在连梁跨高比的三个水平下结构的初始刚度都随着墙肢高宽比的增大而降低，同时，连梁跨高比减小，初始刚度减小的梯度略有增大。从图 6.21(b) 可知，耦连比对于初始刚度的影响与对极限承载力的影响相似，在此不再赘述。

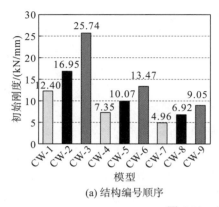
(a) 结构编号顺序

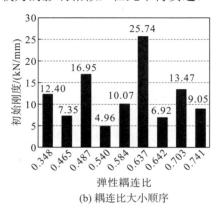
(b) 耦连比大小顺序

图 6.21　结构的初始刚度

2. 刚度退化

基于静力推覆分析的各结构的刚度退化曲线如图 6.22 所示。本章所述的刚度均指静力推覆曲线上各点的割线刚度。从图 6.22(a) 可知，结构的顶点位移角在达到 0.01 之前，各结构的刚度退化非常显著，而后期随着顶点位移角的持续增大，刚度退化不再明显，基本保持稳定。为了进一步挖掘各结构的刚度退化的变化趋势，需要选用合适的统计数据来衡量各结构退化刚度的差异性。由于各结构的刚度在不断变化，其均值也随之变化，则比较其变异程度不可以再采用标准差，而需要采用标准差与均值的比值来衡量刚度退化的差异性，即为变异系数(coefficient of variance，CV)。变异系数可以消除均值不同产生的差异影响，能够有效地反映数据在自身均值水平的离散程度。从图 6.22(b) 可知，各结构的顶点位移角达到 0.0017 之前的阶段，刚度退化变异系数急剧减小，说明各结构的刚度差异降低，这意味着原来刚度较大的结构的刚度退化更加严重，刚度较小的结构退化程度较低，而顶点位移角在 0.0017～0.005 的阶段，刚度退化变异系数骤然上升，与上一阶段呈相反变化趋势，另外，顶点位移角在 0.005～0.0025 的阶段，前半阶段刚度退化变异系数基本保持不变，后期也仅仅小幅度波动，说明各结构在这两个阶段刚度退化梯度大致相同，损伤情况基本相似。

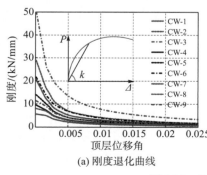
(a) 刚度退化曲线

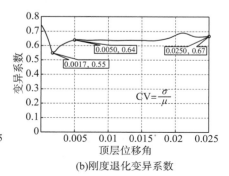
(b) 刚度退化变异系数

图 6.22　结构的刚度退化

6.5.6　结构位移

结构基于静力推覆分析的顶点位移从几何尺寸和弹性耦连比两个方面对比的结果如图 6.23 和图 6.24 所示。顶点位移的分析从结构的屈服位移角 $\varDelta_y$、极限位移角 $\varDelta_m$ 和位移延性来 μ_Δ 来判断，其中 $\mu_\Delta=\varDelta_m/\varDelta_y$。屈服位移点的判断采用等能量法，极限位移的判断以结构的承载力下降到极限承载力的 85%为准，如图 6.25 所示。

(a) 屈服位移角　(b) 极限位移角　(c) 位移延性

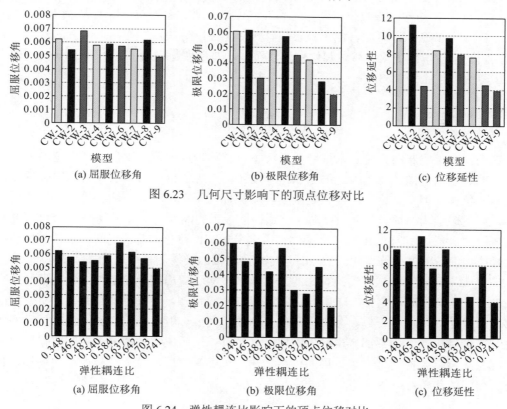

图 6.23　几何尺寸影响下的顶点位移对比

(a) 屈服位移角　(b) 极限位移角　(c) 位移延性

图 6.24　弹性耦连比影响下的顶点位移对比

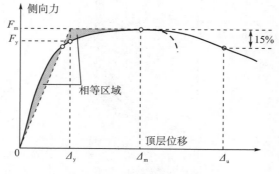

图 6.25　屈服位移和极限位移的定义

从图 6.23(a)可知各结构的屈服位移角相差不大，均在 0.0058 上下波动，这说明墙肢高宽比和连梁跨高比对结构的屈服位移角的影响不明显。从图 6.23(b)(c)可知，结构的极限位移角和位移延性的变化规律基本一致：墙肢高宽比在 3.35 和 4.85 的水平下，连梁跨高比为 5 时取得最大值，而墙肢高宽比为 6.35 的水平下，位移延性随着连梁跨高比的减小而降低；在连梁跨高比为 7 和 5 的水平下随着墙肢高宽比的增大而降低，但在连梁跨高比为 3 的水平下，墙肢高宽比为 5 时结构的位移延性最大。这表明墙肢高宽比不大的情况下，连梁跨高比宜处于中等水平，而墙肢高宽比很大时，连梁跨高比宜较大。从图 6.24(a)可知，结构的屈服位移角随着弹性耦连比的增大而先减小后增大，但差异并不明显。从图 6.24(b)(c)可知，由于极限位移角对延性起着决定性作用，两者的变化趋势相似，宏观来看，就极限位移角和位移延性而言，弹性耦连比为 0.348～0.584 的结构明显大于弹性耦连比为 0.637～0.741 的结构。

6.5.7 楼层变形

钢筋混凝土联肢剪力墙在水平荷载作用下以整体弯曲变形为主，各楼层弯曲变形转动产生的位移沿楼高从下到上逐层累积，本层转动产生的位移对本层而言是实际受力，称为有害位移，但对上部楼层而言是刚度转动，称为无害位移。邓明科等(2008)的研究表明，剪力墙结构的顶点位移角在防止倒塌性能水平的限值为 0.01，因此本节仅研究静力推覆至顶点位移角为 0.01 时的楼层侧移、名义层间位移角和有害层间位移角随楼层的变化规律，如图 6.26 所示。由图 6.26(a)可知，结构的楼层侧移均属于显著的弯曲变形。墙肢高宽比相同的结构在连梁跨高比的三个水平下楼层变形差异微小，这表明墙肢的高宽比对楼层的变形起决定性的作用。由图 6.26(b)(c)可知，名义层间位移角和有害层间位移角的变化规律很不一致。名义层间位移角的最大值一般位于结构的上部楼层，但实际工程中的结构通常为下部楼层发生破坏，这与有害层间位移角的最大层间位移角的分布情况更吻合，结构的最大有害层间位移角一般位于第二层，随着结构高度的增加，最大有害层间位移角有上移的趋势。

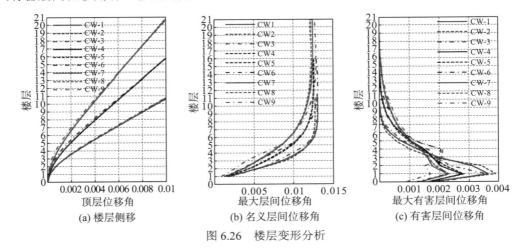

图 6.26 楼层变形分析

为进一步探究墙肢高宽比和连梁跨高比对结构变形的影响，同时鉴于有害层间位移角的最大层间位移角分布规律与实际工程中的剪力墙往往在下部楼层发生破坏的现象吻合，将图 6.26(c)中的有害层间位移角在墙肢高宽比三个水平下进行探究，如图 6.27 所示。从图 6.27 可知，在连梁跨高比为 7 和 5 的水平下，结构最大有害层间位移角都集中在第二层并随着墙肢高宽比的增大而减小，墙肢高宽比越大时沿楼层的有害层间位移角分布越均匀；在连梁跨高比为 3 的水平下，墙肢高宽比为 3.35 时，结构的最大有害层间位移角明显出现在第二层，但墙肢高宽比增加到 4.85 时，结构第二层到第五层的最大有害层间位移角相当，并没有出现显著的最大值，墙肢高宽比继续增大到 6.35 时，结构的最大有害层间位移角却出现在结构的第四层或第五层，底部的最大有害层间位移角明显减小，这表明连梁跨高比较小时结构的最大有害层间位移角出现的层数随着墙肢高宽比的增大而逐渐上移，若按照楼层高度比计算，最大有害层间位移角基本出现在结构高度的 20% 的楼层位置。

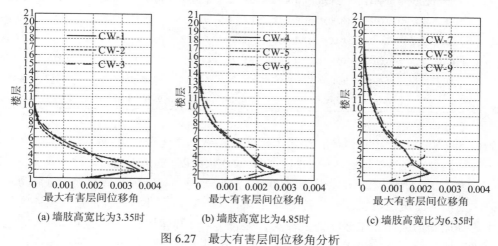

(a) 墙肢高宽比为3.35时　　　(b) 墙肢高宽比为4.85时　　　(c) 墙肢高宽比为6.35时

图 6.27　最大有害层间位移角分析

6.6　非线性动力时程分析

非线性动力时程分析采用的地震动原始加速度时程曲线及原始加速度反应谱参见附录 E。

6.6.1　顶点位移角

结构 CW-1～CW-9 在 7 条地震波作用下的顶点位移角的最大值如表 6.12 所示。从表 6.12 可知，9 个结构在 7 条地震波作用下的顶点位移角最大值中的最小值为 0.0018，最大值为 0.0074，后者为前者的 4.1 倍，可见结构几何尺寸的不同加上地震波的差异会使结构的非线性响应大相径庭，因此以各结构在 7 条地震波作用下的平均值作为结构地震动响应的参考值，其中结构 CW-3 的顶点位移角最大值的平均值为 0.0023，在所有结构中的响应最小，而结构 CW-7 的顶点位移角最大值的平均值为 0.0051，在所有结构中的响应最大，后者为前者的 2.2 倍。从静力推覆分析可知，结构 CW-3 的初始刚度为 25.74kN/mm，结构 CW-7 的初始刚度为 4.96 kN/mm，对于初始刚度而言，前者约是后者的 5.2 倍，这表明初始刚度较小的钢筋混凝土联肢剪力墙也会因为遭遇的地震作用强度相对更小、刚度退化程度相对更低使得动力响应减弱。

表 6.12　结构的顶点位移角最大值

		CW-1	CW-2	CW-3	CW-4	CW-5	CW-6	CW-7	CW-8	CW-9
编号	USA00641	0.0022	0.0025	0.0018	0.0033	0.0027	0.0026	0.0040	0.0026	0.0034
	USA00707	0.0028	0.0022	0.0024	0.0025	0.0023	0.0025	0.0053	0.0028	0.0023
	USA00721	0.0037	0.0031	0.0021	0.0064	0.0029	0.0029	0.0062	0.0054	0.0060
	USA02587	0.0045	0.0027	0.0024	0.0048	0.0035	0.0051	0.0046	0.0041	0.0040
	USA02617	0.0041	0.0026	0.0022	0.0072	0.0037	0.0037	0.0074	0.0054	0.0064
	人工波 1	0.0033	0.0031	0.0024	0.0038	0.0026	0.0034	0.0046	0.0033	0.0049
	人工波 2	0.0026	0.0022	0.0025	0.0036	0.0029	0.0020	0.0039	0.0033	0.0036
最小值		0.0022	0.0022	0.0018	0.0025	0.0023	0.0020	0.0039	0.0026	0.0023
最大值		0.0045	0.0031	0.0025	0.0072	0.0037	0.0051	0.0074	0.0054	0.0064
平均值		0.0033	0.0026	0.0023	0.0045	0.0029	0.0032	0.0051	0.0038	0.0044

为研究在整个时程中顶点位移角最大值随着墙肢高宽比和连梁跨高比的变化规律而绘制了各结构分别在 7 条地震波的作用下响应的柱状图以及响应均值的折线图，如图 6.28 所示。从图 6.28(a) 可以看出，墙肢高宽比在 3.35 的水平下，结构的最大顶点位移角随连梁跨高比的增大而缓慢增加；墙肢高宽比在 4.85 和 6.35 水平下，结构的最大顶点位移角随连梁跨高比的增大而先缓慢降低后升高。这表明墙肢高宽比中等或较大时，中等水平的连梁跨高比使得结构的最大顶点位移角最小，而墙肢高宽比较小时，连梁跨高比也宜较小。从图 6.28(b) 可以看出，结构的最大顶点位移角在连梁跨高比的三个水平下都随着墙肢高宽比的增大而增加，只是增加的梯度有所不同。

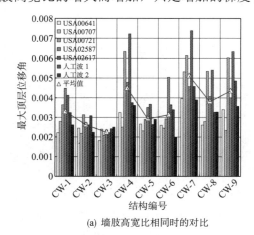
(a) 墙肢高宽比相同时的对比

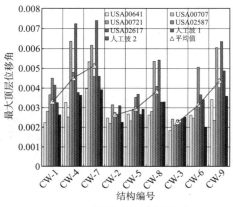
(b) 连梁跨高比相同时的对比

图 6.28　结构顶点位移角最大值的变化规律

6.6.2 层间位移角

随着建筑结构高度的增大，上部楼层无害位移的累积作用将逐步增加。根据《高层建筑混凝土结构技术规程》(JGJ 3—2010)的规定，建筑结构在水平地震作用下的楼层层间最大位移以楼层竖向构件最大的水平位移差计算，不扣除整体弯曲变形。因此，规范规定的层间位移是由楼层竖向构件受力变形产生的位移与下部楼层转动产生的刚体转动位移两部分组成，在此以名义层间位移表示。

非线性动力分析中各结构在 7 条地震波作用下的名义最大层间位移角平均值和最大有害层间位移角平均值如图 6.29 所示。通过图 6.29(a) 和图 6.29(b) 的对比可知，两类层间位移角的大小和沿结构高度上的分布差异都较大。结构的名义层间位移角沿楼高由下至上大致递增，最大值位于结构高度上部 1/4 范围内；但有害层间位移角由下至上呈现先增大后减小的趋势，最大值集中在结构的第二层。一般的高层建筑结构受力最大的部位往往是在结构的底部几层，剪力墙塑性区域也通常出现在结构底部，这与有害层间位移角的分布规律相似度更高，与静力推覆分析的结论一致。

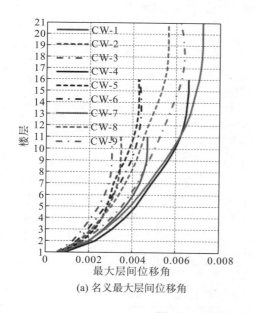
(a) 名义最大层间位移角

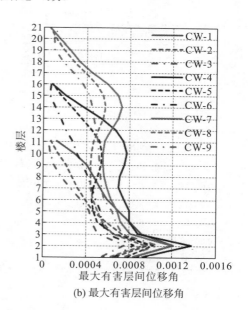
(b) 最大有害层间位移角

图 6.29 结构的最大层间位移角的对比

虽然结构的名义层间位移角和有害层间位移角沿楼层高度的分布差异很大，但墙肢高宽比和连梁跨高比对两类层间位移角却有着相似的影响规律。

墙肢高宽比在 3.35 的水平下，结构的两类层间位移角都随连梁跨高比的减小而降低；在墙肢高宽比为 4.85 的水平下，结构的两类层间位移角随连梁跨高比的减小先显著降低后基本保持不变；在墙肢高宽比为 6.35 的水平下，结构的两类层间位移角随连梁跨高比的减小先明显降低后又升高。这表明结构的墙肢高宽比中等或者较大时连梁跨高比处于中等水平下结构的变形最小,而墙肢高宽比较小时,连梁跨高比也宜较小,连梁跨高比对结构的影响随着墙肢高宽比的增大更加显著。

连梁跨高比在 7 和 5 的水平下,结构中下部楼层的两类层间位移角随着墙肢高宽比的增大变化较小,仅仅上部楼层随着墙肢高宽比的增大而略微增加,表明墙肢高宽比在连梁跨高比中等或者较大的水平下对结构的两类层间位移角基本无影响;连梁跨高比在 3 的水平下,结构的两类层间位移角随着墙肢高宽比的增大而增幅显著,这说明随着连梁跨高比的减小,墙肢高宽比对结构的影响更加明显。

表 6.13～表 6.15 给出了结构在非线性动力分析中的名义层间位移角和有害层间位移角的对比情况。从表中可知,只有结构第一层的名义层间位移角与有害层间位移角相等,而结构第二层的有害层间位移角的比重约占名义层间位移角的 60%,从结构第三层开始往上,有害层间位移角在名义层间位移角中所占的比重急剧减小。在墙肢高宽比为 3.35 的水平下,随着连梁跨高比的减小,有害层间位移角的比重逐渐降低,但在墙肢高宽比为 4.85 或者 6.35 的水平下,可以认为连梁跨高比对有害层间位移角在名义层间位移角中所占的比重没有影响。

表 6.13　结构 CW-1～CW-3 的最大层间位移角的对比

楼层	CW-1			CW-2			CW-3		
	名义	有害	比重/%	名义	有害	比重/%	名义	有害	比重/%
1	0.00086	0.00086	100.00	0.00068	0.00068	100.00	0.00055	0.00055	100.00
2	0.00204	0.00120	58.91	0.00160	0.00097	60.73	0.00127	0.00075	59.19
3	0.00271	0.00091	33.56	0.00222	0.00073	32.76	0.00175	0.00051	28.94
4	0.00321	0.00080	24.99	0.00263	0.00058	22.04	0.00211	0.00044	21.04
5	0.00366	0.00070	19.01	0.00293	0.00046	15.65	0.00246	0.00043	17.31
6	0.00404	0.00059	14.51	0.00315	0.00038	12.06	0.00273	0.00034	12.41
7	0.00434	0.00052	12.04	0.00332	0.00031	9.40	0.00291	0.00024	8.32
8	0.00454	0.00046	10.24	0.00342	0.00026	7.65	0.00302	0.00016	5.15
9	0.00465	0.00040	8.55	0.00346	0.00020	5.88	0.00306	0.00009	2.99
10	0.00468	0.00028	5.94	0.00347	0.00013	3.71	0.00305	0.00004	2.04
11	0.00468	0.00012	2.52	0.00346	0.00006	1.85	0.00302	0.00004	1.45

表 6.14　结构 CW-4～CW-6 的最大层间位移角的对比

楼层	CW-4			CW-5			CW-6		
	名义	有害	比重/%	名义	有害	比重/%	名义	有害	比重/%
1	0.00093	0.00093	100.00	0.00078	0.00078	100.00	0.00067	0.00067	100.00
2	0.00229	0.00137	59.86	0.00175	0.00102	58.34	0.00148	0.00084	56.99
3	0.00309	0.00088	28.35	0.00229	0.00065	28.50	0.00197	0.00059	29.98
4	0.00368	0.00080	21.71	0.00263	0.00050	19.08	0.00238	0.00054	22.78
5	0.00417	0.00079	19.05	0.00285	0.00046	16.24	0.00276	0.00053	19.05
6	0.00453	0.00074	16.43	0.00300	0.00045	14.93	0.00311	0.00049	15.66

楼层	CW-4			CW-5			CW-6		
	名义	有害	比重/%	名义	有害	比重/%	名义	有害	比重/%
7	0.00487	0.00069	14.21	0.00314	0.00047	14.83	0.00343	0.00045	12.99
8	0.00528	0.00070	13.32	0.00337	0.00050	14.78	0.00371	0.00041	10.98
9	0.00563	0.00075	13.27	0.00364	0.00053	14.60	0.00394	0.00036	9.12
10	0.00595	0.00077	12.89	0.00386	0.00054	13.95	0.00412	0.00031	7.52
11	0.00619	0.00074	11.94	0.00405	0.00052	12.81	0.00426	0.00026	6.16
12	0.00635	0.00066	10.39	0.00418	0.00044	10.53	0.00435	0.00020	4.65
13	0.00647	0.00053	8.26	0.00425	0.00035	8.22	0.00438	0.00016	3.62
14	0.00653	0.00036	5.56	0.00428	0.00025	5.90	0.00439	0.00010	2.34
15	0.00656	0.00020	3.05	0.00428	0.00015	3.62	0.00436	0.00006	1.28
16	0.00656	0.00008	1.17	0.00427	0.00008	1.89	0.00431	0.00007	1.56

表 6.15　结构 CW-7～CW-9 的最大层间位移角的对比

楼层	CW-7			CW-8			CW-9		
	名义	有害	比重/%	名义	有害	比重/%	名义	有害	比重/%
1	0.00084	0.00084	100.00	0.00063	0.00063	100.00	0.00076	0.00076	100.00
2	0.00200	0.00119	59.72	0.00154	0.00093	60.58	0.00180	0.00106	59.06
3	0.00276	0.00081	29.30	0.00215	0.00065	30.04	0.00249	0.00073	29.37
4	0.00337	0.00072	21.28	0.00261	0.00055	21.10	0.00305	0.00067	22.03
5	0.00388	0.00068	17.66	0.00302	0.00050	16.53	0.00351	0.00064	18.09
6	0.00433	0.00062	14.41	0.00336	0.00046	13.58	0.00389	0.00056	14.39
7	0.00475	0.00059	12.33	0.00367	0.00043	11.84	0.00423	0.00054	12.73
8	0.00511	0.00056	10.97	0.00394	0.00044	11.10	0.00451	0.00053	11.71
9	0.00549	0.00055	10.04	0.00417	0.00044	10.45	0.00477	0.00051	10.78
10	0.00584	0.00055	9.40	0.00437	0.00044	10.13	0.00501	0.00051	10.16
11	0.00618	0.00056	9.13	0.00454	0.00046	10.21	0.00525	0.00050	9.49
12	0.00645	0.00062	9.65	0.00472	0.00051	10.78	0.00548	0.00048	8.81
13	0.00665	0.00069	10.39	0.00493	0.00055	11.15	0.00569	0.00046	8.16
14	0.00679	0.00072	10.61	0.00515	0.00057	11.04	0.00587	0.00045	7.67
15	0.00691	0.00069	9.96	0.00533	0.00055	10.32	0.00608	0.00042	6.91
16	0.00704	0.00059	8.37	0.00547	0.00048	8.87	0.00624	0.00036	5.76
17	0.00713	0.00045	6.28	0.00556	0.00038	6.88	0.00633	0.00027	4.23
18	0.00719	0.00033	4.59	0.00561	0.00028	4.95	0.00637	0.00017	2.70
19	0.00721	0.00024	3.28	0.00563	0.00019	3.30	0.00636	0.00010	1.57
20	0.00721	0.00014	1.93	0.00563	0.00011	1.97	0.00630	0.00009	1.49
21	0.00721	0.00006	0.81	0.00563	0.00006	0.99	0.00620	0.00013	2.10

6.6.3　层剪力

结构在 7 条地震波作用下的最大楼层剪力响应平均值如图 6.30 所示。总体上，各结构的层剪力沿楼高均表现为从下到上逐渐减小。从图 6.30(a)(b)(c)可知，在墙肢高宽比的三个水平下结构的层剪力随连梁跨高比的变化规律类似，从图 6.30(d)(e)(f)可以看出，连梁跨高比从 7 减小到 5 的情况下结构的层剪力增长微小，而连梁跨高比从 5 减小到 3 的情况下结构的层剪力增大明显，这表明连梁跨高比在长连梁范畴内变化时对结构的层剪力影响较小，但连梁跨高比一旦减少到接近小跨高比范畴时，结构的层剪力增长显著，也说明了墙肢高宽比对结构的层剪力随连梁跨高比变化的规律基本没有影响。从图 6.30(d)(e)(f)可知，连梁跨高比在 5 和 7 的水平下结构的层剪力随着墙肢高宽比的增大变化甚微，而连梁跨高比为 3 的水平下结构的层剪力随着墙肢高宽比的增大而增长显著。

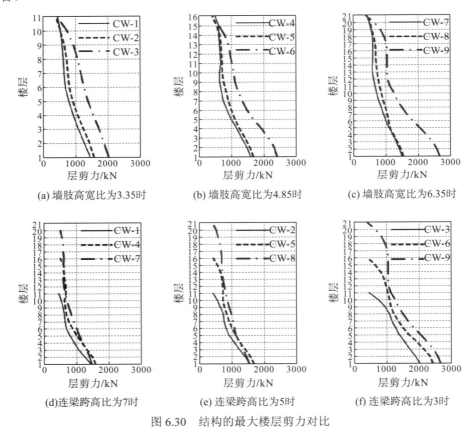

(a) 墙肢高宽比为3.35时　　　(b) 墙肢高宽比为4.85时　　　(c) 墙肢高宽比为6.35时

(d)连梁跨高比为7时　　　(e) 连梁跨高比为5时　　　(f) 连梁跨高比为3时

图 6.30　结构的最大楼层剪力对比

结构的基底剪力分别在墙肢高宽比和连梁跨高比不变时的对比如表 6.16 和表 6.17 所示。由表 6.16 可知，在墙肢高宽比不变时，结构的基底剪力随着连梁跨高比的减小而增大，特别是在连梁跨高比减少至 3 的水平时，处于墙肢高宽比为 3.35、4.85 和 6.35 水平下结构的层剪力分别增加了 39%、52%和 79%。由表 6.17 可知，连梁跨高比在 7 和 5 的水平下结构的基底剪力随着墙肢高宽比的增大先增加后减少，但幅度都很小，连梁跨高比为 3 的水平下结构的基底剪力随着墙肢高宽比的增大而增长明显。

表 6.16　墙肢高宽比不变时基底剪力的对比

编号	基底剪力/kN	相对值	编号	基底剪力/kN	相对值	编号	基底剪力/kN	相对值
CW-1	1447.9	1.00	CW-4	1592.9	1.00	CW-7	1480.3	1.00
CW-2	1561.9	1.08	CW-5	1685.2	1.06	CW-8	1528.7	1.03
CW-3	2008.6	1.39	CW-6	2415.5	1.52	CW-9	2655.7	1.79

表 6.17　连梁跨高比不变时基底剪力的对比

编号	基底剪力/kN	相对值	编号	基底剪力/kN	相对值	编号	基底剪力/kN	相对值
CW-1	1447.9	1.00	CW-2	1561.9	1.00	CW-3	2008.6	1.00
CW-4	1592.9	1.10	CW-5	1685.2	1.08	CW-6	2415.5	1.20
CW-7	1480.3	1.02	CW-8	1528.7	0.98	CW-9	2655.7	1.32

6.6.4　构件弯矩

结构中的连梁构件跨高比都大于 2.5 而且墙肢构件的高宽比也远大于 3，两类构件均以弯曲变形为主，因此在构件的内力分析中着重研究弯矩的分布规律。结构各层连梁的左、右端部最大弯矩在 7 条地震动作用下的均值沿楼层的分布如图 6.31 所示，各层左、右墙肢底部截面的最大弯矩沿楼层的分布如图 6.32 所示。连梁左、右端最大弯矩及各楼层左、右墙肢底部截面最大弯矩如表 6.18 所示。

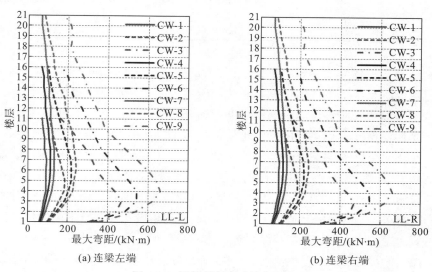

(a) 连梁左端　　　　　　　　　(b) 连梁右端

图 6.31　连梁端部最大弯矩对比

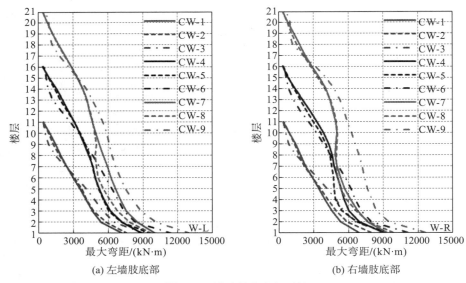

(a) 左墙肢底部   (b) 右墙肢底部

图 6.32 墙肢最大弯矩对比

表 6.18 构件的弯矩对比

结构	连梁左端			连梁右端			底部最大弯矩/(kN·m)	
	最大弯矩/(kN·m)	所在楼层	高度比/%	最大弯矩/(kN·m)	所在楼层	高度比/%	左墙肢	右墙肢
CW-1	93.4	7/11	0.64	93.2	7/11	0.64	7230.8	6865.7
CW-2	185.4	5/11	0.45	186.0	4/11	0.36	7670.9	7952.9
CW-3	471.1	3/11	0.27	469.3	3/11	0.27	9069.6	9141.6
CW-4	112.2	7/16	0.44	112.2	6/16	0.38	8914.8	9011.1
CW-5	218.2	6/16	0.38	218.2	6/16	0.38	9678.4	9320.1
CW-6	545.8	4/16	0.25	546.5	3/16	0.19	11464.3	11101.0
CW-7	131.4	7/21	0.33	131.4	7/21	0.33	10052.8	9304.3
CW-8	242.8	6/21	0.29	242.8	6/21	0.29	9735.6	9859.9
CW-9	662.9	4/21	0.19	663.5	4/21	0.19	13082.7	12641.0

由图 6.31 和表 6.18 可知,连梁跨高比和墙肢高宽比对结构各层连梁的弯矩影响显著。在墙肢高宽比的三个水平下,连梁左、右端部所承载的弯矩在整个楼层高度上都随着连梁跨高比的减小而增长明显,同时沿楼层高度的分布越来越不均匀,连梁最大弯矩所在的楼层号和楼层高度比率也逐渐降低,这使得中下部楼层的梁端弯矩增长明显。在连梁跨高比的三个水平下,连梁左、右端部所承载的弯矩在整个楼层高度上都随着墙肢高宽比的增大而增大,但连梁最大弯矩所在的楼层号基本保持不变而使得楼层高度比率降低。

由图 6.32 和表 6.18 可知,连梁跨高比和墙肢高宽比对结构各层墙肢弯矩沿楼层高度的分布模式影响很小,随着墙肢高宽比的增大,结构各层墙肢弯矩在整个楼层高度上都增加明显。从基底弯矩的对比可知,在墙肢高宽比的三个水平下,当连梁跨高比处于 7 或者 5 的水平时,墙肢的基底弯矩差距很小,但连梁跨高比降到 3 的水平时,墙肢的基底弯矩骤然增大。在连梁跨高比的三个水平下,墙肢的基底弯矩随着墙肢高宽比的增大而增大。

6.6.5　构件损伤

压弯破坏的钢筋混凝土结构构件的损坏可根据钢筋应变作为损伤的衡量标准。由于连梁和墙肢损伤程度差异较大，为了能够在同一图中同时直观地表示两种构件的损伤程度，采用同一色阶来区分，但连梁和墙肢在同一级色下对应着不同损坏程度，如表 6.19 所示。

表 6.19　基于钢筋应变的损伤衡量标准

损伤程度	钢筋应变		色阶
	连梁	墙肢	
1 级	$\varepsilon < \varepsilon_y$	$\varepsilon < 0.4\varepsilon_y$	
2 级	$\varepsilon_y < \varepsilon \leqslant 3.5\varepsilon_y$	$0.4\varepsilon_y < \varepsilon \leqslant 0.6\varepsilon_y$	
3 级	$3.5\varepsilon_y < \varepsilon \leqslant 8\varepsilon_y$	$0.6\varepsilon_y < \varepsilon \leqslant 0.8\varepsilon_y$	
4 级	$8\varepsilon_y < \varepsilon \leqslant 12\varepsilon_y$	$0.8\varepsilon_y < \varepsilon \leqslant \varepsilon_y$	
5 级	$\varepsilon > 12\varepsilon_y$	$\varepsilon > \varepsilon_y$	

由顶点位移的分析可知结构在地震波 USA2617 作用下墙肢高宽比和连梁跨高比的变化规律与各地震动平均值响应的变化规律最接近，具有代表性。因而着重研究结构在地震波 USA2617 作用下构件的损伤情况。各结构模型在地震波 USA2617 作用下以最外侧钢筋应变为衡量标准的构件损伤情况如图 6.33 所示。从图 6.33 中可知，在墙肢高宽比的

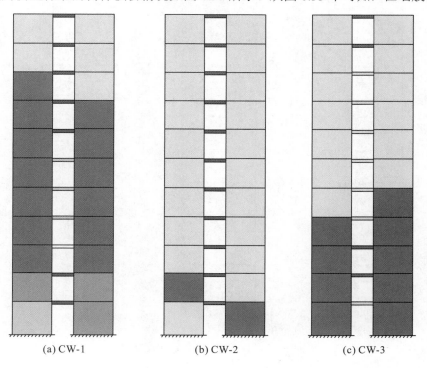

(a) CW-1　　　　　　(b) CW-2　　　　　　(c) CW-3

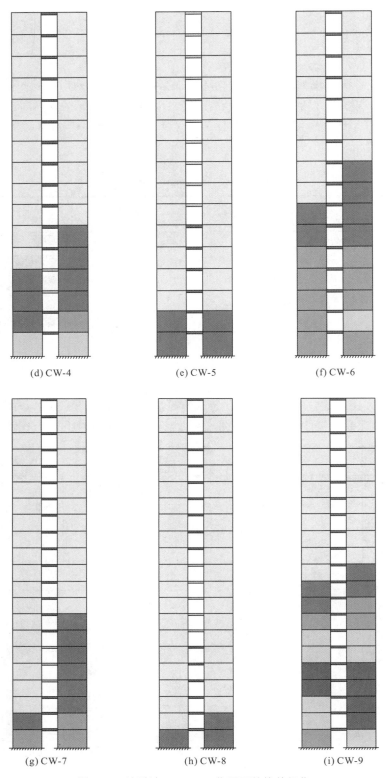

图 6.33　地震波 USA2617 作用下的构件损伤

三个水平下，随着连梁跨高比的减小，连梁的损伤程度明显减小，墙肢的损伤程度则是先减小后增大，在连梁跨高比为 5 的情况下墙肢的损伤相对最小。在连梁跨高比的三个水平下，随着墙肢高宽比的增大，连梁的损伤程度逐渐加深。从结构的弹性耦连比来看，在结构的弹性耦连比太小（0.348，CW-1）或者太大（0.741，CW-9）的情况下，结构的损伤相对最为严重，而结构的损伤程度在弹性耦连比处于 0.487～0.642 时相对较低。

6.7　基于 IDA 方法的结构地震易损性分析

6.7.1　增量动力分析

1. 增量动力分析方法和基本理论

增量动力分析（incremental dynamic analysis，IDA）的方法最早由 Bertero（1977）提出并试图了解逐级增大的地震作用对结构非线性响应的规律。Vamvatsikos 和 Cornell（2002）对增量动力分析法进行了系统的总结，奠定了该方法被系统地应用于研究分析的基础。IDA 的基本原理为通过对结构输入强度幅值逐渐增大的同一个地震动记录，对同一结构进行一系列非线性动力时程分析，从而获得结构在逐级放大的地震作用下的最大响应来研究结构的全过程损伤破坏模式，后续再更换地震动记录，得到一组 IDA 曲线，从而形成 IDA 曲线簇，通过对 IDA 曲线簇的统计分析来评价结构在不同地震水准下的抗震性能。IDA 将单次的非线性动力时程反应分析扩展为非线性增量动力分析，也被称为"动力推覆分析"。

IDA 曲线是结构损伤指标（damage measure，DM）与地震动强度指标（intensity measure，IM）的关系曲线，常用的结构损伤指标有顶层位移、层间位移、最大层间位移角和最大基底剪力等。常用的地震动强度指标有地面峰值加速度、地面峰值速度、阻尼比 5 %的结构基本周期对应的谱加速度和结构屈服强度系数 R 等。

IDA 方法的基本步骤如下：

(1) 创建合理的非线性计算模型，选择恰当特性和数量的地震动记录；

(2) 对某一条地震动记录实施单调调幅，获取调幅后的一组地震动记录；

(3) 输入第一级调幅下的地震动记录，进行非线性动力时程分析获取结构的最大响应，得到第一个 DM-IM 点；

(4) 继续计算下一级调幅地震动记录下结构的响应，得到第二个 DM-IM 点，依次逐级计算结构的响应，在结构的 IM 或 DM 达到规定的极限状态后停止；

(5) 变换地震动记录，重复(2)～(4)的过程，得到多条 DM-IM 曲线，即 IDA 曲线簇；

(6) 用 IDA 结果评估结构的抗震性能。

2. 地震地面运动的选择

IDA 曲线簇的获取需要对结构完成数次非线性动力时程分析，而结构的地震作用响应由结构自身的动力特性以及地震动特性共同决定，但由于地震动特性在空间和时间上的随机性远大于结构自身的动力特性，因而重点考虑地震动的随机性。IDA 方法的实现需要较多的实际地震动记录对结构进行增量非线性动力时程分析以反映地震动的随机特性，因此 IDA 结果的有效性跟所选地震动的特性紧密相关。对于中、高层建筑结构，在采用有效的地震强度指标的基础上，通常选用 10～20 条地震动记录就能达到结构抗震性能评估的精度需求。

FEMA P695 中对于结构在进行地震倒塌易损性分析时选取地震动记录的方法有以下建议。

（1）震级大于 6.5。震级较大的地震由于强震的持续时间更长、释放的能量更多而使建筑结构损伤更严重。

（2）应尽量选取走滑或逆冲断层的地震动记录，实际的强震记录也绝大多数是从这两类震源类型的地震中得到的。

（3）记录台站场地条件应尽量为软岩或硬土场地，类似于 II 类场地。

（4）记录台站以震中距 10km 作为近场地震和远场地震的分界线，应根据设计地震分组来选择。

（5）由于强震仪在震区各记录站分布不均，为了减少地震事件引起的差异性，在同一场地震中选取的地震动记录最好不超过 2 条。

（6）地震动记录的 PGA>0.2g 且 PGV>15cm/s。该指标限制一般可以达到结构损伤的阈值。

根据上述选取原则，从 FEMA P695 在 PEER（Pacific Earthquake Engineering Research Center，太平洋地震工程研究中心）的 NGA（next generation of ground-motion attenuation model，下一代衰减模型）地震动数据库所选取的远场地震动记录中筛选了 16 条地震动记录作为 IDA 所采用的地震动记录，将所选取的各地震动反应谱起始点统一化后与规范设计反应谱的对比如图 6.34 所示。由图可见，结构的 IDA 研究所选取的地震动记录的平均反应谱和规范设计反应谱在统计意义上相符，地震动的基本信息见表 6.20，各地震动记录调幅前加速度时程曲线见附录 F。

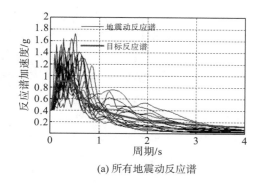
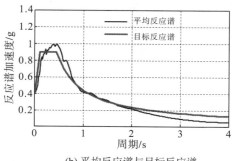

(a) 所有地震动反应谱　　　　　　　　　(b) 平均反应谱与目标反应谱

图 6.34　IDA 地震动的反应谱曲线对比

表 6.20　IDA 地震动记录

编号	NGA 编号	震级	PGA/g	步长/s	持时/s	震中距/km	地震名称	记录台站	记录分量	震源类型
1	960	6.7	0.48	0.01	19.99	26.5	Northridge, USA	Canyon Country-WLC	NORTHR/LOS270	逆冲断层
2	1602	7.1	0.82	0.01	55.9	41.3	Duzce,Turkey	Bolu	DUZCE/BOL090	走滑断层
3	1787	7.1	0.34	0.01	45.3	26.5	Hector Mine, USA	Hector	HECTOR/HEC000	走滑断层
4	174	6.5	0.38	0.005	39.04	29.4	Imperial Valley, USA	EI Centro Array #11	IMPVALL/H-E11230	走滑断层
5	1111	6.5	0.51	0.01	41	8.7	Kobe, Japan	Nishi-Akashi	KOBE/NIS000	走滑断层
6	1116	6.9	0.21	0.01	41	46.0	Kobe, Japan	Shin-Osaka	KOBE/SHI090	走滑断层
7	1158	7.5	0.36	0.01	27.2	98.2	Kocaeli, Turkey	Duzce	KOCAELI/DZC180	走滑断层
8	848	7.3	0.42	0.003	33.56	82.1	Landers, USA	Coolwater	LANDERS/CLW-TR	走滑断层
9	752	6.9	0.44	0.01	40	9.8	Loma Prieta, USA	Capitola	LOMAP/CAP000	走滑断层
10	767	6.9	0.37	0.01	40	31.4	Loma Prieta, USA	Gilroy Array #3	LOMAP/GO30090	走滑断层
11	1633	7.4	0.5	0.02	36.4	40.4	Manjil,Iran	Abbar	MANJIL/ABBAR-T	走滑断层
12	721	6.5	0.26	0.005	40	35.8	Superstition Hills, USA	EI Centro Imp. Co.	SUPERST/B-ICC090	走滑断层
13	725	6.5	0.3	0.01	22.3	11.2	Superstition Hills, USA	Poe Road (temp)	SUPERST/B-POE270	走滑断层
14	829	7.0	0.55	0.02	36	22.7	Cape Mendocino, USA	Rio Dell Overpass	CAPEMEND/RIO270	逆冲断层
15	1485	7.6	0.51	0.01	90	77.5	Chi-Chi, China	TCU045	CHICHI/TCU045-N	逆冲断层
16	125	6.5	0.31	0.01	36.4	20.2	Friuli, Italy	Tolmezzo	FRIULI/A-TMZ270	逆冲断层

3. 地震动强度和结构损伤指标的选取

IDA 方法是将输入到结构的初始地震动加速度进行调幅，再以调幅后的一系列逐步增大的地震动对结构实施非线性动力时程分析，获取相应的 IDA 曲线，因此采用 IDA 方法需要选取有效的地震动强度指标和结构损伤指标。

通常采用的地震动强度指标有地面峰值加速度（peak ground acceleration，PGA）、阻尼比为 5%的结构基本周期对应的谱加速度 $S_a(T_1, 5\%)$ 以及峰值速度（peak ground velocity，PGV）等。PGA 指标对短周期结构的相关性较高，但对于中、高层建筑结构的非线性时程分析结果会产生较大的离散性；PGV 指标在结构较大周期范围内，尤其在中、长周期范围内的地震响应相关程度较高，但该指标与我国抗震规范所采用的 PGA 指标的对应换算关系还需进一步研究；$S_a(T_1, 5\%)$ 指标在结构的短周期内相比 PGA 指标的相关程度有所降低，但中、长周期内与 PGV 指标一样相关程度较高。根据周颖等(2013)对高层建筑结构采用 IDA 方法的地震动强度参数研究表明，高层结构采用地震动强度 $S_a(T_1, 5\%)$ 指标比采用 PGA 指标进行 IDA 研究更加有效。

结构损伤指标一般有结构的顶点位移、最大基底剪力、最大层间位移角以及滞回耗能等。对于框架结构的 IDA 研究一般采用能够反映结构梁、柱和节点综合变形的最大层间位移角作为结构损伤指标，但根据邓明科等(2008)对于剪力墙结构目标层间位移的研究表明，以整体弯曲变形为主的剪力墙结构上部楼层在水平地震作用下的刚体位移所占的比重较大，不宜直接采用规范所给的名义层间位移角作为破坏程度的代表，而推荐采用有害层间位移角和顶点位移角两个指标来控制剪力墙结构的变形。另外，结构在水平荷载作用下的侧移变形会逐步增大，过大的侧移可能会导致非结构构件开裂损坏，可能会使电梯井变形而不能正常运行，甚至因 P-Δ 效应使结构的附加内力增加，最终因侧移与附加内力的恶性循环致使结构倒塌，在高层建筑中此现象更加严重，因而对结构顶点位移的控制尤为重要。

本章的研究对象是中、高层混凝土联肢剪力墙结构，鉴于结构的基本自振周期处于中、长周期的范围内而且变形以整体弯曲为主，因而采用阻尼比为 5% 的结构基本周期对应的谱加速度 $S_a(T_1, 5\%)$ 作为地震动强度指标，结构的顶点位移作为结构损伤指标，并采用有害层间位移角和顶点位移角两个参数来划分结构的性能水平。

4. 增量动力时程曲线的绘制与统计

一条 IDA 曲线只能代表某一地震动作用下结构的非线性反应，但地震动具有极大的随机性，使得单一的 IDA 曲线没有代表性，不能有效地预测结构在地震作用下的非线性行为。因此，通常采用多条地震动来获取 IDA 曲线簇，再对 IDA 曲线簇的结果进行统计分析，得到结构的地震响应特性。将 IDA 曲线簇通过分位数回归方法分别得到 16%、50%、84% 三条分位数曲线以表征 IDA 曲线簇的离散性和均值，并计算各地震动强度下结构损伤指标的对数标准差以研究结构的基本自振周期对 IDA 曲线的影响。

结构的 IDA 曲线以结构损伤指标 θ_{top} 为横坐标，地震动强度指标 $S_a(T_1, 5\%)$ 为纵坐标，IDA 曲线簇由 16 条地震波输入到结构所得到的 IDA 曲线组成，各结构的 IDA 簇和分位数曲线如图 6.35 所示。

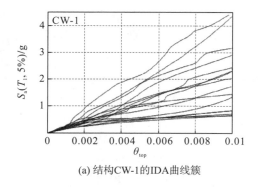

(a) 结构CW-1的IDA曲线簇

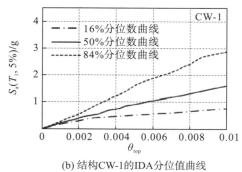

(b) 结构CW-1的IDA分位值曲线

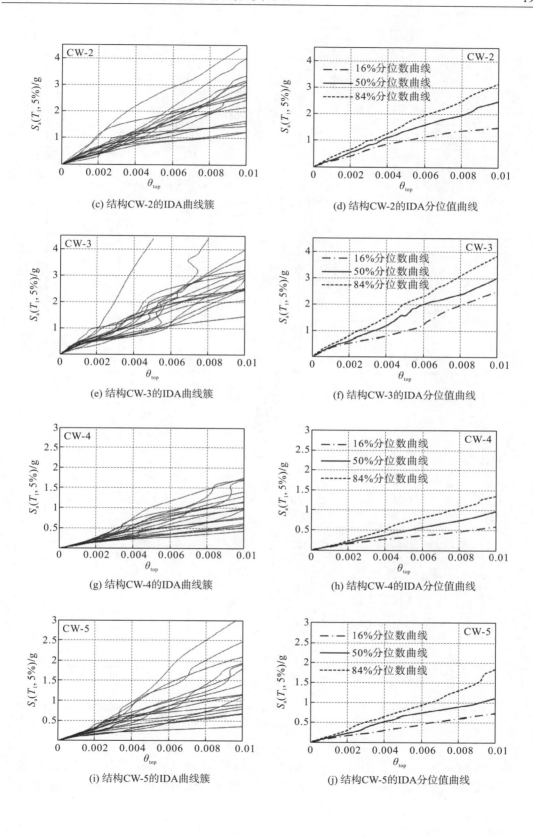

(c) 结构CW-2的IDA曲线簇

(d) 结构CW-2的IDA分位值曲线

(e) 结构CW-3的IDA曲线簇

(f) 结构CW-3的IDA分位值曲线

(g) 结构CW-4的IDA曲线簇

(h) 结构CW-4的IDA分位值曲线

(i) 结构CW-5的IDA曲线簇

(j) 结构CW-5的IDA分位值曲线

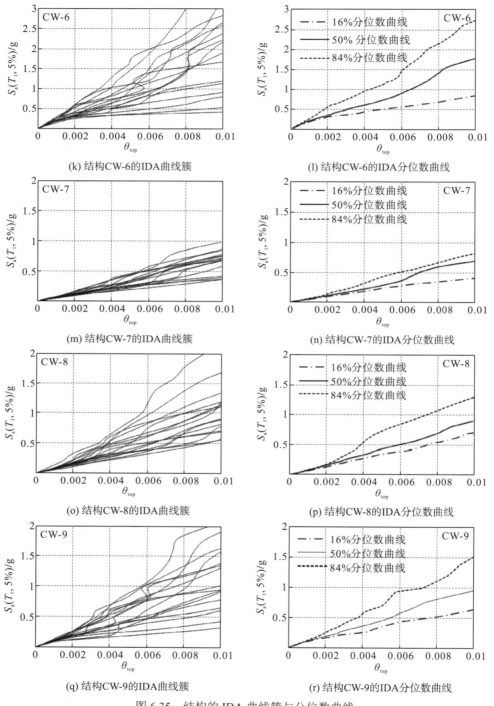

图 6.35　结构的 IDA 曲线簇与分位数曲线

由图 6.35 可知，结构在不同地震动作用下的位移响应差异显著，图中的 IDA 曲线随着地震动强度提高的变化趋势基本可以分为软化型、过度软化型和硬化型。软化型的 IDA 曲线表现为随着地震动强度增大，曲线斜率明显下降，顶点位移角一直急剧增大；过度软化型的 IDA 曲线则在前期基本保持初始刚度，而中期开始斜率明显下降；硬化型的 IDA 曲线随着地震动强度的增大，曲线斜率增大并伴随着"震荡"的现象。结构损伤累积发生的位置控制着 IDA 曲线的变化趋势，结构损伤累积发生部位可能固定不变、略有交叉或者严重交叉，其分布得越分散，抗震能力越强。结构中连梁跨高比较小的结构由于连梁刚度较大，墙肢和连梁的耦合作用较强使得结构的 IDA 曲线中产生了较多的硬化型曲线。

各结构的 50% 分位数曲线如图 6.36 所示，随着损伤的增加，各结构所承受的地震动强度近似线性提高，地震动强度提高的梯度随着连梁跨高比的减小或者墙肢高宽比的减小不断上升，其中墙肢高宽比的影响最显著。

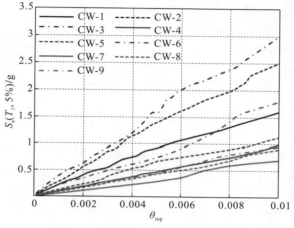

图 6.36　结构的 50% 分位数曲线对比

地震动强度条件下的结构损伤通常被假定符合对数正态分布，因此结构损伤相对于地震动强度的条件对数标准差平均值可以用来区分曲线的离散型。通过结构的 IDA 曲线簇可以得到多条地震动在各强度水准下对应的结构顶点位移角，再将这组结构的顶点位移角值取对数，并获取在同一强度水准下结构顶点位移角的对数标准差，通过一一对应的地震动强度值与对数标准差可得到各地震动强度条件下的结构损伤对数标准差的曲线图。地震动强度指标为 $S_{\mathrm{a}}(T_1, 5\%)$，结构损伤指标为 θ_{top}，因而采取上述方法所得的是 $S_{\mathrm{a}}(T_1, 5\%)$ 条件下 θ_{top} 的对数标准差，各结构的对数标准差曲线图如图 6.37 所示，图中虚线表示对数标准差的平均值。

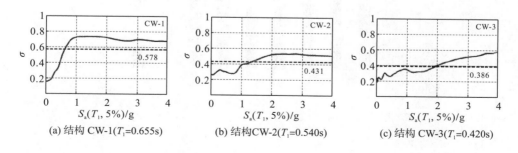

(a) 结构 CW-1(T_1=0.655s)　　　(b) 结构 CW-2(T_1=0.540s)　　　(c) 结构 CW-3(T_1=0.420s)

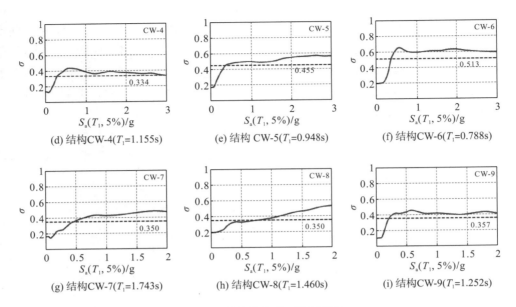

图 6.37　结构的条件对数标准差

从图 6.37 可知,无论是从连梁跨高比还是墙肢高宽比的各水平来看,结构的连梁跨高比和墙肢高宽比对 $S_a(T_1,5\%)$ 条件下 θ_{top} 的对数标准差的影响存在严重的相互影响,不存在统一的变化趋势。

结构的基本自振周期对 $S_a(T_1,5\%)$ 条件下 θ_{top} 的对数标准差的影响规律如图 6.38 所示。由图可知,该对数标准差随着结构的基本自振周期呈现先增大后减小再保持稳定的趋势。结构的基本自振周期在 0.655s 时对数标准差最大,离散程度最高,但该对数标准差在结构的基本自振周期大于 1s 以后均较小并且趋于稳定,维持在 0.35 左右,IDA 曲线离散性较小。

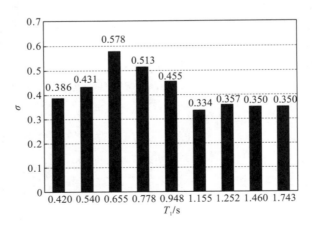

图 6.38　不同基本周期下的条件对数标准差对比

6.7.2　结构地震易损性分析

1. 地震易损性分析方法和基本理论

建筑结构地震易损性(seismic fragility)表示结构在强度逐步增大的地震作用下达到或者超过某一极限状态的条件概率，是对结构极限状态概率分布的描述，通常以地震易损性曲线来表示。结构地震易损性从概率的角度定量地表示了建筑结构的抗震性能，体现了地震动的强度与结构的破坏程度的关系，对结构的抗震设计和维修加固的决策都具有重要的指导意义。结构地震易损性分析是基于性能的地震工程中重要的研究内容，也是工程项目的全生命周期成本优化的重点环节，在新一代结构工程领域具有广阔的应用前景。

由于建筑结构的增量动力分析计算得到的是结构在逐步增大的地震动强度作用下的响应，而结构地震易损性分析的目的是获取结构在强度逐步放大的地震作用下结构达到或超过某一极限状态的条件概率，因而基于增量动力分析的结果，结合定义的极限状态可以获得结构的地震易损性。

基于 IDA 的地震易损性分析步骤为：

(1)选择恰当的材料本构和构件单元，建立结构的非线性分析模型；

(2)筛选在统计意义上符合结构所处场地地震危险性的地震动记录，并选择地震动强度指标和结构损伤指标，按前文所述的步骤进行 IDA 计算，从而得到结构的 IDA 曲线簇；

(3)量化不同水准的极限状态与结构损伤指标之间的关系，得到用结构损伤指标表示的极限状态；

(4)基于频率的统计方法计算结构在不同强度地震动作用下结构的动力响应超过某一极限状态 LS_i 的概率，即 $P\left[\mathrm{LS}_i|\mathrm{IM}=\mathrm{im}\right]=N_{\mathrm{LS}}/N_{\mathrm{total}}$，$N_{\mathrm{LS}}$ 表示在强度 IM=im 的地震作用下结构的响应超过极限状态 LS_i 的地震动数量，N_{total} 表示输入结构中的总地震动数量；

(5)增大地震动强度以得到结构在强度逐步提高的地震作用下结构的动力响应超过某一极限状态 LS_i 的概率，以 IM 为横坐标，$P\left[\mathrm{LS}_i|\mathrm{IM}=\mathrm{im}\right]$ 为纵坐标，通过对数正态分布函数对离散数据点进行拟合获取连续变化的结构地震易损性曲线；

(6)根据结构地震易损性曲线判别结构在强度逐步放大的地震作用下超过某一极限状态 LS_i 的概率，即该极限状态下的失效概率。

2. 结构性能水平限值的确定

不同的结构体系有着不同的性能水平划分标准，本章研究的对象为混凝土联肢剪力墙，建筑结构的性能水平一般分为使用良好、功能正常、功能中断、生命安全和防止倒塌五个水平。为了与我国抗震规范依然遵循的"小震不坏、中震可修和大震不倒"的三水准设防相一致，参照剪力墙结构变形控制指标的理论分析和试验结果，以结构的最大顶点位移角(θ_{Tmax})和最大有害层间位移角(θ_{Dmax})两个指标为量化标准并从严控制变形，将结构的性能分为使用良好、功能中断和防止倒塌三个水平，如表 6.21 所示。

表 6.21 结构模型的性能水平划分

	使用良好	功能中断	防止倒塌
极限状态	Level 1	Level 2	Level 3
θ_{Tmax} 限值	1/1000	1/250	1/100
θ_{Dmax} 限值	1/1000	1/500	1/150

3. 结构变形指标的关系

结构的性能水平以最大顶点位移角和最大有害层间位移角两个指标同时为量化标准，研究两者哪一个是主要对结构变形起控制作用的指标具有重要价值。因此本节研究了结构在静力作用下、罕遇地震水准的地震作用下以及结构达到防止倒塌性能水平对应的地震动作用下两个变形指标的关系。

各结构在静力作用下最大顶点位移角达到 0.01 时的最大有害层间位移角如表 6.22 所示。从表中可知，结构在该状态下达到的顶点位移角至少为有害层间位移角的 2.57 倍，说明在静力分析中对结构的变形起控制作用的指标为顶点位移角。

表 6.22 顶点位移角为 0.01 状态下静力推覆分析的变形指标对比

指标	CW-1	CW-2	CW-3	CW-4	CW-5	CW-6	CW-7	CW-8	CW-9
θ_{Tmax}	0.0100	0.0100	0.0100	0.0100	0.0100	0.0100	0.0100	0.0100	0.0100
θ_{Dmax}	0.0036	0.0039	0.0036	0.0027	0.0028	0.0023	0.0023	0.0023	0.0021
比值	2.74	2.57	2.80	3.64	3.54	4.41	4.39	4.27	4.73

各结构在罕遇地震作用的非线性动力时程分析中最大顶点位移角和最大有害层间位移角的对比如表 6.23～表 6.25 所示。从这组表中可知，结构在该状态下达到的最大顶点位移角平均值至少为最大有害层间位移角平均值的 2.73 倍。另外，所有结构在各条地震动作用下两个指标的最小比值也达到 2.26，这说明结构在遭遇罕遇地震作用下对其变形起控制作用的指标也为最大顶点位移角。

表 6.23 结构 CW-1～CW-3 在罕遇地震作用下变形指标的对比

		CW-1			CW-2			CW-3		
		θ_{Tmax}	θ_{Dmax}	比值	θ_{Tmax}	θ_{Dmax}	比值	θ_{Tmax}	θ_{Dmax}	比值
地震动编号	USA00641	0.0022	0.0008	2.75	0.0025	0.0010	2.50	0.0018	0.0006	3.00
	USA00707	0.0028	0.0011	2.55	0.0022	0.0008	2.75	0.0024	0.0008	3.00
	USA00721	0.0037	0.0012	3.08	0.0031	0.0011	2.82	0.0021	0.0007	3.00
	USA02587	0.0045	0.0017	2.65	0.0027	0.0011	2.45	0.0024	0.0008	3.00
	USA02617	0.0041	0.0016	2.56	0.0026	0.0010	2.60	0.0022	0.0008	2.75
	人工波 1	0.0033	0.0010	3.30	0.0031	0.0010	3.10	0.0024	0.0008	3.00
	人工波 2	0.0026	0.0010	2.60	0.0022	0.0008	2.75	0.0025	0.0008	3.13
最小值		—	—	2.55	—	—	2.45	—	—	2.75
均值		—	—	2.78	—	—	2.71	—	—	2.98

表 6.24　结构 CW-4～CW-6 在罕遇地震作用下变形指标的对比

		CW-4			CW-5			CW-6		
		θ_{Tmax}	θ_{Dmax}	比值	θ_{Tmax}	θ_{Dmax}	比值	θ_{Tmax}	θ_{Dmax}	比值
地震动编号	USA00641	0.0033	0.0011	3.00	0.0027	0.0009	3.00	0.0026	0.0008	3.25
	USA00707	0.0025	0.0011	2.27	0.0023	0.0008	2.88	0.0025	0.0006	4.17
	USA00721	0.0064	0.0016	4.00	0.0029	0.0011	2.64	0.0029	0.0007	4.14
	USA02587	0.0048	0.0015	3.20	0.0035	0.0012	2.92	0.0051	0.0012	4.25
	USA02617	0.0072	0.0019	3.79	0.0037	0.0012	3.08	0.0037	0.0010	3.70
	人工波 1	0.0038	0.0011	3.45	0.0026	0.0009	2.89	0.0034	0.0009	3.78
	人工波 2	0.0036	0.0013	2.77	0.0029	0.0010	2.90	0.0020	0.0006	3.33
最小值		—	—	2.27	—	—	2.64	—	—	3.25
均值		—	—	3.21	—	—	2.90	—	—	3.80

表 6.25　结构 CW-7～CW-9 在罕遇地震作用下变形指标的对比

		CW-7			CW-8			CW-9		
		θ_{Tmax}	θ_{Dmax}	比值	θ_{Tmax}	θ_{Dmax}	比值	θ_{Tmax}	θ_{Dmax}	比值
地震动编号	USA00641	0.0040	0.0011	3.64	0.0026	0.0007	3.71	0.0034	0.0008	4.25
	USA00707	0.0053	0.0013	4.08	0.0028	0.0009	3.11	0.0023	0.0008	2.88
	USA00721	0.0062	0.0012	5.17	0.0054	0.0011	4.91	0.0060	0.0011	5.45
	USA02587	0.0046	0.0011	4.18	0.0041	0.0009	4.56	0.0040	0.0009	4.44
	USA02617	0.0074	0.0018	4.11	0.0054	0.0013	4.15	0.0064	0.0013	4.92
	人工波 1	0.0046	0.0015	3.07	0.0033	0.0009	3.67	0.0049	0.0016	3.06
	人工波 2	0.0039	0.0009	4.33	0.0033	0.0007	4.71	0.0036	0.0009	4.00
最小值		—	—	3.07	—	—	3.11	—	—	2.88
均值		—	—	4.08	—	—	4.12	—	—	4.14

　　为进一步探究结构在动力作用下达到较大变形时最大顶点位移角和最大有害层间位移角的关系,重点分析了 IDA 计算中各结构达到防止倒塌性能水平时的楼层变形,各结构在该状态下最大有害层间位移角沿楼高的分布如图 6.39 所示。

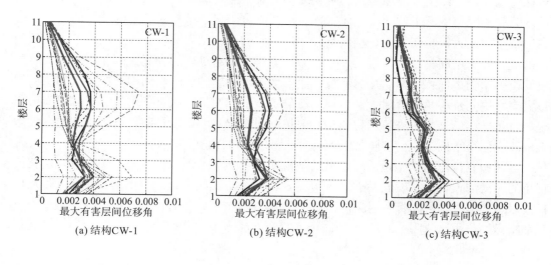

(a) 结构CW-1　　　　　　　(b) 结构CW-2　　　　　　　(c) 结构CW-3

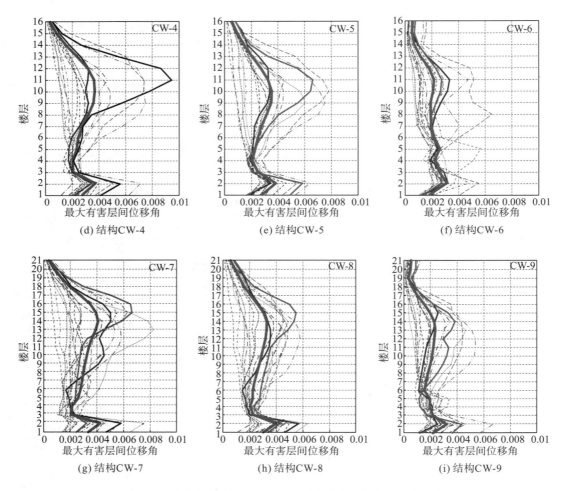

图 6.39　防止倒塌水准地震动作用下最大有害层间位移角分布

通过静力推覆分析、动力时程分析和 IDA 计算的三类工况下最大有害层间位移角的对比可知，由于结构高阶振型的影响使得动力分析工况下得到的最大有害层间位移角沿楼高分布和静力工况下的分布差异明显。与在静力工况下结构只有下部楼层的最大有害层间位移角较大，损伤集中在楼层下部情况不同的是，动力分析工况下结构中、下部楼层的最大有害层间位移角均较大，损伤分布更均匀，不过楼层中起控制作用的最大有害层间位移角仍都保持在第二层。另外，随着地震动强度的激增，结构在中、上部楼层的最大有害层间位移角显著增大，值得注意的是，虽然在当前状态下中、上部楼层尚未出现超过第二层的最大有害层间位移角，但按照现有的趋势可以推断地震动强度的继续增大可能会使得结构中、上部楼层成为最大有害层间位移角的控制层。

各结构在性能达到防止倒塌水准的地震动作用下最大顶点位移角和最大有害层间位移角的对比如表 6.26～表 6.28 所示。从这组表可知，结构在该状态下达到的最大顶点位移角平均值至少为最大有害层间位移角平均值的 2.65 倍，所有结构在各条地震动作用下两个指标的最小比值为 1.09。另外，由本章的性能水平划分标准可知在防止倒塌性能状态下的最大顶点位移角与最大有害层间位移角的比值高于 1.5 时的变形控制指标为最大顶点位移角,反之为最大有害层间位移角。在这一性能状态下的 144 次非线性动力时程分析中有 138 次的变形控制指标为最大顶点位移角,即分析中 95.8%的工况下都是以最大顶点位移角作为结构的变形限值,而仅仅 4.2%的工况下才以最大有害层间位移角作为结构的变形限值,这说明以最大顶点位移角作为对变形起控制作用的指标在结构性能达到防止倒塌水平时是合理的。

表 6.26　结构 CW-1～CW-3 在防止倒塌水准地震作用下变形指标的对比

		CW-1			CW-2			CW-3		
		θ_{Tmax}	θ_{Dmax}	比值	θ_{Tmax}	θ_{Dmax}	比值	θ_{Tmax}	θ_{Dmax}	比值
地震动编号	1	0.0098	0.0037	2.65	0.0096	0.0040	2.40	0.0100	0.0030	3.33
	2	0.0100	0.0034	2.94	0.0107	0.0042	2.55	0.0116	0.0041	2.83
	3	0.0112	0.0040	2.80	0.0099	0.0040	2.48	0.0106	0.0044	2.41
	4	0.0102	0.0040	2.55	0.0101	0.0039	2.59	0.0100	0.0028	3.57
	5	0.0104	0.0045	2.31	0.0104	0.0045	2.31	0.0109	0.0032	3.41
	6	0.0096	0.0036	2.67	0.0101	0.0038	2.66	0.0097	0.0032	3.03
	7	0.0132	0.0054	2.44	0.0122	0.0055	2.22	0.0101	0.0034	2.97
	8	0.0108	0.0017	6.35	0.0106	0.0016	6.63	0.0110	0.0021	5.24
	9	0.0098	0.0037	2.65	0.0105	0.0039	2.69	0.0090	0.0034	2.65
	10	0.0129	0.0049	2.63	0.0098	0.0043	2.28	0.0113	0.0055	2.05
	11	0.0123	0.0048	2.56	0.0107	0.0050	2.14	0.0106	0.0044	2.41
	12	0.0167	0.0069	2.42	0.0122	0.0052	2.35	0.0092	0.0038	2.42
	13	0.0113	0.0038	2.97	0.0099	0.0030	3.30	0.0105	0.0027	3.89
	14	0.0102	0.0074	1.38	0.0098	0.0050	1.96	0.0069	0.0028	2.46
	15	0.0107	0.0047	2.28	0.0098	0.0041	2.39	0.0095	0.0032	2.97
	16	0.0100	0.0057	1.75	0.0098	0.0043	2.28	0.0105	0.0037	2.84
最小值		—	—	1.38	—	—	1.96	—	—	2.05
均值		—	—	2.71	—	—	2.70	—	—	3.03

表 6.27　结构 CW-4～CW-6 在防止倒塌水准地震作用下变形指标的对比

		CW-4			CW-5			CW-6		
		θ_{Tmax}	θ_{Dmax}	比值	θ_{Tmax}	θ_{Dmax}	比值	θ_{Tmax}	θ_{Dmax}	比值
地震动编号	1	0.0099	0.0034	2.91	0.0097	0.0034	2.85	0.0111	0.0033	3.36
	2	0.0103	0.0068	1.51	0.0103	0.0060	1.72	0.0100	0.0025	4.00
	3	0.0098	0.0032	3.06	0.0099	0.0034	2.91	0.0109	0.0024	4.54
	4	0.0101	0.0040	2.53	0.0115	0.0046	2.50	0.0104	0.0030	3.47
	5	0.0106	0.0032	3.31	0.0109	0.0034	3.21	0.0100	0.0048	2.08
	6	0.0101	0.0030	3.37	0.0102	0.0033	3.09	0.0099	0.0027	3.67
	7	0.0099	0.0021	4.71	0.0098	0.0031	3.16	0.0099	0.0028	3.54
	8	0.0096	0.0047	2.04	0.0100	0.0045	2.22	0.0117	0.0027	4.33

续表

		CW-4			CW-5			CW-6		
		θ_{Tmax}	θ_{Dmax}	比值	θ_{Tmax}	θ_{Dmax}	比值	θ_{Tmax}	θ_{Dmax}	比值
地震动编号	9	0.0103	0.0095	1.08	0.0099	0.0066	1.50	0.0103	0.0027	3.81
	10	0.0122	0.0034	3.59	0.0114	0.0032	3.56	0.0117	0.0032	3.66
	11	0.0094	0.0028	3.36	0.0106	0.0027	3.93	0.0096	0.0029	3.31
	12	0.0130	0.0031	4.19	0.0106	0.0027	3.93	0.0188	0.0057	3.30
	13	0.0104	0.0035	2.97	0.0102	0.0038	2.68	0.0108	0.0027	4.00
	14	0.0113	0.0074	1.53	0.0105	0.0078	1.35	0.0101	0.0065	1.55
	15	0.0100	0.0049	2.04	0.0103	0.0044	2.34	0.0098	0.0031	3.16
	16	0.0122	0.0075	1.63	0.0105	0.0075	1.40	0.0086	0.0047	1.83
最小值		—	—	1.08	—	—	1.35	—	—	1.55
均值		—	—	2.74	—	—	2.65	—	—	3.35

表 6.28　结构 CW-7～CW-9 在防止倒塌水准地震作用下变形指标的对比

		CW-7			CW-8			CW-9		
		θ_{Tmax}	θ_{Dmax}	比值	θ_{Tmax}	θ_{Dmax}	比值	θ_{Tmax}	θ_{Dmax}	比值
地震动编号	1	0.0116	0.0058	2.00	0.0105	0.0057	1.84	0.0099	0.0026	3.81
	2	0.0116	0.0082	1.41	0.0095	0.0063	1.51	0.0117	0.0047	2.49
	3	0.0103	0.0029	3.55	0.0111	0.0027	4.11	0.0103	0.0028	3.68
	4	0.0156	0.0057	2.74	0.0130	0.0050	2.60	0.0094	0.0031	3.03
	5	0.0114	0.0055	2.07	0.0120	0.0045	2.67	0.0116	0.0029	4.00
	6	0.0129	0.0044	2.93	0.0105	0.0042	2.50	0.0099	0.0028	3.54
	7	0.0106	0.0022	4.82	0.0103	0.0021	4.90	0.0105	0.0019	5.53
	8	0.0110	0.0058	1.90	0.0099	0.0047	2.11	0.0105	0.0037	2.84
	9	0.0097	0.0066	1.47	0.0084	0.0054	1.56	0.0107	0.0044	2.43
	10	0.0107	0.0025	4.28	0.0111	0.0030	3.70	0.0098	0.0022	4.45
	11	0.0108	0.0019	5.68	0.0115	0.0024	4.79	0.0116	0.0029	4.00
	12	0.0097	0.0026	3.73	0.0097	0.0027	3.59	0.0138	0.0034	4.06
	13	0.0106	0.0021	5.05	0.0102	0.0028	3.64	0.0098	0.0025	3.92
	14	0.0120	0.0044	2.73	0.0119	0.0048	2.48	0.0097	0.0046	2.11
	15	0.0123	0.0062	1.98	0.0104	0.0047	2.21	0.0112	0.0040	2.80
	16	0.0100	0.0053	1.89	0.0115	0.0057	2.02	0.0113	0.0067	1.69
最小值		—	—	1.41	—	—	1.51	—	—	1.69
均值		—	—	3.01	—	—	2.89	—	—	3.40

　　综上所述，从结构在静力作用以及罕遇地震水准和性能达到防止倒塌水准的地震动作用下最大顶点位移角与最大有害层间位移角的关系可知，在所研究范畴的地震动强度内可以认为最大顶点位移角是对结构的变形起控制作用的指标，因此也验证了以结构的最大顶点位移角作为结构损伤指标的合理性。

4. 易损性曲线拟合与分析

结构地震易损性分析的主要目的是建立地震动强度和结构的失效概率之间的关系。由于在结构的分析阶段通常认为结构的抗震能力是确定的，即结构达到设定的某个极限状态的界限值是不变的，因此在易损性曲线拟合中仅考虑地震动记录的不确定性，一般假设结构的地震易损性曲线的解析函数采用双参数的对数正态模型：

$$F_{R}\left(im\right) = P\left[LS_i \middle| IM = im\right] = \Phi\left[\frac{\ln(im) - \ln(m_R)}{\beta_{RTR}}\right] \tag{6.30}$$

式中，$P\left[LS_i \middle| IM = im\right]$ 为在强度为 im 的地震动作用下的结构达到或超过极限状态 LS_i 的概率，代表发生强度 $IM = im$ 地震动时的条件失效概率；$\Phi[\cdot]$ 为标准正态分布函数；m_R 为结构地震易损性的中位值；β_{RTR} 为结构地震易损性的对数标准差。

结构以基于频率的统计方法计算结构在不同强度地震动作用下结构的动力响应超过某一极限状态的概率值得到离散点，通过对数正态分布函数对离散的数据点进行拟合获取连续变化的结构地震易损性曲线。各结构的地震易损性曲线与数据点的拟合情况如图 6.40 所示。

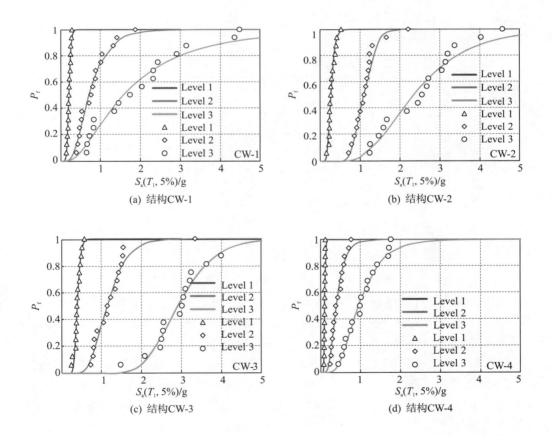

(a) 结构CW-1　　　　　　　　　　　　(b) 结构CW-2

(c) 结构CW-3　　　　　　　　　　　　(d) 结构CW-4

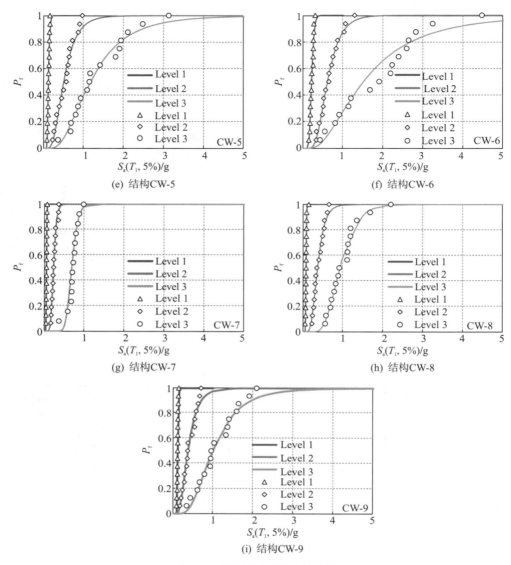

图 6.40 结构的地震易损性曲线

各结构所采用的对数正态分布函数模型的回归方程拟合度采用 R^2 来衡量，一般情况下 R^2 不小于 0.9 时可认为该回归方程是准确的。对数正态分布函数模型中待定的结构地震易损性的中位值和对数标准差以及这两个参数相应的置信水平为 95% 的置信区间如表 6.29～表 6.31 所示。结构各性能水平下失效概率为 50% 时的地震动强度如表 6.32 所示。由表 6.29～表 6.31 可知，各结构的地震易损性曲线的回归方程的拟合度 R^2 的最小值为0.962，远大于阈值 0.9，因此可证明通过回归拟合的方程是有效、准确的，也说明了结构的地震易损性曲线的解析函数和假定的分布函数的模型是一致的，即适用于对数正态分布函数模型。对比表 6.29～表 6.32 可知，各性能水平的结构地震易损性的中位值 m_R 实则对应各性能水平下失效概率为 50% 时的地震动强度。

表 6.29   结构 CW-1～CW-3 的地震易损性曲线的拟合度和方程参数

结构	性能水平	R^2	m_R/g	m_R 置信度为95%的区间	β_{RTR}	β_{RTR} 置信度为95%的区间
CW-1	1	0.979	0.209	(0.205, 0.212)	0.216	(0.187, 0.245)
	2	0.977	0.718	(0.688, 0.749)	0.511	(0.443, 0.580)
	3	0.965	1.614	(1.583, 1.646)	0.699	(0.670, 0.728)
CW-2	1	0.966	0.271	(0.262, 0.279)	0.301	(0.247, 0.356)
	2	0.982	1.072	(1.053, 1.091)	0.234	(0.202, 0.266)
	3	0.959	2.343	(2.226, 2.467)	0.455	(0.372, 0.537)
CW-3	1	0.961	0.389	(0.382, 0.397)	0.185	(0.146, 0.224)
	2	0.965	1.131	(1.092, 1.171)	0.343	(0.287, 0.400)
	3	0.971	2.912	(2.843, 2.980)	0.249	(0.202, 0.295)

表 6.30   结构 CW-4～CW-6 的地震易损性曲线的拟合度和方程参数

结构	性能水平	R^2	m_R/g	m_R 置信度为95%的区间	β_{RTR}	β_{RTR} 置信度为95%的区间
CW-4	1	0.974	0.095	(0.093, 0.096)	0.153	(0.132, 0.174)
	2	0.981	0.388	(0.375, 0.401)	0.440	(0.388, 0.492)
	3	0.979	0.936	(0.901, 0.973)	0.487	(0.425, 0.550)
CW-5	1	0.963	0.125	(0.122, 0.127)	0.202	(0.167, 0.238)
	2	0.970	0.532	(0.507, 0.558)	0.485	(0.407, 0.563)
	3	0.983	1.189	(1.140, 1.240)	0.585	(0.516, 0.655)
CW-6	1	0.961	0.210	(0.205, 0.216)	0.235	(0.196, 0.275)
	2	0.988	0.611	(0.595, 0.626)	0.425	(0.382, 0.468)
	3	0.966	1.507	(1.488, 1.527)	0.688	(0.667, 0.710)

表 6.31   结构 CW-7～CW-9 的地震易损性曲线的拟合度和方程参数

结构	性能水平	R^2	m_R/g	m_R 置信度为95%的区间	β_{RTR}	β_{RTR} 置信度为95%的区间
CW-7	1	0.982	0.053	(0.052, 0.053)	0.175	(0.153, 0.198)
	2	0.987	0.230	(0.226, 0.234)	0.259	(0.231, 0.287)
	3	0.964	0.685	(0.670, 0.700)	0.182	(0.139, 0.224)
CW-8	1	0.985	0.077	(0.077, 0.078)	0.139	(0.122, 0.155)
	2	0.973	0.365	(0.352, 0.378)	0.394	(0.339, 0.449)
	3	0.989	0.918	(0.902, 0.938)	0.358	(0.324, 0.392)
CW-9	1	0.980	0.105	(0.104, 0.106)	0.097	(0.082, 0.113)
	2	0.962	0.372	(0.353, 0.392)	0.498	(0.413, 0.583)
	3	0.970	0.988	(0.938, 1.040)	0.528	(0.442, 0.615)

表 6.32　结构各性能水平下失效概率为 50%时的地震动强度

失效概率	性能水平	地震动强度 $S_a(T_1,\ 5\%)/g$								
		CW-1	CW-2	CW-3	CW-4	CW-5	CW-6	CW-7	CW-8	CW-9
50%	1	0.209	0.271	0.389	0.094	0.125	0.210	0.053	0.077	0.105
	2	0.718	1.071	1.130	0.388	0.505	0.611	0.230	0.365	0.372
	3	1.614	2.343	2.913	0.936	1.189	1.507	0.685	0.918	0.988

　　各结构在使用良好(Level 1)、功能中断(Level 2)和防止倒塌(Level 3)三个性能水平下地震易损性的对比分别如图 6.41～图 6.43 所示，回归方程的参数对比如图 6.44 所示。

　　由图 6.41～图 6.43 可知，三个性能水平下结构地震易损性曲线差距明显，这说明结构的墙肢高宽比和连梁跨高比对其地震易损性的影响显著而且程度相当。无论是在使用良好、功能中断还是防止倒塌的性能水平下，结构的地震易损性随墙肢高宽比和连梁跨高比的变化规律是一致的。结构在地震作用下达到相同的谱加速度时，结构的墙肢高宽比越小或者连梁跨高比越小，结构的失效概率越低。

　　从图 6.44(a)～图 6.44(c)可知，随着结构的墙肢高宽比的减小或者连梁跨高比的减小，三个性能水平下的结构地震易损性中位值 m_R 均逐渐增大，即各性能水平下结构的失效概率为 50%时所对应的地震动强度不断提高，这也与地震易损性曲线的整体趋势一致。从图 6.44(d)可知，结构的连梁跨高比和墙肢高宽比的改变对地震随机离差的影响不存在一致的变化趋势，但随着结构达到性能水平的提高，地震随机离差逐渐增大。

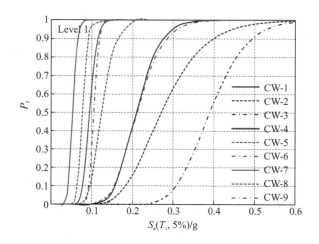

图 6.41　使用良好性能水平下结构的地震易损性曲线对比

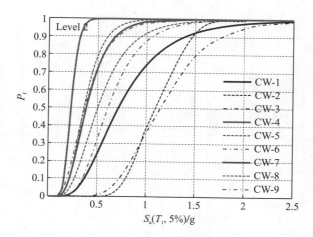

图 6.42　功能中断性能水平下结构的地震易损性曲线对比

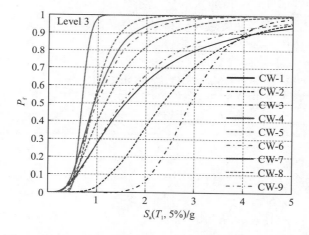

图 6.43　防止倒塌性能水平下结构的地震易损性曲线对比

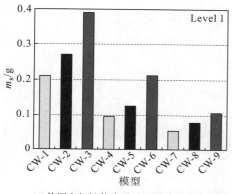

(a) 使用良好性能水平的地震动强度中位值

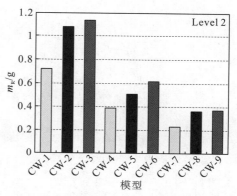

(b) 功能中断性能水平的地震动强度中位值

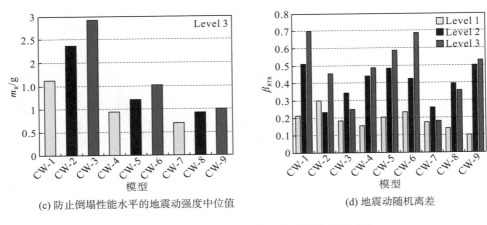

(c) 防止倒塌性能水平的地震动强度中位值　　　　　　(d) 地震动随机离差

图 6.44　结构的地震易损性回归方程的参数对比

5. 结构不同设防水准下各性能水平的失效概率

　　各结构完成非线性属性定义后的基本自振周期如表 6.33 所示。根据建筑抗震设计规范中设计反应谱在加速度段、速度段和位移段的定义计算出各结构基本自振周期在各抗震设防水准下的谱加速度，如图 6.45 所示。

表 6.33　结构的基本周期

结构	CW-1	CW-2	CW-3	CW-4	CW-5	CW-6	CW-7	CW-8	CW-9
T_1/s	0.655	0.540	0.420	1.155	0.948	0.778	1.743	1.460	1.252

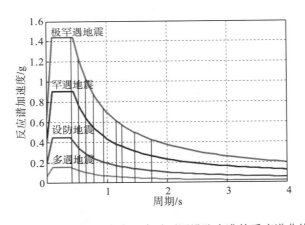

图 6.45　抗震设防烈度为 8 度时不同设防水准的反应谱曲线

　　结构在多遇地震、设防地震、罕遇地震以及极罕遇地震四个水准作用下不同极限状态的失效概率如表 6.34～表 6.37 所示。从表 6.34 可知，在多遇水准的地震作用下，除了结构 CW-7 在使用良好性能水平的失效概率超过了 10%，其余各结构在各个性能水平的失效概率都小于 1%，这表明在多遇水准的地震作用下结构基本还处于使用良好的性能水平，满足了第一水平的设计要求。从表 6.35 可知，在设防水准的地震作用下，各结构在使用良好性能水平下的失效概率均超过了 50%,可认为各结构已经超过使用良好的性能水平,而在功能中断性能水平下的失效概率均小于 5%,在防止倒塌性能水平下的失效概率均小于 1%,这说明各结构虽已超过使用良好的性能水平,但也仅仅处于功能中断性能水平的初期,结构满足了第二水平的设计要求。由表 6.36 可知,在罕遇水准的地震作用下,各结构在使用良好性能水平下的失效概率基本为 100%,在功能中断性能水平下的失效概率大多都超过 10% 而尚未超过 50%,可以认为各结构大多已经进入防止倒塌性能水平,但在防止倒塌性能水平下各结构的失效概率都小于 10%。通常情况下,罕遇地震作用下结构的倒塌概率小于 10% 时可认为满足"大震不倒"的设防目标,因而所建立的结构均满足了第三水平的设计要求。由表 6.37 可知,在极罕遇水准的地震作用下,各结构在使用良好性能水平下的失效概率全部为 100% 的情况下,功能中断性能水平下的失效概率也都全部超过 70%,可以认为全部结构已经达到防止倒塌性能水平的后期;但在防止倒塌性能水平下,结构 CW-2、CW-3、CW-7 和 CW-8 的失效概率仍然未超过 10%,这表明耦连比为 0.487~0.642 的结构更容易在极罕遇水准的地震作用下满足第三水准的设计要求。

表 6.34　多遇地震作用下结构在不同性能水平的失效概率

结构编号	$S_a(T_1, 0.05)_{多遇}$ /g	性能水平/%		
		使用良好	功能中断	防止倒塌
CW-1	0.103	0.05	0.01	0.00
CW-2	0.122	0.41	0.00	0.00
CW-3	0.153	0.00	0.00	0.00
CW-4	0.062	0.25	0.00	0.00
CW-5	0.074	0.46	0.00	0.00
CW-6	0.088	0.01	0.00	0.00
CW-7	0.043	11.19	0.00	0.00
CW-8	0.050	0.08	0.00	0.00
CW-9	0.057	0.00	0.01	0.00

表 6.35　设防地震作用下结构在不同性能水平的失效概率

结构编号	$S_a(T_1, 0.05)_{设防}$ /g	性能水平/%		
		使用良好	功能中断	防止倒塌
CW-1	0.289	93.34	3.75	0.69
CW-2	0.343	78.55	0.00	0.00
CW-3	0.431	70.71	0.25	0.00
CW-4	0.173	100.00	3.35	0.03
CW-5	0.207	99.40	3.26	0.14
CW-6	0.247	75.44	1.67	0.43
CW-7	0.120	100.00	0.58	0.00
CW-8	0.140	100.00	0.77	0.00
CW-9	0.161	100.00	4.64	0.03

表 6.36　罕遇地震作用下结构在不同性能水平的失效概率

结构编号	$S_a(T_1, 0.05)_{罕遇}$/g	性能水平/%		
		使用良好	功能中断	防止倒塌
CW-1	0.642	100.00	41.38	9.37
CW-2	0.764	99.97	7.39	0.68
CW-3	0.900	100.00	25.30	0.00
CW-4	0.385	100.00	49.45	3.41
CW-5	0.460	100.00	42.31	5.24
CW-6	0.550	100.00	40.25	7.13
CW-7	0.266	100.00	71.20	0.00
CW-8	0.312	100.00	34.64	0.13
CW-9	0.358	100.00	47.04	2.75

表 6.37　极罕遇地震作用下结构在不同极限状态的失效概率

结构编号	$S_a(T_1, 0.05)_{极罕遇}$/g	性能水平/%		
		使用良好	功能中断	防止倒塌
CW-1	1.027	100.00	75.85	25.90
CW-2	1.222	100.00	71.24	7.61
CW-3	1.440	100.00	75.94	0.23
CW-4	0.616	100.00	85.43	19.53
CW-5	0.736	100.00	78.12	20.65
CW-6	0.880	100.00	80.50	21.69
CW-7	0.426	100.00	99.12	0.44
CW-8	0.499	100.00	78.76	4.41
CW-9	0.573	100.00	80.80	15.16

6. 结构不同设防水准下各性能水平的储备能力

IDA 方法中选择的地震动强度指标为谱加速度，该指标反映的是结构遭遇地震作用后产生效应的大小，但同一地区的不同墙肢高宽比和不同连梁跨高比的结构由于自振周期的差异在遭遇同一次地震作用时所达到的谱加速度一般情况下是不一致的。同时，各结构由于基本自振周期不同，在设计阶段所采用的规范设计反应谱中对应的谱加速度也不相同，因而结构在防止倒塌水准下的地震易损性曲线并不能直观体现各结构抗地震倒塌的安全冗余度。采用 FEMA P695 中所提出的结构抗倒塌储备系数(collapse margin ratio，CMR)来衡量各结构抗地震倒塌的安全冗余度。CMR 表示结构在防止倒塌水准下失效概率为 50%时所对应的地震动强度 $S_a(T_1, 0.05)_{Level\ 3/P_f=50\%}$ 与抗震规范规定的罕遇地震水准下结构的基本周期对应的地震动强度 $S_a(T_1, 0.05)_{罕遇}$的比值，如式(6.31)所示。各结构的抗倒塌储备系数如表 6.38 所示。

$$\text{CMR} = \frac{S_\text{a}(T_1,0.05)_{\text{Level3}|P_\text{f}=50\%}}{S_\text{a}(T_1,0.05)_{\text{罕遇}}} \tag{6.31}$$

表 6.38　结构的抗倒塌储备系数

结构	$S_\text{a}(T_1,0.05)_{\text{Level3}|P_\text{f}=50\%}$	$S_\text{a}(T_1,0.05)_{\text{罕遇}}$	CMR
CW-1	1.614	0.642	2.51
CW-2	2.343	0.764	3.07
CW-3	2.913	0.900	3.24
CW-4	0.936	0.385	2.43
CW-5	1.189	0.460	2.58
CW-6	1.507	0.550	2.74
CW-7	0.685	0.266	2.57
CW-8	0.918	0.312	2.94
CW-9	0.988	0.358	2.76

根据结构抗倒塌储备系数的定义规则可知，该参数是衡量结构在防止倒塌性能水平相对罕遇地震水准作用的储备系数。为衡量各结构在各性能水平相应于各水准地震的储备系数，提出了设防储备系数（precaution margin ratio，PMR）和弹性储备系数（elasticity margin ratio，EMR）。

PMR 表示结构在功能中断性能水平下失效概率为 50% 时所对应的地震动强度 $S_\text{a}(T_1,0.05)_{\text{Level2}/P_\text{f}=50\%}$ 与抗震规范规定的设防地震水准下结构的基本周期对应的地震动强度 $S_\text{a}(T_1,0.05)_{\text{设防}}$ 的比值，如式 6.32 所示。各结构的设防储备系数如表 6.39 所示。

$$\text{PMR} = \frac{S_\text{a}(T_1,0.05)_{\text{Level2}|P_\text{f}=50\%}}{S_\text{a}(T_1,0.05)_{\text{设防}}} \tag{6.32}$$

表 6.39　结构模型的设防储备系数

结构	$S_\text{a}(T_1,0.05)_{\text{Level2}|P_\text{f}=50\%}$	$S_\text{a}(T_1,0.05)_{\text{设防}}$	PMR
CW-1	0.718	0.289	2.49
CW-2	1.071	0.343	3.12
CW-3	1.130	0.431	2.62
CW-4	0.388	0.173	2.24
CW-5	0.532	0.207	2.57
CW-6	0.611	0.247	2.47
CW-7	0.230	0.120	1.92
CW-8	0.365	0.140	2.60
CW-9	0.372	0.161	2.31

EMR 表示结构在使用良好性能水平下失效概率为 50% 时所对应的地震动强度 $S_\text{a}(T_1,0.05)_{\text{Level1}/P_\text{f}=50\%}$ 与抗震规范规定的多遇地震水准下结构的基本周期对应的地震动强

度 $S_a(T_1,0.05)_{多遇}$ 的比值，如式6.33所示。各结构的弹性储备系数如表6.40所示。

$$\mathrm{EMR} = \frac{S_a(T_1,0.05)_{\mathrm{Level II}|P_f=50\%}}{S_a(T_1,0.05)_{多遇}} \tag{6.33}$$

表 6.40　结构的弹性储备系数

结构	$S_a(T_1,0.05)_{\mathrm{Level II}|P_f=50\%}$	$S_a(T_1,0.05)_{多遇}$	EMR
CW-1	0.209	0.103	2.03
CW-2	0.271	0.122	2.22
CW-3	0.389	0.153	2.54
CW-4	0.094	0.062	1.53
CW-5	0.125	0.074	1.69
CW-6	0.210	0.088	2.39
CW-7	0.053	0.043	1.24
CW-8	0.077	0.050	1.55
CW-9	0.105	0.057	1.83

从表 6.38 和图 6.46 可知，墙肢高宽比在 3.35 和 4.85 的水平下，结构的 CMR 随着连梁跨高比的减小而显著提高，而在 6.35 的水平下，结构的 CMR 随着连梁跨高比的减小呈现先增大后减小的趋势；连梁跨高比在 7、5 和 3 三个水平下，结构的 CMR 随着墙肢高宽比的增大表现出先降低而后提高的趋势。这表明结构的墙肢高宽比在较小或中等水平时，连梁跨高比越小，则结构的 CMR 越高；但结构的墙肢高宽比较大时，连梁跨高比处于中等水平，则结构的 CMR 最大。结构的 CMR 均值为 2.76，最大值为 3.24，最小值为 2.43，最大值约为最小值的 1.33 倍，可以看出结构之间的抗地震倒塌安全储备差异不明显。

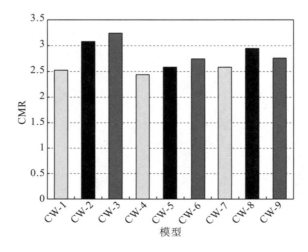

图 6.46　结构的 CMR 对比

　　从表 6.39 和图 6.47 可知,墙肢高宽比在 3.35、4.85 和 6.35 三个水平下,结构的 PMR 随着连梁跨高比的减小都呈现先增大后减小的趋势;连梁跨高比在 7、5 和 3 三个水平下,结构的 PMR 随着墙肢高宽比的增大均逐渐降低,这表明连梁跨高比处于中等水平而且墙肢高宽比越小,则结构的 PMR 越大。结构的 PMR 均值为 2.48,最大值为 3.12,最小值为 1.92,最大值为最小值的 1.625 倍,可以看出结构之间的设防储备差异较明显。

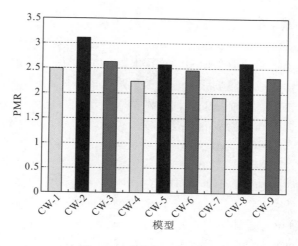

图 6.47　结构的 PMR 对比

　　从表 6.40 和图 6.48 可知,墙肢高宽比在 3.35、4.85 和 6.35 三个水平下,结构的 EMR 随着连梁跨高比的减小都迅速增大;连梁跨高比在 7、5 和 3 三个水平下,结构的 EMR 随着墙肢高宽比的增大均缓慢减小,这表明结构的墙肢高宽比越小或者连梁跨高比越小时结构的 EMR 越大。结构的 EMR 均值为 1.89,最大值为 2.54,最小值为 1.24,最大值约为最小值的 2.05 倍,可以看出结构之间的弹性储备差异显著。

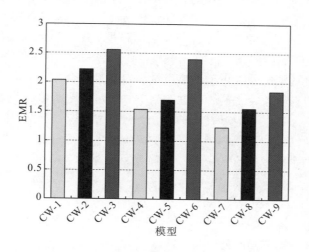

图 6.48　结构的 EMR 对比

6.8　响应面分析

6.8.1　响应面法基本理论与应用

统计学家 Box 和 Wilson(1951)首次提出了将数学方法、统计分析和实验设计方法相融合的响应面方法(response surface methodology，RSM)，该方法一般用来研究未知系统的响应变量和相关因子之间的数学模型，应用系统的方式进行试验并取得所期望的响应值和因子水平，从而优化或预测响应变量，改进产品的性能。何桢等(1991)研究表明，响应面方法将试验问题用直观简洁的几何学术语表达出来，采用等高线清晰地表示响应结果，若采用一阶模型去靠近响应面却发现模型拟合误差很大时应增加轴向点以二阶模型进行拟合试验。王永菲和王成国(2005)介绍了响应面法的基本思想，综述了响应面法在化学工业、生物学、工程学等多个领域的应用情况，并重点介绍了响应面法在结构优化设计和可靠性分析中的应用，认为响应面法作为一种优化方法在考虑了试验误差的基础上将未知的复杂函数关系采用多项式方程的模型进行拟合，计算比较简便，应用前景广阔。张志红等(2007)论述了外切中心复合设计(central composite circumscribed，CCC)、面心立方设计(central composite face-centered，CCF)以及内嵌中心复合设计(central composite inscribed，CCI)这三种中心复合设计方案的特点以及相关的重要概念，进而探讨了评价设计的准则，并从多方面的有效性指标比较了这三类设计方案之间的异同。研究表明，中心复合设计中的三种方案各有优势和不足，试验设计的有效性在于方案的选择。Rajeev 和 Tesfamariam(2012)为研究结构的软楼层和建造质量两个参数对框架结构地震易损性的影响，通过有限元分析建立了概率抗震需求模型，采用响应面法探究软楼层和建造质量对于需求模型参数的影响，并统计绘制了结构的地震易损性曲线以研究两个参数单独以及相互作用下对结构地震易损性的影响。研究表明，结构的不规则性很大程度上影响了需求模型中的参数，其中软楼层和建造质量对结构的地震易损性影响显著。

响应面方法涵盖了因子的试验设计、响应面模型的拟合以及参数综合优化设计三个方面。然而在大多数响应面问题中的响应量与自变量之间的关系形式是复杂而且未知的，因而需要找出一个合适的关系式以反映响应量和自变量集合之间的真实函数关系。

如果响应量和自变量集合之间为线性函数关系，可假定函数关系为一阶模型：

$$y = \beta_0 + \beta_1 x_1 + \beta_2 x_2 + \cdots + \beta_n x_n + \varepsilon \tag{6.34}$$

在模型中存在曲性的情况下则需要采用更高阶的多项式进行拟合，比如被化学工业、生物学、工程学等多个领域广泛采用的二阶响应面模型：

$$y = \beta_0 + \sum_{i=1}^{n} \beta_i x_i + \sum_{i=1}^{n} \beta_{ii} x_i^2 + \sum_{i=1}^{n-1} \sum_{j>i}^{n} \beta_{ij} x_i x_j + \varepsilon \tag{6.35}$$

式中，y 为结构响应变量；x_i 和 x_j 为结构的输入变量；β_0、β_i、β_{ii} 和 β_{ij} 为待估参数；n 为输入变量的数量；ε 为拟合误差，服从均值为 0 的正态分布。

在自变量的整个空间上仅用一个多项式模型进行近似是不太合理的，但在前期试验或者实践经验总结中获得的一个相对小的区域内进行曲面拟合是可行的。以"连梁跨高比"和"墙肢高宽比"为因子，采用"静力推覆分析""动力时程分析"和"基于增量动力时程的结构地震易损性分析"获取的各结构的响应量进行响应面分析。

6.8.2　中心复合设计

响应面方法是改进和优化设计的重要方法，在估计响应面的二阶响应时常采用中心复合设计方法(central composite designs，CCDs)，一个 CCDs 由 $2k$ 个析因角点、$2k$ 个坐标轴点以及 n 个中心点组成。本章的因子为连梁跨高比和墙肢高宽比，即 $k=2$，双因子的 CCDs 方案如图 6.49 所示。

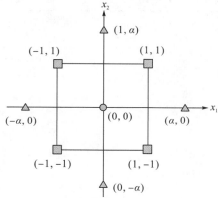

图 6.49　双因子的中心复合设计

由图 6.49 中可知，角点代表着因子的上下限，参数 α 决定了轴向点的位置，因而 CCDs 在实际应用中又分为 CCC、CCF、CCI 三种方案，如图 6.50 所示。当轴向点处于正方形的外部，即超过因子的最高和最低水平时的方案称为外切中心复合设计，如图 6.50(a)所示，该方案的每个因子有五个水平：$\sqrt{2}$、$-\sqrt{2}$、0、1、-1。当因子取五个水平难以实行时，将轴向点位置设置在正方形的中点上时的方案称为面心立方设计，如图 6.50(b)所示，该方案的每个因子有三个水平：0、1、-1。当受到边界条件的限制而缩小因子的上、下限时可使轴向点处于每个因子的设计域内部，即将轴向点设置在设计域的最大和最小界限上时的方案称为内嵌中心复合设计，如图 6.50(c)所示，该方案的每个因子也有五个水平：0.7、-0.7、0、1、-1。

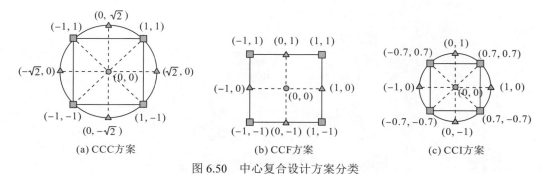

(a) CCC方案　　　　　(b) CCF方案　　　　　(c) CCI方案

图 6.50　中心复合设计方案分类

　　张志红等(2007)的研究表明中心复合设计的三种方案模型在拟合度方面相当，只是在模型的估计精度、方差稳定性、一致精度和外推稳健性方面有所不同。如表 6.41 所示，CCC 方案和 CCI 方案每个因子都需要具有五个水平，而 CCF 方案每个因子仅需三个水平即可，这使得 CCF 方案成为最简洁的中心复合设计方案。尽管 CCF 方案不可旋转而使得一致精度不高，但根据 Richard(2004)的研究表明，很多试验设计的失效是由于无法预期的过大的试验误差引起的，因而应当充分重视由于设计水平的增加而提高的复杂性，这会增大试验误差的来源，在多数情况下，可旋转性设计的优势并不能够补偿所增加的复杂性和伴随的试验误差。

表 6.41   双因子中心复合设计方案的区别

项目	设计方案		
	CCC	CCF	CCI
设计域形状	圆形	正方形	圆形
因子水平	5	3	5
复杂性	高	低	高
析因点位置	±1	±1	±0.7
轴向点位置	$\alpha=\sqrt{2}$	$\alpha=1$	$\alpha=1$
中心点数	3~5	1	3~5
可旋转性	是	否	是
一致精度	高	低	高
参数估计有效性	高	中	低
外推稳健性	中	中	高

　　综上所述，最终选用中心复合设计中的 CCF 方案进行结构的连梁跨高比和墙肢高宽比的双因子响应面分析，其中连梁跨高比的三个水平分别是 3、5 和 7，墙肢高宽比的三个水平分别是 3.35、4.85 和 6.35。连梁跨高比和墙肢高宽比双因子的 CCF 方案的编码单位设计如图 6.50(b)所示，所对应的实际值设计方案如图 6.51 所示。

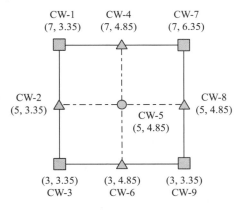

图 6.51   基于实际值的面心立方复合设计

令连梁跨高比为 B，墙肢高宽比为 W，代入响应面方程式(6.35)可得到以连梁跨高比和墙肢高宽比两个几何参数为因子的双因子二阶响应面模型，如式(6.36)所示。

$$y = \beta_0 + \beta_1 B + \beta_2 W + \beta_{12} BW + \beta_{11} B^2 + + \beta_{22} W^2 \tag{6.36}$$

6.8.3 响应面分析与性能评价

1. 静力推覆响应面

基于第 3 章静力推覆分析中各结构的极限承载力、初始刚度以及极限位移角的研究结果得到的双因子二阶响应面模型各项的系数值和 F 统计量值以及模型的显著性如表 6.42 所示，静力推覆分析中各响应量的 2D 等高线和 3D 响应面分别如图 6.52～图 6.54 所示。

表 6.42　静力推覆分析的二阶响应面模型

计算项	极限承载力/kN $R^2=0.98$ ($p=0.0150$)		初始刚度/(kN/mm) $R^2=0.99$ ($p=0.0044$)		极限位移角/rad $R^2=0.84$ ($p=0.1939$)	
	系数值	F 值	系数值	F 值	系数值	F 值
β_0	8125.0	—	86.8	—	−0.1037	—
$\beta_1 B$	−1300.4	72.7	−7.8	71.7	0.0270	5.4
$\beta_2 W$	−992.6	20.7	−17.9	150.8	0.0398	6.4
$\beta_{12} BW$	82.4	8.6	0.8	16.6	−0.0006	0.1
$\beta_{11} B^2$	60.7	4.1	0.2	1.1	−0.0019	1.2
$\beta_{22} W^2$	38.3	0.5	1.1	8.8	−0.0045	2.1

由表 6.42 可知，响应量为极限承载力和初始刚度时的 R^2 接近 1.0 且 p 值远小于 0.05，这表明响应面模型拟合程度非常高而且检验是显著的，具有统计意义。另外，虽然响应量为极限位移角时拟合程度不高，检验也不显著，但响应量随因子的变化趋势明显。从表 6.42 的 F 值可以看出，极限承载力的响应面方程中 β_1 的 F 值(72.7)明显最高，表明连梁跨高比的影响最大；初始刚度的响应面方程中 β_2 的 F 值(150.8)也明显最大，意味着墙肢高宽比的影响最显著；极限位移角的响应面方程中 β_1 的 F 值(5.4)和 β_2 的 F 值(6.4)相当，这表明连梁跨高比和墙肢高宽比的影响都较明显；从图 6.52～图 6.54 可分别直观地看出各响应量随两因子的变化规律，同时可知在设计域范围内极限承载力和初始刚度在 $B=3.0$ 和 $W=3.35$ 时取得最大值，极限位移角在 $B=6.34$ 和 $W=4$ 时取得最大值。

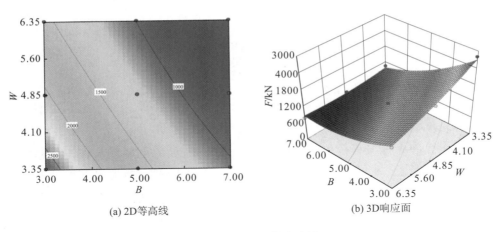

(a) 2D等高线   (b) 3D响应面

图 6.52   极限承载力分析

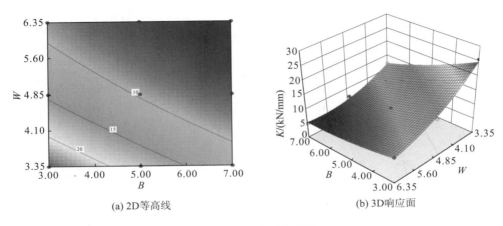

(a) 2D等高线   (b) 3D响应面

图 6.53   初始刚度分析

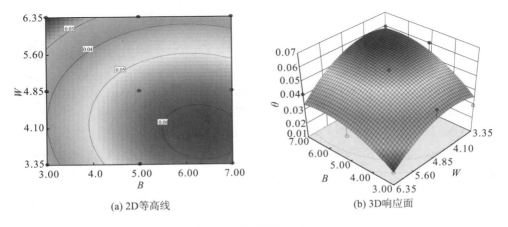

(a) 2D等高线   (b) 3D响应面

图 6.54   极限位移角分析

2. 动力时程响应面

基于前文动力时程分析中的各结构的最大顶点位移角、最大层间位移角和最大有害层间位移角的变形响应以及最大基底剪力、连梁最大弯矩和墙肢最大弯矩的内力响应的研究结果得到的双因子二阶响应面模型的各项系数值和 F 统计量值以及模型的显著性如表 6.43 和表 6.44 所示。动力时程分析中各响应量的 2D 等高线和 3D 响应面分别如图 6.55～图 6.60 所示。

表 6.43　动力时程分析中变形指标的二阶响应面模型

计算项	最大顶点位移角 $R^2=0.96\,(p=0.0301)$		最大层间位移角 $R^2=0.97\,(p=0.0203)$		最大有害层间位移角 $R^2=0.90\,(p=0.1053)$	
	系数值/$(\times10^{-3})$	F 值	系数值/$(\times10^{-3})$	F 值	系数值/$(\times10^{-3})$	F 值
β_0	3.092	—	2.323	—	-0.245	—
$\beta_1 B$	-1.248	15.6	-1.589	19.2	-0.016	19.6
$\beta_2 W$	0.453	41.3	1.234	57.1	0.412	1.1
$\beta_{12} BW$	-0.024	0.2	-0.065	0.8	-0.026	2.4
$\beta_{11} B^2$	0.163	8.0	0.229	9.0	0.024	1.7
$\beta_{22} W^2$	0.024	0.1	-0.002	0.0002	-0.026	0.7

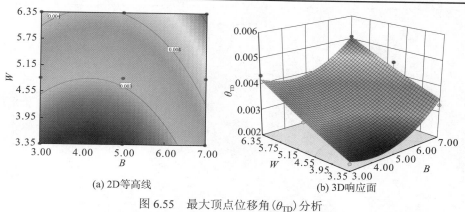

(a) 2D等高线　　　　　　　(b) 3D响应面

图 6.55　最大顶点位移角 (θ_{TD}) 分析

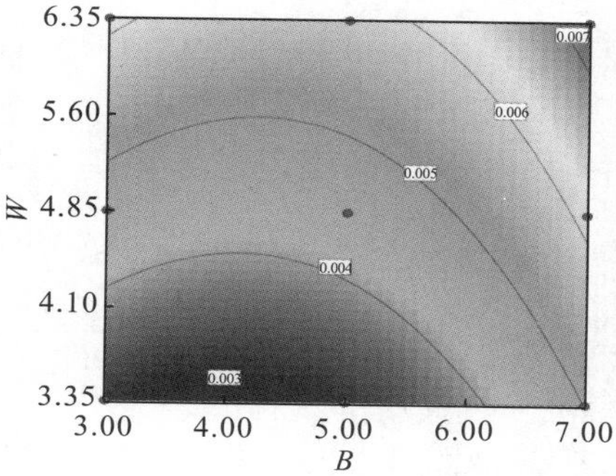

(a) 2D等高线 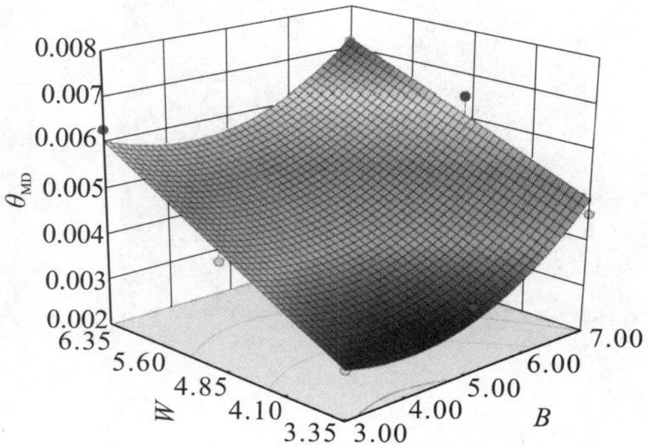　　　　　　　(b) 3D响应面

图 6.56　最大层间位移角 (θ_{MD}) 分析

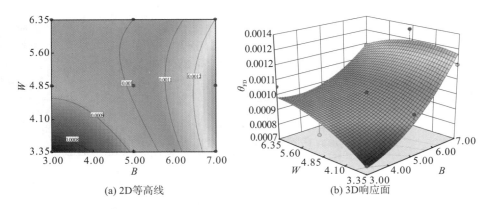

图 6.57　最大有害层间位移角（θ_{FD}）分析

表 6.44　动力时程分析中内力的二阶响应面模型

计算项	最大基底剪力/kN $R^2=0.97$ $(p=0.0175)$		连梁最大弯矩/(kN·m) $R^2=0.99$ $(p=0.0008)$		墙肢最大弯矩/(kN·m) $R^2=0.97$ $(p=0.0193)$	
	系数值	F 值	系数值	F 值	系数值	F 值
β_0	2053.8	—	1119.3	—	5647.7	—
$\beta_1 B$	−818.7	68.8	−351.4	660.9	−2247.6	34.2
$\beta_2 W$	833.8	4.4	71.6	30.2	3575.7	47.0
$\beta_{12} BW$	−51.2	6.0	−12.9	13.1	−93.3	1.2
$\beta_{11} B^2$	85.4	14.7	30.2	64.0	208.4	5.2
$\beta_{22} W^2$	−52.2	1.7	2.5	0.1	−221.3	1.9

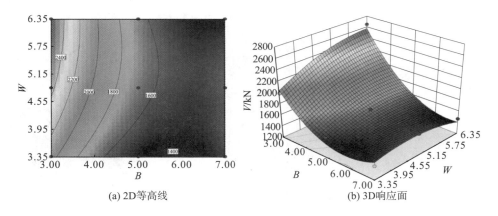

图 6.58　最大基底剪力分析

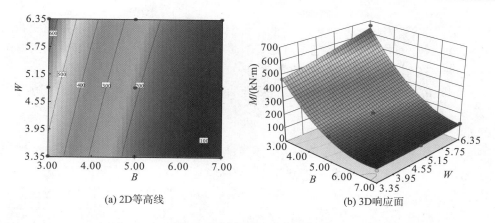

图 6.59　连梁最大弯矩分析

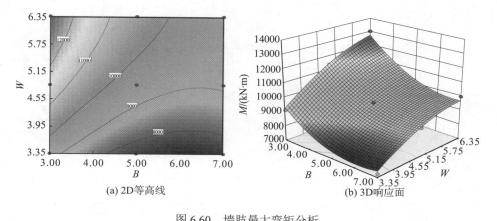

图 6.60　墙肢最大弯矩分析

从表 6.43 可知，响应量为最大顶点位移角和最大层间位移角的 R^2 大于 0.9 且 p 值小于 0.05，这表明响应面模型拟合程度高而且检验是显著的，具有统计意义。另外，响应量为最大有害层间位移角时虽检验不显著但拟合程度较高，同样值得研究。从表 6.43 中 F 值可以看出，最大顶点位移角和最大层间位移角的响应面方程中 β_2 的 F 值分别为 41.3 和 57.1，均明显最高，这表明墙肢高宽比对前述两个响应量的影响最明显；最大有害层间位移角的响应面方程中 β_1 的 F 值 (19.6) 最高，意味着连梁跨高比的影响最显著，β_{12} 的 F 值 (2.4) 次之，说明两因子的交互作用也较明显。从图 6.55～图 6.57 可分别直观地看出各响应量随两因子的变化规律，同时可知在设计域范围内最大顶点位移角在 B=4.08 和 W=3.35 时取得最小值，最大层间位移角在 B=3.94 和 W=3.35 时取得最小值，最大有害层间位移角在 B=3 和 W=3.35 时取得最小值。

从表 6.44 可知，响应量为最大基底剪力、连梁最大弯矩和墙肢最大弯矩时的 R^2 都大于 0.95 且 p 值小于 0.05，这表明响应面模型拟合程度很高而且检验是显著的，具有统计意义。从表 6.44 中 F 值可以看出，最大基底剪力和连梁最大弯矩的响应面方程中 β_1 的 F 值分别为 68.8 和 660.9，都明显最高，这表明连梁跨高比对前述两个响应量的影响最显著；墙肢最大弯矩的响应面方程中 β_1 的 F 值 (34.2) 和 β_2 的 F 值 (47.0) 相当，这表明连梁跨高比和墙肢高宽比的影响都较大。从图 6.58～图 6.60 可分别直观地看出各响应量随两因子的变化规律，同时可知在设计域范围内最大基底剪力、连梁最大弯矩和墙肢最大弯矩都在 $B=3$ 和 $W=6.35$ 时取得最大值，最大基底剪力在 $B=5.8$ 和 $W=3.35$ 时取得最小值，连梁最大弯矩在 $B=6.35$ 和 $W=3.35$ 时取得最小值，墙肢最大弯矩在 $B=6.14$ 和 $W=3.35$ 时取得最小值。

3.结构地震易损性响应面

基于前文地震易损性分析中各结构在使用良好、功能中断和防止倒塌三个性能水平下的地震易损性中位值，即各性能水平下失效概率为 50%时所对应的谱加速度 $S_{a}(T_1, 0.05)$ 以及在小震不坏、中震可修和大震不倒的三水准设防目标下的能力储备系数的研究结果得到的双因子二阶响应面模型的各项系数值和 F 统计量值以及模型的显著性如表 6.45 和表 6.46 所示。地震易损性分析中各响应量的 2D 等高线和 3D 响应面分别如图 6.61～图 6.66 所示。

表 6.45　结构地震易损性分析的中位值二阶响应面模型

计算项	m_{R-1} /g $R^2=0.99$ ($p=0.0006$)		m_{R-2} /g $R^2=0.99$ ($p=0.0020$)		m_{R-3} /g $R^2=0.99$ ($p=0.0013$)	
	系数值	F 值	系数值	F 值	系数值	F 值
β_0	1.424	—	3.420	—	10.020	—
$\beta_1 B$	-0.129	193.2	0.029	53.2	-0.476	101.0
$\beta_2 W$	-0.300	637.2	-0.924	335.5	-2.468	391.8
$\beta_{12} BW$	0.011	39.2	0.023	9.7	0.083	31.8
$\beta_{11} B^2$	0.005	7.1	-0.020	7.0	-0.011	0.5
$\beta_{22} W^2$	0.018	31.7	0.061	20.0	0.163	34.4

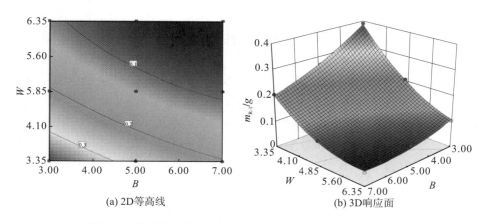

(a) 2D等高线　　　　　(b) 3D响应面

图 6.61　使用良好性能水平下结构的地震易损性中位值分析

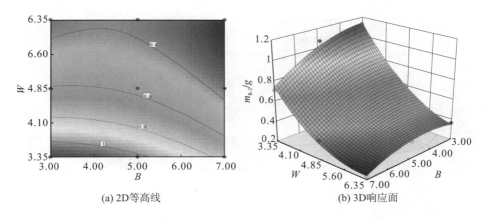

(a) 2D等高线　　　　　　　　(b) 3D响应面

图 6.62　功能中断性能水平下结构的地震易损性中位值分析

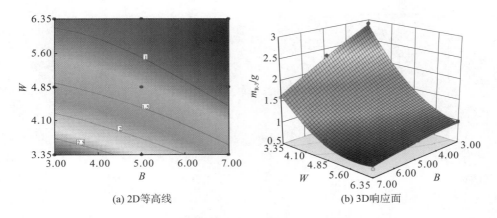

(a) 2D等高线　　　　　　　　(b) 3D响应面

图 6.63　防止倒塌性能水平下结构的地震易损性中位值分析

表 6.46　结构地震易损性分析的储备系数二阶响应面模型

计算项	EMR $R^2=0.96$ ($p=0.0253$)		PMR $R^2=0.95$ ($p=0.0382$)		CMR $R^2=0.95$ ($p=0.0444$)	
	系数值	F 值	系数值	F 值	系数值	F 值
β_0	4.613	—	1.520	—	6.367	—
$\beta_1 B$	−0.402	32.7	1.091	6.5	0.069	21.8
$\beta_2 W$	−0.336	39.8	−0.415	22.2	−1.424	4.4
$\beta_{12} BW$	−0.007	0.1	−0.020	1.0	0.045	6.4
$\beta_{11} B^2$	0.027	1.2	−0.105	24.2	−0.039	4.3
$\beta_{22} W^2$	0.013	0.1	0.037	1.0	0.117	12.3

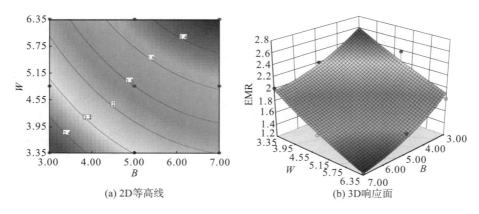

图 6.64　多遇地震作用下结构的弹性储备系数分析

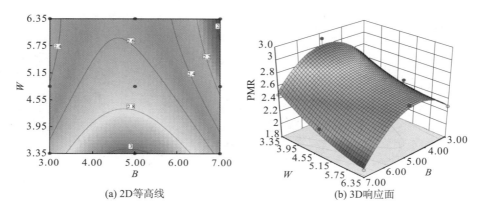

图 6.65　设防地震作用下结构的设防储备系数分析

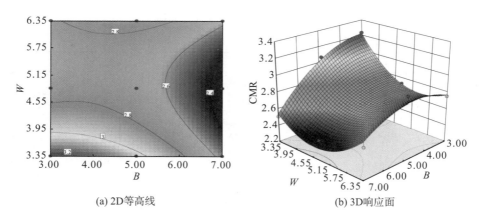

图 6.66　罕遇地震作用下结构的抗倒塌储备系数分析

从表 6.45 可知，三个性能水平下结构的地震易损性中位值 m_{R-1}、m_{R-2} 和 m_{R-3} 的 R^2 均为 0.99 且 p 值小于 0.01，这表明响应面模型拟合程度极高而且检验是高度显著的，具有统计意义。从表 6.45 中 F 值可以看出，三个响应量的方程中 β_2 的 F 值分别为 637.2、

335.5 和 391.8，在相应的响应量中都是最高的，这表明墙肢高宽比对前述三个响应量的影响都最显著。从图 6.61～图 6.63 可分别直观地看出各响应量随两因子的变化规律，同时可知在设计域范围内三个性能水平下结构的地震易损性中位值都在 $B=3$ 和 $W=3.35$ 时取得最大值。

从表 6.46 可知，响应量为结构的 EMR、PMR 和 CMR 时的 R^2 均不小于 0.95 且 p 值小于 0.05，这表明响应面模型拟合程度较高而且检验是显著的，具有统计意义。从表 6.46 中 F 值可以看出，EMR 的响应面方程中 β_1 的 F 值（32.7）和 β_2 的 F 值（39.8）相当，这表明连梁跨高比和墙肢高宽比的影响都较明显；PMR 的响应面方程中 β_2 和 β_{11} 的 F 值分别为 22.2 和 24.2，影响程度相当，这表明墙肢高宽比和连梁跨高比的影响也都较明显，但前者的影响是线性，后者是曲性的；CMR 的响应面方程中 β_1 的 F 值（21.8）最高，这表明连梁跨高比的影响最为明显，但 β_{22} 的 F 值（12.3）和 β_{12} 的 F 值（6.4）也较高，这表明墙肢高宽比和两因子的交互作用影响也应当重视。从图 6.64～图 6.66 可分别直观地看出各响应量随两因子的变化规律，同时可知在设计域范围内 EMR 和 CMR 均在 $B=3$ 和 $W=3.35$ 时取得最大值，而 PMR 在 $B=4.85$ 和 $W=3.35$ 时取得最大值。

4. 综合优化设计

本章基于结构的极限承载力、初始刚度、极限位移角、最大顶点位移角、最大层间位移角、最大有害层间位移角、最大基底剪力、各性能水平下失效概率为 50%时所对应的谱加速度 $S_a(T_1, 0.05)$ 以及在三水准设防目标下的能力储备系数作为评估响应量进行综合的优化设计。结构性能综合优化设计的目的是获取能够使各响应量都最大程度趋于目标的墙肢高宽比和连梁跨高比，也就是钢筋混凝土联肢剪力墙结构的几何参数最优值，各响应量的优化目标如表 6.47 所示。

表 6.47　响应量的优化目标

响应量	目标	响应量	目标
极限承载力	最大	m_{R-1}	最大
初始刚度	最大	m_{R-2}	最大
极限位移角	最大	m_{R-3}	最大
最大顶点位移角	最小	EMR	最大
最大层间位移角	最小	PMR	最大
最大有害层间位移角	最小	CMR	最大
最大基底剪力	最小	—	—

鉴于在优化过程中发现结构的各响应量均在墙肢高宽比达到最小时取得最优值，因而通过调整墙肢高宽比的下限值以获得不同墙肢高宽比下对应的连梁跨高比最优值，优化结果如图 6.67 所示，W 为墙肢高宽比，B 为对应的连梁跨高比最优值。

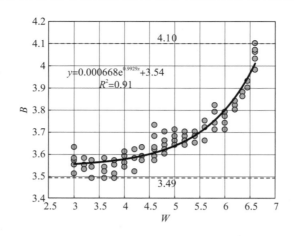

$$y=0.000668e^{0.9929x}+3.54$$
$$R^2=0.91$$

图 6.67 优化结果

由图 6.67 可知，连梁跨高比最优值随着墙肢高宽比的增大而指数型提高，墙肢高宽比处于 3～6.6 时，连梁跨高比最优值为 3.49～4.10，这意味着联肢剪力墙以弯曲变形为主的状态下，连梁跨高比的取值宜处于中等偏下的水平。

参 考 文 献

北京金土木软件技术有限公司,2010. Pushover 分析在建筑工程抗震设计中的应用[M]. 北京:中国建筑工业出版社.

陈云涛, 吕西林,2003. 联肢剪力墙抗震性能研究－试验和理论分析[J]. 建筑结构学报,8(4):25-34.

邓明科,2006. 高性能混凝土剪力墙基于性能的抗震设计理论与试验研究[D]. 西安:西安建筑科技大学.

邓明科, 梁兴文, 辛力,2008. 剪力墙结构基于性能抗震设计的目标层间位移确定方法[J]. 工程力学,25(11):141-148.

傅学怡,2010. 实用高层建筑结构设计(第二版)[M]. 北京:中国建筑工业出版社.

过镇海, 郭玉涛, 徐焱, 等,1997. 混凝土非线弹性正交异性本构模型[J]. 清华大学学报(自然科学版),(6):80-83.

过镇海, 李卫,1993. 混凝土在不同应力-温度途径下的变形试验和本构关系[J]. 土木工程学报,(5):58-69.

过镇海, 王传志,1991. 多轴应力下混凝土的强度和破坏准则研究[J]. 土木工程学报,(3):1-14.

何承华,2012. 对应于不同性能水准的 RC 框架结构易损性分析研究[D]. 重庆:重庆大学.

何桢, 潘越, 刘子先,等,1991. 因子试验、RSM 与田口方法的比较研究[J]. 机械设计,10(10):14.

侯爽, 欧进萍,2004. 结构 Pushover 分析的侧向力分布及高阶振型影响[J]. 地震工程与工程振动,24(3):89-97.

黄东升,2006. 剪力墙结构的分析与设计[M]. 北京:中国水利水电出版社.

黄宗明, 白绍良, 赖明,1996. 结构地震反应时程分析中的阻尼问题评述[J]. 地震工程与工程振动,16(2):95-105.

江晓峰, 陈以一,2008. 固定阻尼系数对结构弹塑性时程分析的误差影响[J]. 结构工程师,24(1):51-55.

克拉夫·R, 彭津,2006. 结构动力学(第二版)(修订版)[M]. 王光远, 译. 北京:高等教育出版社.

吕西林, 苏宁粉, 周颖,2012. 复杂高层结构基于增量动力分析法的地震易损性分析[J]. 地震工程与工程振动,32(5):19-25.

石韵,2013. 含型钢边缘构件高层混合连肢墙结构的抗震性能及设计方法研究[D]. 西安:西安建筑科技大学.

王永菲, 王成国,2005. 响应面法的理论与应用[J]. 中央民族大学学报(自然科学版),14(3):236-240.

于晓辉, 吕大刚, 王光远,2008. 土木工程结构地震易损性分析的研究进展[C]. 大连:第二届结构工程新进展国际论坛论文集:763-774.

张志红, 何桢, 郭伟, 2007. 在响应曲面方法中三类中心复合设计的比较研究[J]. 沈阳航空工业学院学报, 24(1)：87-91.

周颖, 苏宁粉, 吕西林, 2013. 高层建筑结构增量动力分析的地震动强度参数研究[J]. 建筑结构学报, 34(2)：53-60.

Bertero V V, 1977. Strength and deformation capacities of buildings under extreme environments[C].Structural Engineering and Structural Mechanics. Edgewood Cliffs: Prentice-Hall: 188-237.

Box G, Wilson K, 1951. On the experimental attainment of optimum conditions[J]. Journal of the Royal Statistical Society, 13(1)：1-45.

CSI, 2011. User Guide for PERFORM-3D [M]. Berkeley: Computers and Structures.

Evangelos I K, Anastasios G S, George D M, 2010. Selection of earthquake ground motion records: a state-of-the-art review from a structural engineering perspective[J].Soli Dynamicas and Earthquake Engineering, 30: 157-169.

FEMA, 2009. FEMA 695 Quantification of Building Seismic Performance Factors[S]. Washington D C: Federal Emergency Management Agency.

Freeman S A, Nicoletti J P, Tyrell J V, 1975. Evaluation of existing buildings for seismic risk-a case study of puget Sound naval shipyard, Bremerton, Washington[C]. Berkley: Proceedings of US National conference on earthquake engineering:113-122.

Park R, 1988. Ductility evaluation from laboratory and analytical testing[C]. Proc., 9th World Conference on Earthquake Engineering:605-616.

Paulay T, Priestly M J N, 1992. Seismic Design of Reinforced Concrete and Masonry Buildings[M].Hoboken: John Wiley & Sons.

Rajeev P, Tesfamariam S, 2012. Seismic fragilities for reinforced concrete buildings with consideration of irregularities[J]. Structural Safety, 39(7): 1-13.

Richard V, 2004. Digging Into DOE: Selecting the Right Central Composite Design for Response Surface Methodology Applications[A].Http://www.qualitydigest.com.

Shome N, 1999. Probabilistic seismic demand analysis of nonlinear structures[D]. Stanford: Stanford University.

Torres-Vera M A, Canas J A, 2003. A lifeline vulnerability study in Barcelona, Spain[J]. Reliability Engineering and System Safety, 80(2): 205-210.

Vamvatsikos D, Cornell A, 2002. Incremental dynamic analysis[J]. Earthquake Engineering and Structural Dynamics, 31(3): 491-514.

Vecchio F J, Tang K, 1990. Membrane action in reinforced concrete slabs[J]. Canadian Journal of Civil Engineering, 17(5): 686-697.

第 7 章　混合联肢剪力墙施工技术

7.1　施工难点及传统施工方法

7.1.1　施工难点

为了保证地震区大型复杂高层建筑的安全性和适用性，常常在钢筋混凝土核心筒剪力墙内预埋型钢边缘构件和钢板墙，相邻墙肢通过型钢连梁耦合连接，形成联肢钢板剪力墙结构体系。该结构体系的一种常见的构造是在剪力墙两端边缘区域配置竖向 H 型钢作为钢骨，H 型钢钢骨之间设置内藏钢板，型钢-混凝土组合连梁的 H 型钢或钢板与剪力墙边缘的 H 型钢钢骨翼缘焊接在一起，最后剪力墙与连梁现浇为整体。此结构体系由于墙体体量庞大，在施工时内部构造(尤其是钢板、钢框架以及钢连梁)均采用分段施工的方法进行施工。与钢筋混凝土剪力墙相比，联肢钢板剪力墙的施工十分复杂，其施工安装以单个构件为单位，钢骨柱、型钢连梁和钢板墙先后依次吊装，通过大量的现场焊接完成连接。这种施工方式吊装次数多，施工流程复杂，效率较低，大量的现场焊接消耗大量的人力、物力和能源，产生烟尘、噪声和光污染，焊接质量也往往难以保证，造成安全隐患。

7.1.2　传统施工方法及施工流程

1)钢结构安装前准备工作

钢构件进场前必须根据现场施工条件合理规划施工平面布置。保证进场钢构件堆放合理有序。

工程开工前，组织相关管理技术人员进行图纸学习，熟悉结构特点和设计意图，进行技术交底，编制各种作业指导书，指导现场工作施工。

2)进场钢构件检查

钢构件进场后，根据图纸和发货清单对进场构件进行验收。检查验收内容包括外观尺寸、表面处理、焊缝外观、螺栓孔位、油漆表面和制作质保资料等。

7.1.3　地脚螺栓预埋

地脚螺栓包括螺栓丝杆、螺母、定位板。

1)测量准备

(1)所有测量仪器必须经过市计量检测单位检定，具有检定合格证书并保证在符合使用的有效期内。

(2)了解施工顺序安排,从钢结构安装次序、施工进度计划等方面考虑,确定测量放线的先后次序、时间要求,制定详细的各细部放线方案。

(3)根据现场施工总平面布置和施工放线需要,选择合适的点位坐标,做到既便于大面积控制,又利于长期保留应用,防止中途视线受阻和点位破坏受损,以保证满足场地平面控制网与标高控制网测量精度要求和长期使用要求。

2)控制网布设

(1)控制网的布设本着先整体、后局部,高精度控制低精度的同时要保证便于使用、施测和长期保留的原则,便于施工使用和控制网自身闭合校核。

(2)控制点之间应通视、易量距。

(3)根据上述几条原则,平面控制网选用土建提供的测量控制网。在地下室施工区域,对钢柱柱脚部及埋件部位进行测量定位,根据相应的轴线坐标,利用控制网点,将柱脚及埋件定位轴线测设出来,确认之后再使用。

3)钢结构地脚螺栓测量及埋设控制

第一步:根据现场的实际情况,采用全站仪和水准仪测量,以场区控制网点坐标值为依据,对钢柱柱脚定位锚栓的定位轴线进行实地放样,然后对放样点位进行自检并校核,请土建测量工程师复核确认,并报请监理审核。

第二步:在筏板基础混凝土垫层上确定轴线交点及各柱中心点,在每个圆柱的位置进行标记并做出定位轴线。

第三步:将钢柱的地脚螺栓的固定支架放置在各个钢柱中心的位置,将支架的中心点对准钢柱的中心并与钢筋进行点焊固定。

第四步:在筏板基础钢筋的绑扎过程中,派两名测量员经常进行测量校核以保证位置的准确。在钢筋绑扎完毕后,再对各个柱脚的预埋螺栓进行测量校核并准确地定位,同时进行牢固固定。

第五步:地脚螺栓固定后,由于受震动和混凝土倾倒流淌时的侧向挤压会有偏移,在混凝土浇捣时应派两名测量员在两个互相垂直的轴线上监视偏差情况,及时调校正确;混凝土凝固后,重新投测埋件控制线并复查埋件及地脚螺栓偏移量,做好记录。

4)地脚螺栓安装

(1)安装措施。

在底板混凝土浇筑前需要对地脚螺栓进行预埋。为保证地脚螺栓位置的准确,采用型钢固定支架体系。

(2)施工顺序。

第一步:土建完成地下室基础底板垫层施工后,开始安装地脚螺栓固定支架,每一个外框柱下部设置一个支架。支架体系与底板钢筋支架体系同时施工。螺栓支架为采用10#槽钢和50角钢组焊而成的格构式支架。

第二步:支架安装完成后,根据测量控制线安放地脚螺栓定位板,测量准确后将定位板与支架焊接固定。

第三步:将单根螺栓杆穿过两层定位板,然后装上固定螺母。

第四步：测量校正每根螺栓的标高及位置。

第五步：测量准确后将地脚螺栓下部与定位板焊接，上部与底板钢筋连接固定。

7.1.4　钢梁预埋施工

为保证预埋件的安装精度，受剪连接板待埋件板安装定位且混凝土浇筑后，再放线定位焊接。具体步骤及方法如下。

1）测量定位

由总包引测整个建筑物的轴线控制网及高程控制点。土建与钢结构施工使用总包统一布置的控制网，钢结构根据总包控制网再测设细部轴线，控制预埋件安装位置。钢筋绑扎前，将埋件平面位置的控制轴线和标高测设到下一楼层。

2）埋件板初就位和精确校正

根据下一楼层上的埋件轴线和标高控制线，在土建核心墙钢筋开始绑扎前，把埋件初步就位，等土建钢筋基本绑扎完，利用土建爬模架，对预埋件进行精确校正，预埋件安装时，如果遇到竖向或水平钢筋阻挡，在土建绑扎钢筋时及时调整竖向或水平钢筋的位置。

用全站仪测量校正埋件位置，精确校正完成后在埋件底标高处，排焊接两根 φ12mm 钢筋作为埋件托筋，并进行最终固定。埋件与核心墙钢筋之间焊接固定，保证混凝土浇筑后埋件板不移位，如图 7.1 所示。埋件安装就位固定后，由总包、监理测量复核，验收合格后才能浇筑混凝土。

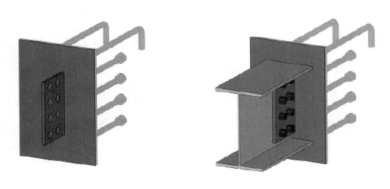

图 7.1　精确定位钢连梁耳板示意图

3）埋件板清理、定位

核心筒模板施工过后，清理埋件板面上杂物，然后测量放线，精确定位受剪连接板的位置。根据放线位置，将受剪连接板焊接在埋件板上。

7.1.5　钢柱安装

1. 第一节钢柱安装的定位轴线控制

(1)安装前对建筑物的定位轴线、平面封闭角、底层柱的位置线、钢筋混凝土面的标高等进行复查，合格后开始安装工作。

(2)钢柱定位轴线测设。

(3)在平面控制网的基础上结合图纸尺寸，采用直角坐标法放出每个钢柱基础的纵横轴线。将所测轴线弹墨线后，量距复核相邻柱间尺寸。轴线复核无误后，画红油漆三角标记，作为下一节钢柱吊装就位时的对中依据。

(4)第一节钢柱用两台经纬仪和一台水准仪进行边吊边校，校正完后临时固定，塔吊松钩。

2. 第一节钢柱安装标高控制

1)钢柱标高偏差

安装一节钢柱后，应对柱顶做一次标高实测，根据实测标高的偏差值来确定调整与否。标高偏差值小于等于 5mm 时只记录不调整，超过 5mm 时需进行调整。柱顶的标高误差产生主要原因有以下几方面。①钢柱制作误差，长度方向每节柱规范允许±3mm。②吊装后垂直度偏差造成。③钢柱电焊对接造成焊接收缩。调整的方法为：如果标高高了，必须在后节柱上截去相应的误差长度；如果标高低了，必须填塞相应厚度的钢板，钢板必须与原钢柱同种材质。一次调整不宜过大，一般以 5mm 为限，因为过大的调整会使其他构件节点连接复杂化且安装难度提高。由于钢柱截短相对比较麻烦，因此施工时柱顶标高尽可能控制在负公差内。后续的钢筋混凝土在施工方法上应避免产生对劲性钢结构柱安装质量有影响的操作和环节。

2)柱底标高找平

(1)用水准仪从高程控制点引测标高，根据所测混凝土面标高偏差值，用不同厚度的垫铁找平，由于焊接柱口有一定的焊接收缩量，因此在安装过程中应保证柱顶标高有 2～3mm 的正公差，待焊接完成焊缝冷却以后再进行复检高程，作好记录并作为下一柱段高程调整的依据。

(2)钢柱吊装就位后，观测由制作厂在柱身上划定的标高线，如有标高超差，加减薄铁板调整高度。

3)钢柱的安装工艺

(1)钢柱安装技术措施如下(图 7.2)。

●钢柱安装前应对下一节钢柱的标高与轴线进行复验，发现误差超过规范，应立即修正。每节柱的定位轴线应从地面控制轴线引上来，不得从下层柱的轴线引出。

●安装前，应对钢柱的长度、断面、翘曲等进行预检，发现问题立即向技术部门报告，以便及时采取措施。

●安装前，应在地面上将爬梯等装在钢柱上，供登高作业用。

●钢柱加工厂应按要求在柱两端设置临时连接耳板,待钢柱对接(指电焊)完成,且验收合格后,再将耳板割除。

●一般钢柱采用两点就位、一点吊装。吊装采用旋转回直法,严禁根部拖柱,吊点位置在柱顶。

●钢柱安装就位后,先调整标高,再调整位移,最后调整垂直偏差,重复上述步骤,直到符合要求。调整柱垂直度的缆风绳或支撑夹板,应在柱起吊前在地面绑扎好。拆除索具采用钢管爬梯。

●分段钢柱焊接时,由于楼层混凝土已施工完成,焊接部位出混凝土楼层面,可以直接在楼层上焊接分段钢柱。

图 7.2　钢柱安装技术措施

(2)钢柱经过分段制作后运到现场,采用单机回转法进行吊装。钢柱吊装前应先将钢爬体挂在柱顶,并且将爬梯底部用绳索固定在钢柱底部。绑扎方式为两点绑扎,绑扎位置为通过卡环连接在耳板上,钢柱吊装用的两根短头应挂设在两个基本处于水平面的吊耳上以免起吊过程中一根吊索受力引起柱身翻滚。吊装时,单机回转法起吊,起吊前钢柱应横放在枕木上,起吊时不得使钢柱在地面上有拖拉现象,钢柱起吊必须距地面2m以上才可以回转。

钢柱提升就位后,利用连接板连接柱段端头的耳板进行钢柱临时固定。钢柱就位以后操作人员通过钢爬梯上至钢柱顶端进行摘钩,摘钩人员安全带应挂在钢柱耳板之上,不允许将安全带直接挂在吊钩上。吊装过程中,严禁钢柱根部拖地,不得歪拉斜吊。

柱-柱相接:安装连接板固定,上下柱不能出现错口,然后进行校正焊接(图7.3)。

序号	项目	图例
1	十字钢骨柱对接	
2	H 型钢柱对接	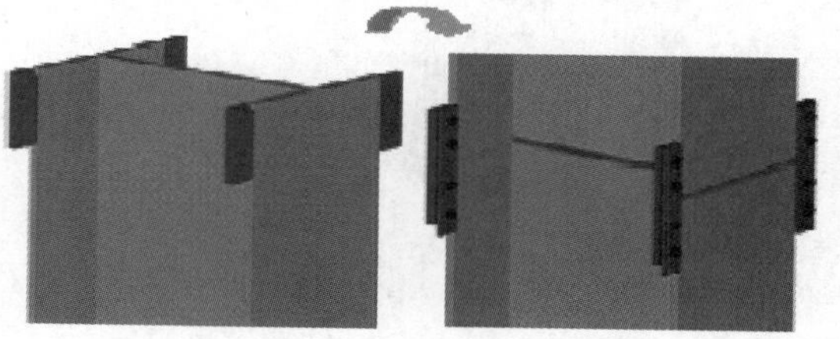
3	箱型柱对接	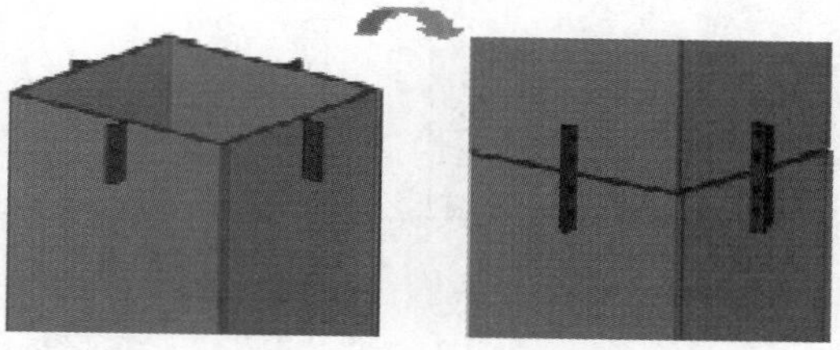

图 7.3　钢柱对接施工图

　　每一个柱的定位轴线，应从地面控制轴线引到柱顶，以保证每节钢柱安装无误，避免产生过大的积累偏差。柱-柱安装校正重点为对钢柱有关尺寸预检。影响垂直因素的预先控制安装误差为钢柱的柱顶垂直偏差、位移量、焊接变形、日照温度、垂直校正及弹性压缩等。柱-柱焊接收缩值为 30mm，梁-柱焊接收缩值为 1.7～2mm。临时连接耳板的螺栓孔应比螺栓直径大 4.0mm，利用螺栓孔扩大足够的余量调节钢柱制作误差在±3mm。

　　钢柱-临时耳板连接，焊接时根据焊接工艺评定参数进行，在焊接过程中，如发现小量偏差，可用电焊校正方法校正。

7.1.6　钢梁的安装

　　1）钢梁分布

　　钢梁主要为 H 型钢截面，主钢梁与钢柱为刚接节点，次钢梁与主钢梁连接形式一般为铰接节点，钢梁与核心筒连接为铰接节点，主要分布在塔楼的各楼层。

　　2）主要节点形式

　　钢梁主要节点形式如图 7.4 所示。

序号	项目	图例
1	钢梁与核心筒节点	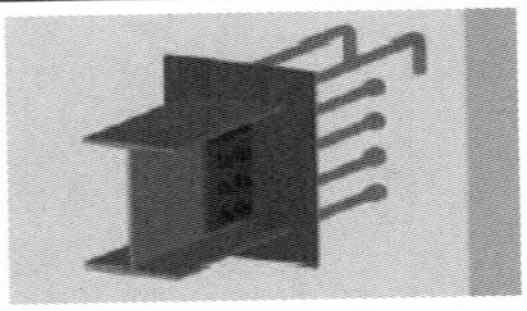
2	主次梁节点	
3		
4	钢梁与柱节点	

图 7.4　钢梁主要节点形式

3) 吊装机械

塔楼的钢梁主要由塔吊负责安装。

4) 工艺流程

钢梁安装的工艺流程如图 7.5 所示。

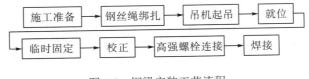

图 7.5　钢梁安装工艺流程

5) 钢梁绑扎

先在钢梁两端拴棕绳作溜绳。这样有利于保持钢梁空中平衡，以提高安装效率。钢梁的吊装钢丝绳绑好后，先在地面试吊两次，离地 5cm 左右，观察其是否水平。如果不合格应落地重绑吊点。对较长的构件，应由专业工程师事先计算好吊点位置，经试吊平衡后方可正式起吊。对于重量较轻的钢梁为提高吊装效率可采用"一钩多吊"工艺，绑扎方法见图 7.6，绑扎时注意先安装构件，在最下面依次向上绑扎。"一钩多吊"上下钢梁之间距离不应小于 1.5m，以便安装人员操作。

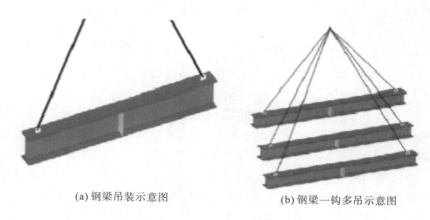

(a) 钢梁吊装示意图　　　　　　　　(b) 钢梁一钩多吊示意图

图 7.6　钢梁吊装

6) 吊机起吊、就位、临时固定

当钢梁徐徐下落到接近安装部位时，起重工方可伸手去触及梁，并用带圆头的撬棍穿眼、对位，先用普通的安装螺栓进行临时固定。

次梁穿高强螺栓时，必须用过眼样冲将高强螺栓孔调整到最佳位置，而后穿入高强螺栓，不得将高强螺栓强行打入，以防损坏高强螺栓，影响结构安装质量。

严禁发生梁不到位时起重工就用手生拉硬拽强行就位的现象发生。

7) 校正

钢梁的轴线控制：吊装前每根钢梁应标出钢梁中线，钢梁就位时确保钢梁中心线对齐混凝土预埋件的轴线。

8) 高强螺栓连接或焊接

调整好钢梁的轴线及标高后，用高强螺栓换掉用来进行临时固定的安装螺栓。一个接头上的高强螺栓应从螺栓群中部开始安装，逐个拧紧。初拧、复拧、终拧都应从螺栓群中部向四周扩展逐个拧紧，每拧一遍均用不同颜色的油漆做上标记，防止漏拧。终拧1 小时后 48 小时内进行终拧扭矩检查。

7.1.7　核心筒钢骨柱、钢板墙的安装

1) 核心筒钢构件分段

因核心筒钢构件截面尺寸均较小，单位重量较轻，所以核心筒内钢骨柱两层一段。钢板墙分为内墙和外墙，外墙分段按照楼层，一层一段；内墙与钢骨柱分段相同，两层一段。

2) 钢板墙安装工艺

在核心筒钢柱之间设置钢板墙，钢板墙内墙采用螺栓连接，外墙采用焊接。

钢板剪力墙在起吊时，根据要起吊的钢板墙所要安装的位置选用相应塔吊作为主吊进行吊装。

钢板剪力墙吊装就位后，先由提前焊好的防滑铁固定在其安装位置。在核心筒钢柱之间的单钢板墙采用螺栓连接或焊接。

(1)一个吊装层的核心筒剪力墙钢构的安装走向及顺序。

第一步：从两个角部区域开始，先安装带连接钢板的核心筒钢骨柱。调整标高、垂直度固定。

第二步：安装核心筒钢骨柱之间的剪力墙钢板。形成稳定结构体系。连接方式可以采用螺栓连接，也可以采用焊缝连接的方式。为了方便消除误差，建议采用焊缝连接，或者一端螺栓连接一端焊接。

第三步：继续向两侧扩展，安装下一个单体区域的核心筒钢骨柱，并调整固定。

第四步：继续安装核心筒钢骨柱之间的剪力墙钢板，形成稳定结构体系。

第五步：重复上述步骤，继续扩展安装下一个区域的钢骨柱。

第六步：钢骨柱调整标高、垂直度等固定后，安装剪力墙钢板。

第七步：继续向外扩展，重复上述步骤，继续扩展安装下一个区域的钢骨柱，调整准确后，固定。

第八步：继续安装这一区域的剪力墙钢板。调整好误差，螺栓或焊接进行固定。此时，外圈的核心筒钢结构安装基本完毕。

第九步：分几个作业面，同步向内侧扩展，安装四个区域的钢骨柱，调整、固定。

第十步：接下来安装钢骨柱之间的剪力墙钢板。形成稳定结构体系。甩出自由端，便于误差的调整。

第十一步：继续安装剩余部分的核心筒内钢骨柱，调整好准确位置，固定。

第十二步：继续安装剩余部分的剪力墙钢板，调整好误差，完善连接。使整个结构形成稳定的体系。至此，一个吊装层的核心筒钢骨柱及剪力墙钢板全部安装完毕。

(2)核心筒钢板墙内钢板的安装流程如图7.7所示。

(a)流程一：剪力墙钢板起吊

(b)流程二：剪力墙钢板吊装、下落到准确位置

(c)流程三：剪力墙钢板就位后，使用临时耳板定位钢板下端和钢连梁，拧紧螺栓连接

(d)流程四：将剪力墙钢板的两侧调整好，用临时耳板拧紧螺栓定位

(e)流程五：钢板剪力墙固定后，为了减少钢板焊接的残余应力，先焊接下端焊缝，再焊接左侧焊缝，
最后焊接右侧焊缝

（f）流程六：割掉耳板，剪力墙钢板安装完毕

图 7.7　钢板剪力墙施工示意图

钢板剪力墙从地下开始的施工流程图如图 7.8 所示。

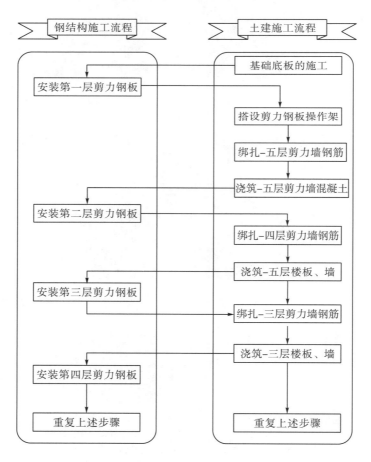

图 7.8　钢板剪力墙施工流程

（3）钢板剪力墙安装固定措施如图 7.9 所示。

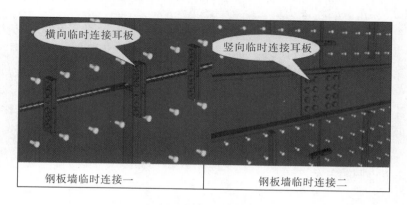

图 7.9　钢板剪力安装固定措施

7.1.8　焊接工艺

1）十字柱焊接

十字柱的焊接根据构件形状空间，为保证质量及连续焊接的可操作性，先焊腹板，后两人完成翼缘对称焊接。

2）工字柱焊接

工字柱焊接采用先翼缘板对称焊接，然后焊接腹板。

3）箱型柱焊接

箱型柱的焊接采用两人对称焊接。

4）H 型钢梁焊接

H 型钢采用翼缘板对称焊接，后焊腹板形式。

5）钢板墙焊接

钢板墙内墙为栓焊节点。竖向连接为高强螺栓连接，焊接为水平焊缝横焊。外墙竖向和横向均为焊接连接。内墙先安装竖向高强螺栓，然后焊接横向焊缝。焊接时采用间隔跳焊的焊接形式。外墙采用先焊接横向焊缝，再焊接竖向焊缝的焊接顺序。竖向焊缝采用先焊接一侧，再焊接另一侧的焊接顺序，以避免焊接应力。

7.1.9　焊接应力控制

（1）采用合适的焊接坡口，减少焊接填充量；构件安装时不得强行装配，致使产生初始装配应力。

（2）采用合理的焊接顺序，对称焊、分段焊。

（3）先焊收缩量大的接头，后焊收缩量小的接头，应在尽可能小的拘束下焊接。

（4）预先合理设置收缩余量。

（5）同一构件两端不同时焊接。

(6)保证预热，对层间温度的有效控制，降低焊接接头的拘束度，减少焊接热影响区范围，可降低焊接接头的焊接残余应力。

(7)采取高效的 CO_2 焊接方法，可减少焊接道数，降低焊接变形和残余应力。

(8)通过有效的工艺和焊接控制，防止或降低焊接接头的返修，可避免焊接接头应力增加。

(9)采取焊后缓冷或后热，使接头在冷却时有足够的塑性和宽度均匀消除焊接收缩，降低残余应力峰值和平均值，达到降低焊接残余应力的目的。必要时采用烘烤和超声波震动的方法进一步达到消减残余应力的目的。

7.1.10　钢结构测量技术

1)钢柱标高控制

钢柱的标高控制主要测量和控制各节柱顶标高，由于钢材压缩变形、基础沉降及钢材线胀变形等的综合影响，随着施工楼层高度的增加，柱顶实际标高与设计标高差值会越来越大，因此柱顶设计标高不能作为钢柱标高控制的标准，此时需要有对整个建筑物基础沉降观测及结构变形验算进行综合考虑，从而近似得出每一节钢柱顶部实际应该控制的目标高度，操作难度较大。故确定钢柱高度采用相对标高控制。为保证整个建筑物的设计标高不受影响，每次标高引测均从标高基准点开始，按设计高度控制每次吊装的柱顶标高。

钢柱标高控制主要方法为：采用全站仪(图 7.10)，利用三角高程的测量原理，测量出各节柱顶的标高，根据测量标高偏差值的大小，在吊装上一节钢柱时，通过加衬板和割衬板来垫高和降低上一节钢柱的标高。标高允许偏差为±5mm，内部控制目标为±3mm。三角高程测量的具体方法如下：先将标高基准点引测至施工作业层的测站点，在测站点上架设全站仪，在安装完成的柱顶上放置小棱镜，利用三角高程的原理 $H=H_0+\Delta h$ (H 为柱顶标高，H_0 为测站点标高，Δh 为测站点与柱顶高差)，层高偏差控制目标为±5mm。当层间高度偏差超限时可通过加垫板垫高或切割衬板降低上一节钢柱的标高来达到对钢柱的标高进行控制的目的。

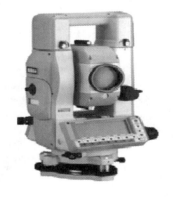

图 7.10　全站仪测量仪器图示

2）钢柱垂直度测量

柱底就位和柱底标高校正完成后，即可用经纬仪检查垂直度。方法是在柱身相互垂直的两个方向用经纬仪照准钢柱柱顶处侧面中心点，然后比较该中心点的投影点与柱底处该点所对应柱侧面中心点的差值，即为钢柱此方向垂直度的偏差值。其绝对偏差小于等于±10mm，由于钢柱高度一般都在 12mm 左右，故单节钢柱垂直度经校正后偏差值应不大于 10mm。当视线不通时，可将仪器偏离其所在的轴线，但偏离的角度应不大于 15°。

如视线被挡或由于场地狭窄，不便架设经纬仪时，可改为"全站仪+小棱镜"直接观测，由全站仪对柱顶的三维坐标进行控制。

在柱子吊装到位后，将全站仪架设到视野开阔能够大面积观测的平面上，在柱子校正过程中，将小棱镜置于柱子顶部四角逐一测量各点，直到柱子设计坐标值与仪器所测坐标差相符。此方法可保证超高层建筑的精度需求。圆形钢柱在安装前，沿柱中心线铅垂方向用阳冲在柱顶和柱脚打上钢眼，以便对中和控制垂直度。

3）钢柱轴线控制测量

（1）钢柱轴线测量控制。

方法："全站仪+小棱镜"直接观测。

根据场地通视条件，选择架设全站仪的最佳位置。当钢柱吊装完成后，内业计算出每根钢柱的设计坐标及该观测点与全站仪架设点之间的坐标关系，并做好参数记录。

架设全站仪于选定的测量观测点上，根据内业计算成果，结合当日气象值设置好坐标参数及气象调整值，准确无误后分别照准小棱镜，得出构件空间位置的实测三维坐标，比较每点实测坐标与该点设计坐标值得出钢柱的轴线偏差和扭曲值，然后通过导链和千斤顶校正钢柱垂直度至规范允许范围内。

钢柱轴线偏差测量示意图如图 7.11 所示。

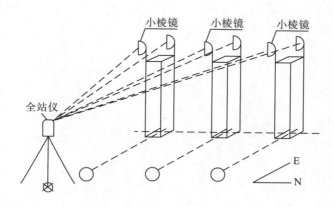

图 7.11　钢柱轴线偏差测量示意图

第二节以上的钢柱吊装首先是柱与柱接头的相互对准，塔吊松钩后用全站仪进行三维坐标点垂直度控制，校正上节钢柱垂直度时要考虑下节钢柱相对于轴线的偏差 δ，校正后上节柱顶对于下一节柱顶的偏差为 $-\delta$，使柱顶偏回到设计或规范允许的偏差范围内，以保证柱间柱和斜撑的安装精度。

塔楼成层分段、裙楼成片区的柱、梁安装完成后，对这一区段钢柱需要整体进行测量。对于局部尺寸偏差，用千斤顶或倒链收紧合拢或顶开来调校，校正后紧固高强螺栓。当高强螺栓紧固（初拧）完成后，对这一片区的钢柱再次进行整体观测，并做好记录，根据记录的偏差值大小及偏差方向，决定施焊前偏差是否还需要进行局部尺寸调整以及确定焊接顺序、焊接方向、焊接收缩的倾斜预留量，然后交付焊接班组施焊。焊接完成后，对该片区的钢柱、钢梁再次复测，并做好记录，作为资料和上一节钢柱吊装校正、焊接的依据。

（2）日照和焊接变形对钢柱垂直度偏差影响的分析与预控。

由于日光照射在钢柱的一侧，钢柱将会向背光的一侧发生附加的倾斜位移。这时可考虑对钢柱按理论公式 $\Delta=a\cdot\Delta t\cdot L/(2D)$（其中 Δ 为柱顶因温差影响产生的位移值；a 为钢材的线膨胀系数；Δt 为柱两面的温差；L 为钢柱的长度；D 为柱的厚度）进行预偏，预偏方向与太阳光照方向相反。

（3）钢柱焊接收缩变形影响的分析与预控。

钢柱校正完后，在钢柱垂直度和轴线位置都校正正确的情况下，如果不考虑焊接收缩影响往往会发生较大的焊接变形。施工经验证明，钢板厚度 50mm 以上时，梁-柱焊缝收缩一般约为 2mm，柱-柱焊缝收缩一般约为 3.5mm，每节柱由于焊接造成的柱顶垂直度位移值约为 2.5mm，故在测量校正时除中心柱外，尤其是边缘柱均应考虑焊接变形对钢柱进行预控，包括焊接收缩对钢柱标高的影响也一样要进行预控。

焊接收缩变形预控的做法是：在钢柱的四面沿对接缝上下各焊接一块马板，根据千分表的大小及在监测的同时满足焊接操作的需要，设置马板的大小及上下间距。对称摆放千分表于优先焊接的柱两侧对应的下面马板上，调节千分表钨钢针与上面的马板顶紧，固定旋钮，记下此时千分表初始读数，即可开始焊接准备。焊接收缩变形监测如图 7.12 所示。在焊接的过程中定时观察千分表表盘的读数，比较两表盘读数差值，计算出钢柱由于不称施焊所造成的焊接变形预控制值。

图 7.12　焊缝监测示意图

经计算得出如下位移公式：

$$\Delta=(\Delta s_2-\Delta s_1)\times L/D \tag{7.1}$$

式中，Δ 为钢柱顶端位移，mm；L 为钢柱长度，mm；D 为钢柱直径，mm；Δs_1 为钢柱左侧焊接收缩；Δs_2 为钢柱右侧焊接收缩。

变形分析：正常情况下钢柱对称焊接所造成的柱顶位移一般小于等于 2.5mm，在对该钢柱进行焊接变形监测时两表盘读数差不超过±0.25mm（千分表测量精度 0.001mm），故当读数差超过这一范围时即表示焊接变形过大，这时可提示焊接操作人员重新调整焊接顺序，达到对焊接变形进行实时监测的目的。根据焊接变形的实时监测，结合焊工焊接操作全过程，通过不断地分析总结，焊接工人即可摸索出一套完全对称施焊的经验。否则须不断地通过千分表配合观测来进一步摸索经验，直到摆脱对千分表的依赖为止。

7.1.11 测量控制点的精度复核

每次投测的轴线、标高控制点不少于 4 点。轴线控制点投递到上部楼层后，组成平面多边形，对多边形角度和边长图形条件进行闭合检测，通过自检对闭合误差进行调整，然后才作为上部楼层控制网的基准，以提高平面控制网经传递后的测量精度。

7.2 施工技术创新及特点

7.2.1 技术创新

经过长期实践与总结，针对联肢钢板剪力墙钢构件的吊装做出了创新，提出新型钢结构模块化划分方式，形成集成式的模块化单元。模块化单元安装主要采用高强螺栓连接，既能满足性能需要，又避免了大量现场焊接可能引起的质量缺陷及环境污染问题，施工质量及效率大大提高，综合施工成本降低，经济效益和社会效益明显，推广应用前景广阔。

7.2.2 技术特点

(1)模块化施工，钢构件模块在工厂预制完成，加工精度高，建筑产业化程度高。型钢-混凝土组合连梁的 H 型钢或钢板，在工厂加工预制成带有两端端板的钢连梁；型钢-混凝土组合剪力墙边缘区域的 H 型钢钢骨及其钢板，在工厂预制好，并与钢连梁进行预拼装。运输至施工现场后重新进行拼接，形成 H 型钢连梁-钢骨模块，进行整体吊装，施工精度更容易保证，产业化、工业化程度高。

(2)钢构件模块在现场拼装成型再进行吊装，大大减少塔吊吊次，施工效率高，经济效益显著。现场拼接而成的 H 型钢连梁-钢骨模块可以一次性吊装就位进行安装，而不是传统的"一侧钢骨-另一侧钢骨-中间连梁"三次吊装，大大减少吊装次数，更有利于实施各项变形与精度控制，进一步提高施工效率，节省人力物力，缩短工期，经济效益显著。

(3)避免了钢连梁与钢柱之间的现场焊接工作,只需要螺栓连接,施工质量高。传统钢结构施工中,梁柱节点现场焊接施工工作量大,操作难度高,质量控制难,而采用螺栓连接后,施工更为简便,省时省力,质量控制易于保证,施工质量高。

7.2.3　施工技术原理

根据运输和吊装能力,本工法将高层建筑联肢钢板剪力墙划分为三种模块:连梁-边钢骨柱-边钢板模块(简称连梁模块)、边钢骨柱-边钢板模块(简称钢骨柱模块)、内钢板模块(简称钢板墙模块)(图7.13)。通过工厂预制钢骨柱、钢连梁、钢板、翼缘以及加劲肋部件,将部件在工厂焊接形成相应模块后运输至现场进行装配。现场安装遵循先连梁模块,再钢骨柱模块,最后钢板墙模块的吊装顺序,从而简化吊装过程,节约施工成本,提高施工效率。钢板接缝处采用高强螺栓连接,可多连接面同时进行,提高施工效率。

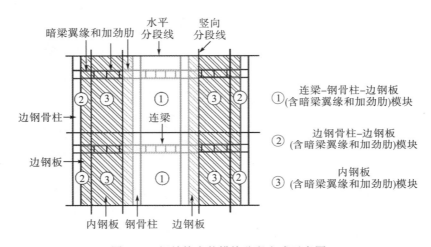

图7.13　钢结构安装模块分段方式示意图

7.2.4　整体施工流程

整体施工流程如图7.14所示。

7.2.5　操作要点

1. 钢结构模块划分

(1)工程技术人员应结合设计图纸、运输设备、吊装机械设备、现场条件以及城市交通管理等要求,对每层构件的数量及最重构件进行统计与分析。

(2)合理选择钢构件的竖向和水平向分段位置,划分如图7.13所示模块,分别为连梁-钢骨柱-边钢板模块、边钢骨柱-边钢板模块和内钢板模块,并确定钢构件出厂前的拼装单元规格尺寸。

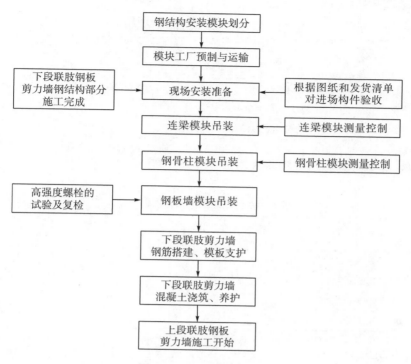

图 7.14　整体施工流程图

(3)竖向分层位置宜高出连梁上表面 1.2～1.3m;水平分割线位置应保证暗梁加劲肋位于内钢板模块内,且不影响盖板安装。

(4)高强螺栓连接深化设计可参考图 7.15。

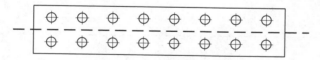

图 7.15　高强螺栓连接示意图

(5)高强螺栓单个连接面所需数量 n(如图 7.18 所示)应按式(7.2)～式(7.4)计算:

$$n = \frac{V_\mathrm{p}}{N_\mathrm{v}^\mathrm{b}} \tag{7.2}$$

$$V_\mathrm{p} = 0.6 A_\mathrm{p} f_\mathrm{p} \tag{7.3}$$

$$N_\mathrm{v}^\mathrm{b} = k_1 k_2 n_\mathrm{f} \mu P \tag{7.4}$$

式中, k_1 为系数,对冷弯薄壁型钢结构(板厚 $t \leqslant 6\mathrm{mm}$)取 0.8,其他情况取 0.9; k_2 为孔型系数,标准孔取 1.0,大圆孔取 0.85,荷载与槽孔长方向垂直时取 0.7,荷载与孔槽长方向平行时取 0.6; n_f 为传力摩擦面数目; μ 为摩擦面的抗滑移系数,按表 7.1、表 7.2 取值; P 为每个高强螺栓的预拉力(kN),按表 7.3 取值; N_v^b 为单个高强螺栓的受剪承载力设计值,kN; V_p 为钢板混凝土剪力墙钢板受剪承载力,kN; A_p 为剪力墙内配置钢板的连接面面积,mm^2; f_p 为钢板强度设计值,MPa。

表 7.1　钢材摩擦面的抗滑移系数 μ

连接处构件接触面的处理方法		构件的钢号			
		Q235	Q345	Q390	Q420
普通钢结构	喷砂(丸)	0.45	0.50		0.50
	喷砂(丸)后生赤锈	0.45	0.50		0.50
	钢丝刷清除浮锈或未经处理的干净轧制表面	0.30	0.35		0.40

注：①钢丝刷除锈方向应与受力方向垂直；②当连接构件采用不同钢号时，μ应按相应的较低值取值；③采用其他方法处理时，其他处理工艺及抗滑移系数值均应经试验确定。

表 7.2　涂层摩擦面的抗滑移系数 μ

涂层类型	钢材表面处理要求	涂层厚度/μm	抗滑移系数
无机富锌漆	$Sa2\frac{1}{2}$	$60\sim80$	0.40*
锌加底漆			0.45
防滑防锈硅酸锌漆		$80\sim120$	0.45
聚氨酯富锌底漆或醇酸铁红底漆	Sa2 及以上	$60\sim80$	0.15

注：①当设计要求使用其他涂层(热喷铝、镀锌等)时，其钢材表面处理要求、涂层厚度以及抗滑移系数均应经试验确定；②*表示当连接板材为 Q235 钢时，对于无机富锌漆涂层抗滑移系数 μ 值取 0.35；③防滑防锈桂酸漆、锌加底漆(ZINGA)不应采用手工涂刷的施工方法。

表 7.3　一个高强螺栓的预拉力 P　　　　　(单位：kN)

螺栓性能等级	螺栓规格						
	M12	M16	M20	M22	M24	M27	M30
8.8s	45	80	125	150	175	230	280
10.9s	55	100	155	190	225	290	355

(6)高强螺栓连接的构造应符合下列规定。

(a)高强螺栓孔径应按表 7.4 匹配。

表 7.4　高强螺栓连接的孔径匹配　　　　　(单位：mm)

孔型				M12	M16	M20	M22	M24	M27	M30
	标准圆孔	直径		13.5	17.5	22	24	26	30	33
	大圆孔	直径		16	20	24	28	30	35	38
	槽孔	长度	短向	13.5	17.5	22	24	26	30	33
			长向	22	30	37	40	45	50	55

(b)不得在同一个连接摩擦面的盖板和芯板同时采用扩大孔型(大圆孔、槽孔)。

(c)当盖板按大圆孔、槽孔制孔时，应增大垫圈厚度或采用孔径与标准垫圈相同的连续型垫板。垫圈或连续型垫板厚度应符合下列规定：①M24 及以下规格的高强螺栓连接副，垫圈或连续垫板厚度不宜小于 8mm；②M24 以上规格的高强螺栓连接副，垫圈或连续垫板厚度不宜小于 10mm。

(d)高强螺栓孔距和边距的容许间距应按表 7.5 规定采用。

表 7.5　高强螺栓孔距和边距的容许间距

名称	位置和方向			最大容许间距 (两者较小值)	最小容许 间距
中心间距	外排(垂直内力方向或顺内力方向)			$8d_0$ 或 $12t$	$3d_0$
	中间排	垂直内力方向		$16d_0$ 或 $24t$	
		顺内力 方向	构件受压力	$12d_0$ 或 $18t$	
			构件受拉力	$16d_0$ 或 $24t$	
	沿对角线方向			—	
中心至构件 边缘距离	顺内力方向				$2d_0$
	切割边或自动手工气割边			$4d_0$ 或 $8t$	
	轧制边、自动气割边或锯割边				$1.5d_0$

注：d_0 为高强螺栓连接板的孔径，对槽孔为短向尺寸；t 为外层较薄板件的厚度。

2. 吊装模块制作与拼装

吊装模块的制作在钢结构工厂完成，构件模块出厂前必须进行平面预拼装，按轴线、中心线、标高控制线和位置线将各模块拼装就位，并复验其相互关系和尺寸等是否符合图纸要求，预拼装经检验合格后应在构件上标注定位中心线、标高基准线和交线中心点，同时在模块上编注顺序号，做出必要的标记。端板与连梁型钢的焊接连接应采取消除残余变形和残余应力的措施。预拼装后形成的吊装模块应重点检查钢骨柱与连梁型钢间的垂直度、钢骨柱轴心线间距、端板与钢骨柱翼缘的接触面是否紧凑等内容。调整好钢梁的位置后，用高强螺栓换掉用来进行临时固定的安装螺栓。穿高强螺栓时，必须用过眼样冲将高强螺栓孔调整到最佳位置，而后穿入高强螺栓，不得将高强螺栓强行打入，以防损坏高强螺栓，影响结构安装质量。一个接头上的高强螺栓应从螺栓群中部开始安装，逐个拧紧。初拧、复拧、终拧都应从螺栓群中部向四周扩展逐个拧紧，每拧一遍均用不同颜色的油漆做上标记，防止漏拧。终拧 1 小时后 48 小时内进行终拧扭矩检查。如有其他问题，应及时进行调整。

3. 吊装模块运输

(1)钢构件在运输的过程中稳定性差，必须采取必要的绑扎、捆绑、设置支架支撑等措施。

(2)型钢构件装车时下面应垫好编结草绳，重叠时应在各受力点铺垫草垫。

(3)封车加固的铁丝、钢丝绳必须保证完好，严禁用已损坏的铁丝、钢丝绳进行捆扎。

(4)为确保行车安全，在超限运输过程中对超限运输车辆、构件设置警示标志，进行运输前的安全技术交底。

(5)钢结构模块卸车作业时，必须明确指挥人员，统一指挥信号。钢构件必须有防滑垫块，上部构件必须绑扎牢固。

4. 现场安装准备

(1)钢构件进场前必须根据现场施工条件合理规划施工平面布置。保证进场钢构件堆放合理有序。工程开工前，组织相关管理技术人员进行图纸学习，熟悉结构特点和设计意图，进行技术交底，编制作业指导书指导现场施工。

(2)钢构件进场后，根据图纸和发货清单对进场构件进行验收。检查验收内容包括外观尺寸、表面处理、焊缝外观、螺栓孔位、油漆表面和制作质保资料等。

(3)平面控制网选用土建提供的测量控制网。控制网的布设遵循先整体、后局部，高精度控制低精度原则，根据现场施工总平面布置和施工放线需要，选择合适的点位坐标，做到既便于大面积控制，又利于长期保留应用，防止中途视线受阻和点位破坏受损。

(4)钢结构安装应与土建、水电暖卫、通风、电梯等施工单位结合，做好统筹安排，综合平衡工作，确保现成联肢钢板剪力墙钢结构施工部分已经完成。

5. 测量准备

(1)所有测量仪器必须经过市计量检测单位检定，具有检定合格证书并保证在符合使用的有效期内。

(2)了解施工顺序安排，从钢结构安装次序、施工进度计划等方面考虑，确定测量放线的先后次序、时间要求，制定详细的各细部放线方案。

(3)根据现场施工总平面布置和施工放线需要，选择合适的点位坐标，做到既便于大面积控制，又利于长期保留应用，防止中途视线受阻和点位破坏受损，以保证满足场地平面控制网与标高控制网测量精度要求和长期使用要求。

6. 控制网布设

(1)控制网的布设本着先整体、后局部，高精度控制低精度，同时要保证便于使用、施测和长期保留的原则，便于施工使用和控制网自身闭合校核。

(2)控制点之间应通视、易量距。

(3)根据上述几条原则，平面控制网选用土建提供的测量控制网。在地下室施工区域，对钢柱柱脚部及埋件部位进行测量定位，根据相应的轴线坐标，利用控制网点，将柱脚及埋件定位轴线测设出来，确认之后再使用。

7. 吊装模块的安装

(1)模块安装前应对下一节模块的标高与轴线进行复验，若发现误差超过规范，应立即修正。每节钢结构模块中钢骨柱的定位轴线应从地面控制轴线引上来，不得从下层的钢骨柱的轴线引出。

(2)安装前，应对模块中的钢构件的长度、断面、翘曲等进行预检，发现问题立即向技术部门报告，以便及时采取措施。

(3)钢骨柱加工厂应按要求在钢骨柱两端设置临时连接耳板，待钢骨柱对接(指电焊)完成，且验收合格后，再将耳板割除。

(4)模块安装就位后，先调整标高，再调整位移，最后调整垂直偏差，重复上述步骤，直到符合要求。调整垂直度的缆风绳或支撑夹板，应在模块起吊前在地面绑扎好。拆除索具采用钢管爬梯。

(5)在进行模块钢骨柱焊接时，由于楼层混凝土已施工完成，焊接部位出混凝土楼层面,可以直接在楼层上焊接。

(6)模块吊装步骤。

吊装模块在现场布置完毕后,即可进行吊装(图 7.16)。绑扎方式为两点绑扎,绑扎位置为通过卡环连接在耳板上,吊装用的两根短头应挂设在两个基本处于水平面的吊耳上以保证吊装过程中吊装模块接近水平。起吊前钢结构模块应横放在枕木上,起吊时不得使模块在地面上有拖拉现象。

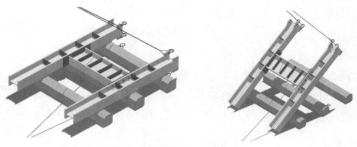

图 7.16　模块起吊示意图

吊装模块提升就位,上下层钢结构模块的柱-柱相接时,利用连接板连接钢骨柱端头的耳板进行钢骨柱临时固定,上下柱不能出现错口,然后进行校正焊接。钢结构模块的每一根钢骨柱的定位轴线,应从地面控制轴线引到柱顶,以保证每节钢骨柱安装无误,避免产生过大的积累偏差;对钢骨柱有关尺寸预检,控制修正钢骨柱的柱顶垂直偏差、位移量、焊接变形、垂直校正及弹性压缩等,下层楼层联肢钢板剪力墙钢结构部分完成示意图如图 7.17 所示。

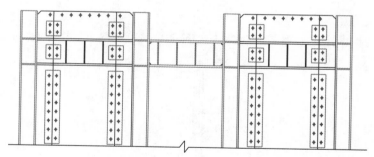

图 7.17　下层楼层联肢钢板剪力墙钢结构部分完成示意图

8. 连梁模块吊装

1)第一节连梁模块安装的定位轴线控制

安装前对建筑物的定位轴线、平面封闭角、底层柱的位置线、钢筋混凝土面的标高等进行复查,合格后开始安装工作。

连梁模块定位轴线测设。在平面控制网的基础上结合图纸尺寸,采用直角坐标法放出连梁模块每个钢柱基础的纵横轴线。将所测轴线弹墨线后,量距复核相邻柱间尺寸。轴线复核无误后,画红油漆三角标记,作为下一层连梁模块吊装就位时的对中依据。

第一节连梁模块，用两台经纬仪和一台水准仪进行边吊边校，校正完后临时固定，塔吊松钩。

2) 第一节连梁模块安装标高控制

安装第一节连梁模块后，应对模块内钢柱顶做一次标高实测，根据实测标高的偏差值来确定调整与否。标高偏差值小于等于 5mm 时，只记录不调整；超过 5mm 时需进行调整。

调整的方法为：如果标高高了，必须在后节柱上截去相应的误差长度；如果标高低了，须填塞相应厚度的钢板。钢板必须与原钢柱同种材质，另外需注意一次调整不宜过大，一般以 5mm 为限，因为过大的调整会带来其他构件连接的复杂化和增加安装难度。

3) 连梁模块的安装工艺

连梁模块安装流程：

(1) 模块安装前应对下一节模块的标高与轴线进行复验，发现误差超过规范，应立即修正。每节模块的定位轴线应从地面控制轴线引上来，不得从下层模块的轴线引出。

(2) 安装前，应对连梁模块的长度、断面、翘曲等进行预检，发现问题即向技术部门报告，以便及时采取措施。

(3) 钢柱加工厂应按要求在柱两端设置临时连接耳板，待钢柱对接完成，且验收合格后，再将耳板割除。

(4) 调整垂直度的缆风绳或支撑夹板，应在模块起吊前在地面绑扎好。

(5) 连梁模块吊装时将钢丝吊绳绑在梁端钢柱的连接耳板上，先在地面试吊 2 次，离地 5cm 左右，观察其是否水平，是否倾斜。如果不合格应落地重绑吊点。

(6) 连梁模块安装就位后，先调整标高，再调整位移，最后调整垂直偏差，重复上述步骤，直到符合要求。

4) 连梁模块测量定位要求

连梁模块的测量定位主要是针对模块内钢柱的测量定位，如图 7.18 所示。

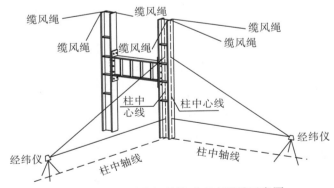

图 7.18　连梁模块钢骨柱垂直度测量示意图

(1) 标高控制按照 7.1.10 节钢结构测量技术中钢柱标高测量相关规定进行。

(2) 垂直度控制按照 7.1.10 节钢结构测量技术中钢柱垂直度测量相关规定进行。

5) 连梁模块中钢柱与钢柱对接

钢柱临时连接耳板的螺栓孔应比螺栓直径大 4.0mm，利用螺栓孔扩大足够的余量调节钢柱制作误差为±3mm。钢柱与临时耳板连接如图 7.19 所示，焊接时根据焊接工艺评定参数进行，在焊接过程中，如发现小量偏差，可用电焊校正方法校正。

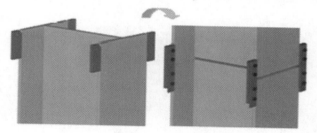

图 7.19 钢柱与临时耳板连接

钢柱柱口错口校正示意如图 7.20 所示，钢柱倾斜校正示意如图 7.21 所示。

图 7.20 钢柱柱口错口校正图   图 7.21 钢柱倾斜校正图

6）连梁模块吊装工艺流程总结

连梁模块吊装的工艺流程为原有结构验收→测量放线→连梁模块起吊调平→连梁模块落位→耳板安装螺栓紧固→钢柱部分初次校核→螺栓略微放松→连梁模块中钢柱水平位置、连梁标高和整体垂直度校正→螺栓紧固就位→连梁模块钢柱部分水平接缝焊接→超声波探伤验收合格后割除耳板。连梁、钢骨柱核心模块安装如图 7.22 所示，连梁模块安装阶段完成状态如图 7.23 所示。

图 7.22 连梁-钢骨柱核心模块安装

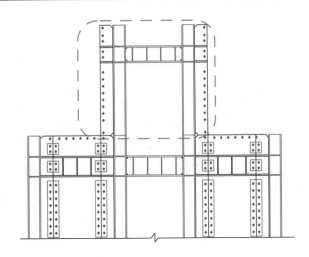

图 7.23　连梁模块安装阶段完成示意图

9. 钢骨柱模块吊装

(1)钢骨柱模块的定位轴线控制、标高控制、吊装工艺与连梁模块吊装类似,区别在于钢骨柱模块为单独一根柱。

(2)每节模块的定位轴线应从地面控制轴线引上来,不得从下层柱的轴线引出。吊装采用两点就位、一点吊装的旋转回直法,严禁根部拖柱,吊点位置在柱顶。

(3)钢柱安装就位后,先调整标高,再调整位移,最后调整垂直度偏差,重复上述步骤,直到符合要求。

(4)钢骨柱吊装的工艺流程总结如下:原有结构验收→测量放线→钢骨柱模块起吊调平→钢骨柱模块落位→耳板安装螺栓紧固→钢柱初次校核→螺栓略微放松→钢骨柱模块钢柱水平位置、柱顶标高和垂直度校正→螺栓紧固就位→钢骨柱模块水平接缝焊接→超声波探伤验收合格后割除耳板。钢骨柱模块安装阶段完成状态如图 7.24 所示。

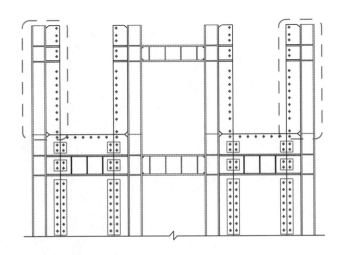

图 7.24　钢骨柱模块安装阶段完成示意图

10. 钢板墙模块吊装

联肢钢板墙安装如图 7.25 所示。

图 7.25　联肢钢板墙安装

钢板安装流程：

(1) 安装前应对下一节钢板的标高与轴线进行复验，发现超过规范，应立即修正。每节模块的定位轴线应从地面控制轴线引上来，不得从下层钢板的轴线引出。

(2) 安装前，应对钢板的变形、翘曲等进行预检，发现问题立即向技术部门报告，以便及时采取措施。

(3) 钢板墙模块与连梁模块或者钢骨柱模块相比厚度较薄容易变形，宜一层一节，吊装采用两点就位、一点吊装的旋转回直法，吊点位置在钢板上部三分之一处。

(4) 钢板安装就位后，使用临时盖板定位钢板，拧紧定位连接螺栓。

(5) 将钢板两侧调整好，用临时耳板拧紧螺栓定位。

(6) 钢板固定后，通过高强螺栓进行连接，顺序为先左右两侧连接，后下侧连接。

11. 高强螺栓的安装

1) 高强螺栓安装难点

(1) 累计误差问题造成穿孔困难。

从高强度螺栓连接构件制孔的允许偏差、孔距的允许偏差，到测量放线、地脚螺栓预埋、钢结构柱钢桁架安装都有允许偏差范围。由于高强度螺栓孔比螺栓杆大 1.5～2.0mm，如果上述各道工序控制不力，螺栓杆就会穿不过去。当螺栓杆穿孔不能通过时，由于厚板低合金高强度结构，钢扩孔艰难。

(2) 摩擦面问题。

摩擦型高强度螺栓是在荷载设计值下，连接件之间产生相对滑移，依据摩擦面作为其承载能力极限状态。如果摩擦面保证不了，高强度螺栓直接受剪，不符合摩擦型高强度螺栓的受力原理。

如果由于多种原因造成板间不密贴，摩擦面会先失去作用。主要有以下几种情况：连接处箱型板是否平，不平就不密贴；连接处箱型断面是否受扭，有扭就不密贴；牛腿连接处轴线是否对位，不对位就不密贴；遇有端板连接是否平、直、变形，是否产生间隙不密合。

摩擦面抗滑移等数较大时，要做好成品保护较难。对锐角杆件连接节点采用高强度螺栓不易施拧。当板厚 $t \leqslant 20mm$ 时箱型断面采用高强度螺栓连接比较容易。

2) 高强螺栓的试验及复验

(1) 高强度螺栓连接摩擦面抗滑移系数试验和复验。

抗滑移系数检验用的试件由制造厂加工，试件与所代表的构件应为同一材质、同一摩擦面处理工艺、同批制作、使用同一性能等级、同一直径的高强度螺栓连接副，并在相同条件下同时发运。

抗滑移系数 μ 按式(7.5)计算：

$$\mu = N / n_f \cdot \sum P_t \tag{7.5}$$

式中，N 为滑动荷载；n_f 为传力摩擦面数，$n_f = 2$；$\sum P_t$ 为紧固轴力之和。

抗滑移系数检验的最小值必须等于或大于设计规定值。

(2) 高强度大六角头螺栓连接副扭矩系数复验。

大六角头高强度螺栓施工前，按出厂批复验高强度螺栓连接副的扭矩系数，每批复验 5 套。5 套扭矩系数的平均值应在 0.110～0.150，其标准偏差应小于或等于 0.010。大六角头高强度螺栓的施工扭矩由式(7.6)计算确定：

$$T_c = k \cdot P_c \cdot d \tag{7.6}$$

式中，T_c 为施工扭矩，$N \cdot m$；k 为高强度螺栓连接副的扭矩系数平均值；P_c 为高强度螺栓施工预拉力，kN；d 为高强度螺栓螺杆直径；

(3) 扭剪型高强度螺栓连接副预拉力复验。

扭剪型高强度螺栓施工前,按出厂批复验高强度螺栓连接副的紧固轴力,每批复验 5 套。

3) 高强螺栓的储存及保管

(1) 高强度螺栓连接副必须在同批内配套使用。

(2) 高强度螺栓连接副在运输、保管过程中，要轻装、轻卸，防止损伤螺纹。

(3) 高强度螺栓连接副按批号、规格分类保管，室内存放，堆放不宜过高，防止生锈和沾染脏物。

(4) 高强度螺栓连接副在安装使用前严禁任意开箱。

(5) 工地安装时，按当天高强度螺栓连接副需要使用的数量领取，当天安装剩余的必须妥善保管，不得乱扔、乱放。

(6) 安装过程中，不得碰伤螺纹及沾染脏物，以防扭矩系数发生变化。

4) 高强螺栓的安装

(1) 高强度螺栓连接处摩擦面如采用生锈处理方法时，安装前应以细钢丝刷除去摩擦面上的浮锈。

(2) 不得用高强度螺栓兼做临时螺栓，以防损伤螺纹引起扭矩系数的变化。

（3）高强度螺栓的安装应在结构构件中心位置调整后进行,其穿入方向应以施工方便为准,并力求一致。高强度螺栓连接副组装时,螺母带圆台面的一侧朝向垫圈有倒角的一侧。

（4）安装高强度螺栓时,严禁强行穿入螺栓(如用锤敲打)。如不能自由穿入时,该孔用铰刀进行修整,修整后孔的最大直径应小于 1.2 倍螺栓直径。修孔时,为防止铁屑落入板迭缝中,铰孔前应将四周螺栓全部拧紧,使板迭密贴后再进行。严禁气割扩孔。

（5）安装高强度螺栓时,构件的摩擦面应保持干燥,不得在雨中作业。

（6）高强度螺栓施工所用的扭矩扳手,用前必须校正,其扭矩误差不得超过±5%,合格后方准使用。校正用的扭矩扳手,其扭矩误差不得超过±3%。

（7）高强度螺栓的拧紧分为初拧、终拧。对于大型节点分为初拧、复拧、终拧。初拧扭矩为施工扭矩的50%左右,复拧扭矩等于初拧扭矩。初拧或复拧后的高强度螺栓用颜色在螺母上涂上标记,然后按规定的施工扭矩值进行终拧。终拧后的高强度螺栓用另一种颜色在螺母上涂上标记。

（8）高强度螺栓拧紧时,只准在螺母上施加扭矩。

（9）高强度螺栓在初拧、复拧和终拧时,连接处的螺栓按一定顺序施拧,一般由螺栓群中央顺序向外拧紧。

（10）高强度螺栓的初拧、复拧、终拧应在同一天完成。

12. 钢板墙模块吊装工艺流程总结

原有结构验收→测量放线→钢板墙模块起吊调平→钢板墙模块吊装下落至准确位置→螺栓紧固。钢板模块安装阶段的状态如图 7.26、图 7.27 所示,钢板模块安装阶段完成状态如图 7.28 所示。

图 7.26　钢板模块安装示意图

箍筋穿钢板墙孔洞　　对拉螺杆孔洞

用于水平拉钩与钢板剪力墙连接的接驳器

混凝土浇筑灌浆孔

（a）已安装的钢板墙模块 1　　　　　　　　　　（b）已安装的钢板墙模块 2

图 7.27　已安装的钢板墙模块

图 7.28　钢板模块安装阶段完成示意图

13. 下层联肢剪力墙钢筋搭建、模板支护

型钢安装完毕后立即对型钢进行除油和除锈,通过现场的焊缝检测合格后,再进行钢筋的绑扎。

首先核对运到现场的成品钢筋的钢号、规格尺寸、形状、数量与施工图纸、配料单是否一致。钢筋搭建前应放线,校正预埋插筋。

在转换层面上要重新插标准层以上住宅部分的短肢墙钢筋,插筋时如遇墙肢插筋与梁上部主筋矛盾,则需通过设计人员适当增加部分附加钢筋或适当将梁主筋按 1∶8 纠偏。插转换层以上钢筋时,还应将各梁的轴线从下层吊至转换层面上,并做好标记,再进行插筋,应保证短肢剪力墙墙肢插筋位置的准确。

1）梁钢筋绑扎

画主次梁箍筋间距→放主、次梁箍筋→穿主梁底层纵筋及弯起筋→穿次梁底层纵筋及弯起并与箍筋固定→穿主梁上层纵向架立筋→按箍筋间距绑扎→穿次梁上层纵向钢筋→按箍筋间距绑扎。

2）暗柱的钢筋绑扎顺序

根据柱控制线调整柱主筋位置→清理柱筋内的垃圾及松动的石子→根据配料单绑扎。如梁、板同时浇灌，可将柱下层控制线吊至本层梁的钢筋上，做好记号，加固柱筋，以便质检、施工人员复核柱筋位置等。

3）剪力墙钢筋绑扎

立 2～4 根竖筋→画水平筋间距→放置定位混凝土块(混凝土标号 C30)→绑其余横、竖筋，定位混凝土块的尺寸规格(50mm×50mm×墙厚)。

4）板钢筋绑扎

清理模板→模板上画间距线→绑板下受力筋→绑负弯起筋。

5）楼梯钢筋绑扎

画位置线→绑主筋→绑分布筋→绑踏步筋。

保护层：平面用花岗石块做垫块，垂直方向用圆形塑料环做垫块，板的上层钢筋采用钢筋马凳(钢筋规格 φ10)，间距为 800mm×800mm。

6）质量标准

质量标准如表 7.6 所示。

表 7.6　下层联肢剪力墙钢筋搭建标准

序号	项目(钢筋加工)			允许偏差/mm
1	受力钢筋顺长度方向全长的净尺寸			±10
2	弯起钢筋的弯折位置			±20
3	箍筋内净尺寸			±5
序号	项目(钢筋安装位置)			允许偏差/mm
1	绑扎钢筋网	长、宽		±10
		网眼尺寸		±20
2	绑扎钢筋骨架	长		±10
		宽、高		±5
3	受力钢筋	间距		±10
		排距		±5
		保护层厚度	基础	±10
			柱、梁	±5
			板、墙、壳	±3
4	绑扎钢筋、横向钢筋间距			±20
5	钢筋弯起点位置			20
6	预埋件	中心线位置		5
		水平高度		±5，0

7) 施工中的注意事项

(1) 浇筑混凝土前检查钢筋位置是否准确，振捣混凝土时防止碰到钢筋，浇完混凝土后立即修整插筋的位置，防止柱筋、墙筋位移。

(2) 配置箍筋时应按内皮尺寸计算。

(3) 梁、暗柱箍筋加密区应正确。

(4) 梁主筋进支座长度要符合设计要求，弯起钢筋位置准确。

(5) 板的弯起钢筋和负弯矩钢筋位置应准确，施工时不应踩踏。

(6) 板筋应顺直、位置准确。

8) 成品保护

(1) 负弯矩钢筋绑好后，不准在上面踩踏行走。浇筑混凝土时派钢筋工专门负责维护，保证负弯矩筋位置的正确性。

(2) 绑扎钢筋时禁止碰动预埋件及洞口模板。

(3) 安装电线管、暖卫管线或其他设施时，不得任意切断和移动钢筋。

(4) 将预留钢筋调直理顺，并将表面砂浆等杂物清理干净，然后进行纵向筋和水平筋的绑扎。

(5) 联肢钢板剪力墙应逐点绑扎或者焊接，两侧和上下对称进行，钢筋的搭接长度及位置或者焊接质量应符合设计和施工规范的要求，钢筋与钢板或者型钢之间应设置支撑筋，钢筋的外侧绑扎砂浆垫块以控制保护层的厚度。

(6) 剪力墙钢筋绑扎完后，把垫块或垫圈固定好，确保钢筋保护层的厚度。

(7) 所有钢筋绑扎完毕，通过隐检合格，并经质监、监理检查验收批准后，方可进入下一道工序。根据建筑轴线放出控制线及剪力墙模板安装边线。

(8) 按放线位置钉好压脚板，然后进行模板的拼装，边安装边插入穿墙螺栓和套管，对拉螺栓应避免与剪力墙钢筋冲突。

(9) 根据模板设计要求安装墙模的拉杆或斜撑。模板及其支架必须具有足够的承载能力、刚度、稳定性，能可靠地承受浇筑混凝土的重量、侧压力以及施工荷载。模板安装和浇筑混凝土时应对模板及其支架进行观察和维护。

9) 模板安装要求

(1) 安装现浇结构上层模板及其支架，下层楼板应具有承受上层荷载的承载能力，或加设支架，上下层支架的立杆应尽可能对准。

(2) 模板的接缝不应漏浆，在浇筑混凝土前，木模板应浇水湿润，但模板不应有积水。

(3) 模板与混凝土的接触面应清理干净并涂刷隔离剂，但不得采用影响结构性能或妨碍装饰工程施工的隔离剂。

(4) 浇筑混凝土前，模板内的杂物应清理干净。

(5) 对跨度大于等于4m的现浇钢筋混凝土梁、板，其模板应按设计要求起拱；当无设计要求时，起拱高度宜为跨度的1/1000～3/1000。

(6) 现浇板。

模板安装顺序：搭设支架→安装纵横大小龙骨→调整板下皮标高及起拱→铺设板模板→检查模板上皮标高、平整度。

板的支撑排架用 φ48×3.5 的钢管搭设满堂脚手架,脚手架纵横间距为 900mm×900mm。板底用竹胶板,竹胶板下用 50mm×100mm 的木楞,木楞侧放在水平横钢管上,木楞的间距为 250mm,水平钢管的间距为 900mm。

脚手架支撑体系距地面 200mm 设扫地杆,第二排水平杆离扫地杆 1800mm 设置,第三排水平横杆视层高而定。

板模接缝高低差控制在 3mm 以内,接缝宽度控制在 2mm 以内,如大于 2mm 可采用刮腻子后贴胶带纸的方法,板的平整度控制在 5mm 以内。

(7)梁。

模板安装顺序:复核底标高及轴线位置→搭设梁模板支架→安装梁底楞→安装梁底模板→梁底起拱→绑扎梁筋→支梁侧模→安装上下锁品楞、斜撑楞及腰楞和对拉螺栓→复核梁模位置及尺寸→与相邻模板连接固定。

当梁高小于 500mm 时,可直接用短管斜撑梁两侧模的水平管;当梁高大于或等于 500mm 时,加设对拉螺栓固定,对拉螺栓横向水平间距小于等于 600mm,梁下支撑间距小于等于 900mm。

(8)楼梯模板。

楼梯支设按常规用三角形木方制成梯步端头,采用木条连接组装定位。楼梯支设时,应将施工缝留在超过该层不少于 1/3 踏步长的位置。

(9)墙体。

支模顺序为:支模前检查、验收→焊接定位筋或墙厚控制筋→支模板→安装对拉螺栓→调整模板位置→紧固对拉螺栓→全面检查校正→整体固定。

墙体支模体系采用 φ48×3.5 钢管、扣件、九层板、对拉螺栓、木方。

第一道螺栓距楼面为 150mm,水平间距为 600mm,竖向间距为 600～700mm,垂直木方水平横向间距 250mm,水平杆竖向间距 600～700mm。顶端对拉螺栓距墙边沿小于等于 300mm。

模板安装完毕,检查扣件、螺栓、拉顶撑是否牢固,模板拼缝以及底边是否严密。

检查剪力墙模板的垂直度、墙体厚度、保护层厚度是否满足要求,合格后即可按方案要求固定支撑系统,边固定边校正。

剪力墙模板安装完成,经验收合格后可进行下一工序。

(10)质量标准如表 7.7 所示。

表 7.7 剪力墙模板标准

序号	项目(现浇结构模板安装)		允许偏差/mm
1	轴线位置		5
2	底模上表面标高		±5
3	截面内部尺寸	暗柱、墙、梁	±10+4、−5
4	层高垂直度	≤5m	6
		>5m	8
5	相邻两板表面高低差		2
6	表面平整度		5
7	模板拆除时的混凝土强度应能保证其表面及棱角不受破坏		

10）模板拆除

模板拆除顺序为：先支后拆，后支先拆；先拆不承重的模板，后拆承重部分的模板；自上而下，支架先拆侧向支撑，后拆竖向支撑。在模板拆除过程中，严禁野蛮施工。模板拆除时，不能硬砸猛撬，模板坠落应采取缓冲措施，不应对楼层形成冲击荷载。拆除下来的模板和支架不宜过于集中堆放，宜分散堆放并及时清运，以免在楼层上积压，形成集中荷载。底模及其支架拆除时的混凝土强度应符合设计要求，当设计无具体要求时，混凝土强度应符合表 7.8 的规定。

表 7.8 拆模时混凝土强度标准

序号	构件类型	构件跨度/m	达到设计的混凝土抗压强度标准值的百分率/%
1	板	≤2	≥50
		>2，≤8	≥75
		>8	≥100
2	梁、拱、壳	≤8	≥75
		>8	≥100
3	悬臂构件	—	≥100

11）梁、板模板拆除流程

拆除支架部分拉杆和剪刀撑→拆除侧模板→下调楼板支柱→使模板下降→分段分片拆除楼板→木龙骨及支柱→拆除梁底模板及支撑系统。

14. 下层联肢剪力墙混凝土浇筑、养护

剪力墙采用 C60 混凝土，且严格控制混凝土质量。混凝土在拌合站里集中拌合，由罐车运至现场，泵车泵送混凝土入模。为使混凝土具有良好的和易性以保证浇筑质量，坍落度宜控制在 140～180mm。

联肢钢板剪力墙的混凝土浇筑时采用多台插入式振动器进行振捣，振捣过程中应掌握好振捣时间与间距，振点距离模板 10cm，振点间距 30cm，防止过振和漏振情况发生。浇筑过程中还应注意模板的位置，防止跑模漏浆等现象，一旦发现问题及时纠正处理。

混凝土浇筑后应进行两次压面，两次压面后立即采用塑料薄膜覆盖并设专人养护。

1）梁、板混凝土浇筑

楼板的梁板应同时浇筑，浇筑方法：从一端开始用"赶浆法"推进，先将梁分层浇筑成阶梯形，当达到楼板位置时再与板的混凝土一起浇筑。

和板连成整体的较大断面梁允许单独浇筑，其施工缝应留设在板底下 20～30mm 处。第一层下料慢些，使梁底充分振实后再下第二层料。用"赶浆法"使水泥浆沿梁底包裹石子向前推进，振捣时要避免触动钢筋及埋件。

楼板浇筑的虚铺厚度应略大于板厚，用平板振动器垂直沿浇筑方向来回振捣，注意不断用移动标志以控制混凝土板厚度。振捣完毕，用刮尺或拖板抹平表面，二次压光。

在浇筑与墙连成整体的梁和板时，应在墙浇筑完毕后停歇 1～1.5 小时，使其获得初步沉实，再继续浇筑。

宜沿着次梁方向浇筑楼板，施工缝应留置在次梁跨度 1/3 范围内，施工缝表面应与次梁轴线或板面垂直；单向板的施工缝留置在平行于板的短边的任何位置；双向板施工缝位置按设计要求留置。施工缝宜用木板、钢丝网挡牢。施工缝处须待已浇完混凝土的抗压强度不小于 1.2MPa 时，才允许继续浇筑。在施工缝处继续浇筑混凝土前，混凝土施工缝表面应凿毛，清除水泥薄膜和松动石子，并用水冲洗干净。排除积水后，先浇一层水泥浆或与混凝土成分相同的水泥砂浆然后继续浇筑混凝土。

梁、柱(暗柱)节点钢筋较密时，浇筑的混凝土宜用小直径的振捣棒振捣。

2)剪力墙混凝土的浇筑

剪力墙浇混凝土前，先在底部均匀浇筑 5cm 厚与墙体混凝土配比相同，去掉石子的水泥砂浆，并用铁锹入模，不应用料斗直接灌入模内。浇筑墙体混凝土要连续进行，间隔时间不应超过 2 小时，每层浇灌高度控制在 60cm 左右。

振捣棒移动间距应小于 50cm，每一振点的延续时间以表面呈现浮浆为度，为使上下层混凝土结合成整体，振捣器应插入下层混凝土 5cm。振捣时应注意钢筋密集及洞口部位，为防止出现漏振，须在洞口两侧同时振捣，下灰高度也应大体一致。大洞口的洞底模板应开口，并在开口处浇筑振捣。

混凝土墙体浇筑完毕后，将上口甩出的钢筋加以整理，用木抹子按标高线将墙上表面混凝土找平。浇筑墙体洞口时，要使洞口两侧混凝土高度大体一致。振捣时，振动棒应距洞边 300mm 以上，并从两侧同时振捣，以防洞口变形。大洞口下部模板应开口并补充振捣。

3)楼梯混凝土浇筑

楼梯段混凝土自下而上浇筑，先振实底板混凝土，达到踏步位置与踏步混凝土一起浇筑，不断连续向上推进并随时用木抹子(木磨板)将踏步上表面抹平。楼梯混凝土宜连续浇筑完成。根据结构情况可留设施工缝于楼梯平台板跨中或楼梯段 1/3 范围内。

混凝土浇筑完毕后，应在 12 小时以内加以覆盖，并浇水养护。混凝土浇水养护时间一般不小于 7 天，掺用缓凝剂外加剂或有抗渗要求的混凝土不得少于 14 天。每日浇水次数应能保持混凝土处于足够的湿润状态，常温下每日浇水两次。采用薄膜覆盖时，其四周应压至严密，并应保持薄膜内有凝结水。养护用水与拌制混凝土用水相同。梁、板表面采取先铺一层塑料薄膜再铺一层湿麻袋的保温方法。养护过程中浇水湿润必不可少，但不应蓄水过多，宜通过保温的麻袋缓慢渗入混凝土表面，只要保持表面湿润即可。

4)质量标准

质量标准如表 7.9 所示。

表 7.9　楼梯混凝土浇筑标准

序号	项目		允许偏差/mm
1	轴线位置	墙、梁	8
		剪力墙	5
2	垂直度	层高 ≤5m	8
		层高 >5m	10
		全高(H)	$H/1000$ 且 ≤30

续表

序号	项目		允许偏差/mm
3	标高	层高	±10
		全高	±30
4	截面尺寸		+8，−5
5	电梯井	井筒长、宽对定位中心线	+25，0
		井筒全高(H)垂直度	H/1000 且≤30
6	表面平整度		8
7	预埋设施中心线位置	预埋件	10
		预埋螺栓	5
		预埋管	5
8	预留洞中心线位置		15

5) 施工注意事项

混凝土自吊斗口下落的自由倾落高度不得超过 2m，如超过 2m 时必须采取措施。浇筑竖向结构混凝土时，如浇筑高度超过 3m 时，应采用串筒、导管、溜槽或在模板侧面开门子洞(生口)。浇筑混凝土时应分段分层进行，每层浇筑高度应根据结构特点、钢筋疏密决定。一般分层高度为插入式振动器作用部分长度的 1.25 倍，最大不超过 500mm，平板振动器的分层厚度为 200mm。

使用插入式振动器应快插慢拔，插点要均匀排列，逐点移动，按顺序进行，不得遗漏，做到均匀振实。移动间距不大于振动棒作用半径的 1.5 倍(一般为 300～400mm)，振捣上一层时应插入下层混凝土面 50mm，以消除两层间的接缝。平板振动器的移动间距应能保证振动器的平板覆盖已振实部分边缘。

浇筑混凝土应连续进行。如必须间歇，其间歇时间应尽量缩短，并在前层混凝土初凝之前，将次层混凝土浇筑完毕。间歇的最长时间应按所用水泥品种及混凝土初凝条件确定，一般超过 2 小时应按施工缝处理。浇筑混凝土时应派专人经常观察模板钢筋、预留孔洞、预埋件、插筋等有无位移变形或堵塞情况，发现问题应立即停止浇筑并在已浇筑的混凝土初凝前修整完毕。商品混凝土厂家除提供可靠的合格证和其他有效资料外，现场设专人抽检、取样、监控(试块组数按要求留设)。在混凝土强度未达到 1.2MPa 以前，不允许上人进行下道工序施工作业。

6) 质量通病

(1) 蜂窝。产生原因：振捣不实或漏振；模板缝隙过大导致水泥浆流失，钢筋较密或石子相应过大。预防措施：按规定使用和移动振动器。中途停歇后再振捣时，新旧接缝范围内要小心振捣。模板安装前应清理模板表面及模板拼缝处的黏浆，才能接缝严密，若接缝宽度超过 2.5mm，应予以填塞，梁筋过密时应选择相应的石子粒径。

(2) 露筋。产生原因：主筋保护层垫块不足，导致钢筋紧贴模板；振捣不实。预防措施：钢筋垫块厚度要符合设计要求规定；垫块放置间距适当，钢筋直径较小时，垫块间距应密些，使钢筋下垂挠度减小；使用振动器必须待混凝土中气泡完全排除后才移动。

(3) 麻面。产生原因：模板表面不光滑、模板湿润不够、漏涂隔离剂。预防措施：模板应平整光滑，安装前要把黏浆清除干净并满涂隔离剂，浇捣前对模板要浇水湿润。

(4)孔洞。产生原因：在钢筋较密的部位，混凝土被卡住或漏振。预防措施：对钢筋较密的部位应分次下料，缩小分层振捣的厚度；按照规程使用振动器。

(5)缝隙及夹渣。产生原因：施工缝没有按规定进行清理和浇浆，特别是梯板脚。预防措施：浇筑前对施工缝、楼板脚等部位重新检查，清理杂物、泥沙、木屑。墙柱底部烂脚。产生原因：模板下口缝隙不严密，导致漏水泥浆；或浇筑前没有先灌足 50mm 厚以上水泥砂浆。预防措施：模板缝隙宽度超过 2.5mm 应予以填塞严密，特别防止侧板吊脚；浇筑混凝土前先浇足 50～100mm 厚的水泥砂浆。

(6)接点处断面尺寸偏差过大。产生原因：模板刚度差；把安装模板放在楼层模板安装的最后阶段；缺乏质量控制和监督。预防措施：安装梁板模板前，先安装接头模板，并检查其断面尺寸、垂直度、刚度，符合要求才允许接驳梁模板。

(7)楼板表面平整度差。产生原因：振捣后没有用拖板、刮尺抹平；跌级和斜水部位没有符合尺寸的模具定位；混凝土未达到终凝就在上面行人和操作。预防措施：浇捣楼面应提倡使用拖板、刮尺抹平，跌级要使用平直、厚度符合要求和模具定位；混凝土达到 1.2MPa 后才允许在混凝土面上操作。

(8)轴线、埋件位移。产生原因：模板支承不牢，埋件固定措施不当，浇筑时受到碰撞引起。预防措施：基础混凝土属厚大构件，模板支承系统要予以充分考虑。

(9)混凝土表面不规则裂缝。产生原因：淋水保养不及时，湿润不足，水分蒸发过快或厚大构件温差收缩；没有执行有关规定。预防措施：混凝土终凝后立即进行淋水保养；高温或干燥天气要加麻袋草袋等覆盖，保持构件有较久的温润时间。

(10)缺棱掉角。产生原因：投料不准确，搅拌不均匀，出现局部强度低；拆模板过早，拆模板方法不当。预防措施：指定专人监控投料、投料计量准确；搅拌时间要足够；拆模板时应在混凝土强度能保证其表面及棱角不因拆除模板而受损坏时方可拆除。拆除时对构件棱角予以保护。

(11)钢筋保护层垫块脆裂。产生原因：垫块强度低于构件强度；沉置钢筋笼时冲力过大。预防措施：垫块强度不低于构件强度，并能抵御钢筋放置时的冲击力；当承托较大的梁钢筋时，垫块中应加钢筋或铁丝增强；垫块制作完毕应浇水养护；柱混凝土强度高于梁板混凝土强度时，应按图在接头周边 500mm 处用钢丝网或木板定位，并先浇筑梁柱接头，随后浇筑梁板混凝土。浇筑悬臂板应使用垫块，保证钢筋位置正确。

7)混凝土缺陷的处理：

(1)麻面：用清水将表面冲刷干净后用 1：2 或 1：2.5 水泥砂浆抹平。

(2)蜂窝露筋：先凿除孔洞周围疏松软弱的混凝土，然后用压力水或钢丝刷洗刷干净，对小的蜂窝孔洞用 1：2 或 1：2.5 水泥砂浆抹平压实，对大的蜂窝露筋按孔洞处理。

(3)孔洞：凿除疏松软弱的混凝土，用压力水或钢丝刷洗刷干净，支模后，先涂纯水泥浆，再用比原混凝土高一级的细石混凝土填捣。如孔洞较深，可用压力灌浆法。

(4)裂缝：视裂缝宽度、深度不同，一般将表面凿成 V 形缝，用水泥浆、水泥砂浆或环氧水泥浆进行封闭处理；裂缝较严重时，可用埋管压力灌浆。

8)安全注意事项

(1)使用振动器的人员应穿胶鞋、戴绝缘手套，应使用带有漏电保护器的开关箱。

(2)使用溜槽时，严禁操作人员直接站在溜槽邦上操作。

(3)浇筑单梁混凝土时，应设操作台，操作人员严禁直接站在模板或支撑上操作，以免踩滑或踏断而坠落。

(4)楼面上的孔洞应予以遮盖或有其他保护措施。

(5)夜间作业应有足够照明设备，并防止眩光。

9)成品保护

(1)混凝土浇筑期间，及时校对预留伸出钢筋或埋件位置。

(2)已浇筑的楼板混凝土强度达到1.2MPa后才准在楼面上进行操作。

(3)侧面模板应在混凝土强度能保证其棱角不因拆模而受损时，方可拆模。

(4)不能用重物冲击模板，不准在梁侧板或吊板上蹬踩。

(5)使用振动棒时，注意不要触碰钢筋与埋件、暗管等，如发现变异应及时校正。

(6)雨期施工应备有足够的防护措施，及时对已浇筑的部位进行遮盖。下雨期间，应避免露天作业。

(7)混凝土浇筑完成后，应对混凝土竖向构件水平施工缝表面及时进行修正、抹平(在混凝土凝固后凿毛)，当混凝土强度能保证其表面及棱角不受损伤时，方可拆除竖向构件侧模。

(8)模板拆除后应及时对混凝土进行养护，养护可采用洒水保湿养护和表面喷涂混凝土养护剂等方式，混凝土养护时间不应小于14天。

15. 上层联肢钢板剪力墙施工开始

待下层联肢钢板剪力墙混凝土浇筑完成，本层联肢钢板剪力墙钢结构部分吊装结束后方可进行上层楼层的联肢钢板剪力墙钢结构部分的施工。依照"下层联肢墙钢结构施工→本层联肢墙钢结构施工→下层联肢墙混凝土施工→上层联肢墙钢结构施工"的流程从下到上逐步完成高层建筑联肢钢板剪力墙部分的施工。

7.3 施工质量控制措施

7.3.1 执行的主要质量控制标准

(1)《钢结构工程施工质量验收规范》(GB 50205—2017)。

(2)《钢结构工程施工规范》(GB 50755—2012)。

(3)《钢结构焊接规范》(GB 50661—2011)。

(4)《焊缝无损检测 超声检测 技术、检测等级和评定》(GB/T 11345—2013)。

(5)《高层民用建筑钢结构技术规程》(JGJ 99—2015)。

(6)《组合结构设计规范》(JGJ 138—2016)。

(7)《钢结构制作与安装规程》(DG/TJ 08-216—2016)。

(8)《钢结构用扭剪型高强度螺栓连接副》(GB/T 3632—2008)。

(9)《钢结构高强度螺栓连接技术规程》(JGJ 82—2011)。

7.3.2 质量控制措施

1. 施工总体目标

严格按图施工，合理安排进度计划，严格遵守相关技术标准、规范，以确保按期完工，工程施工质量达到合格标准。

2. 测量质量控制

(1)仪器测站应选在安全的地方。

(2)仪器安置好后须有人看护，严禁长时间无人看管仪器，烈日下或有小雨时应打伞遮蔽，测距仪/激光天顶仪严禁浇水淋雨，不慎淋湿后须及时烘干。

(3)仪器操作时避免用手直接触摸物镜、目镜。

(4)观测结束后仪器装箱前，应先将调平脚螺旋和制动螺旋退回原位，再按出箱状态放入仪器箱。

(5)测量所得记录须保证其原始性、完整性且字迹工整。

(6)严禁现场测量时使用草稿纸记录再转抄至测量记录，以避免转抄错误。

(7)记录中的错误数据严禁直接涂抹掩盖，须通过"/"划掉错误数据并将正确数据记录于错误数据上方，保证错误数据清晰可见。

(8)图纸所获数据及外业观测数据是计算工作的根本依据，须妥善保管，工作结束后应及时整理并上报项目部复验，以及报监理审核。

(9)数据计算前应仔细逐项校核测量记录，以保证计算依据的正确性，计算中应做到步步校核，避免"一错皆错"。

3. 高强螺栓连接质量控制

(1)用小锤(0.3kg)敲击法对螺栓进行普查，以防漏拧。

(2)对每个解封处螺栓数的10%且不少于一个进行扭矩检查。扭矩检查应在螺栓终拧后的 1 小时以后 24 小时之前完成。

4. 焊接施工质量控制

1)焊接材料准备

根据现场焊接特点，并结合工程实际，一般可采用 CO_2 焊丝气体保护焊和焊条手工电弧焊相结合的焊接方法。选用 CO_2 焊丝气体保护焊有以下几点原因：第一，熔敷速度高，其熔敷速度为手工焊条的 2～3 倍，熔敷效率可达 90%以上；第二，气渣联合保护，电弧稳定，飞溅少，脱渣易，焊道成型美观；第三，对电流、电压的适应范围广，焊接条件设定较为容易。另外，焊条手工电弧焊简便灵活，适应性强，可作为辅助焊接方法。

2)焊工资质及培训

(1)焊工资质。

焊工应具有相应的合格证书,包括ZC(中国船检局)、AWS(American Welding Society,美国焊接协会)所颁发的资格证书，并在有效期内。焊工应具备全位置焊接水平。严禁无证上岗，或者低级别焊高级别。

(2)焊工培训。

(a)焊工技术培训。对所有从事焊接的焊工进行技术培训考核,主要包括焊接节点形式、焊接方法以及焊接操作位置,以达到工程所需的焊接技能水平。

(b)高空技术培训。有些工程结构高度很高,在超高空环境下,对焊工的素质提出了更高的要求。所以还必须针对性地进行高空焊接培训,从而适应现场环境的需要,提高焊接质量。

3)焊接过程质量控制

包括焊前检验、焊接过程检验和成品检验。

4)焊前准备工作

焊前应检查图纸、标准、工艺规程等是否齐备,焊接材料(焊条、焊丝、焊剂、气体等)和钢材原材料质量是否合格,构件装配和焊接件边缘质量是否合格,焊接设备(焊机、专用胎、模具等)是否完善,以及是否具备焊工合格证。

5)焊接要求

焊接过程中须保证焊接设备运行正常,焊工严格执行焊接规范及焊接工艺标准。多层焊接过程中须注意是否存在夹渣、是否存在焊透等缺陷,及时自检。防止焊接过程中形成缺陷,或及时发现缺陷并采取整改措施。

6)焊接的质量检查及缺陷返修

(1)焊接质量检查。

(a)焊接质量检查包括外观和无损检测,按照规范和设计文件执行,一级焊缝 100% 检验,二级焊缝抽检 20%,并且在焊后 24 小时检测。若对超声检测(ultrasonic testing, UT)有疑问,在有条件的地方辅以射线检测(radiographic testing,RT)。

(b)焊缝的外观检查。焊缝的外形尺寸应符合表 7.10 中一级焊缝的规定:焊缝内部检查均应进行无损检验。无损检验包括外观检查、致密性检查、无损探伤。所有的全熔透对接焊缝在完成外观检查后进行 100%超声波无损检测,标准执行《焊缝无损检测 超声检测 技术、检测等级和评定》(GB/T 11345—2013),焊缝质量不低于 B 级的一级。

表 7.10　焊缝外形尺寸允许偏差

项次	项目	示意图		允许偏差/mm	
				一级	二级
1	对接焊缝余高		$b<20$	$0.5\sim2$	$0.5\sim2.5$
			$b\geqslant20$	$0.5\sim3.0$	$0.5\sim3.5$
2	对接焊缝错边		d	$d<0.1t\leqslant3$	$d<0.1t\leqslant2$
3	角焊缝焊脚尺寸		h_f	$h_f\leqslant6$, $0\sim1.5$	$h_f>6$, $0\sim3.0$

续表

项次	项目	示意图	允许偏差/mm	
			一级	二级
4	角焊缝余高	c	$h_\mathrm{f}\leqslant6$, $0\sim1.5$	$h_\mathrm{f}>6$, $0\sim3.0$

(c)焊缝内部检验及修补：第一，焊缝内部检验通常可分为无损检验和破坏性检验两大类。无损检验可分为外观检查、致密性检验、无损探伤。无损探伤主要有磁粉探伤、渗透探伤、射线探伤、超声波探伤等。第二，所有的全熔透对接焊缝在完成外观检查之后进行100%超声波无损检测，标准执行《焊缝无损检测　超声检测　技术、检测等级和评定》(GB/T 11345—2013)，焊缝质量不低于B级的一级。破坏性检验包括焊接接头的机械性能试验、焊缝化学成分分析、金相组织测定、扩散氢含量测定、接头的耐腐蚀性能试验等。第三，缺陷修复。超声波检查有缺陷的焊缝，应从缺陷两端加50mm作为清除部分，并以与正式焊缝相同的焊接工艺进行补焊，同样的标准和方法进行复检。第四，碳弧气刨应由操作熟练的合格焊工进行，在将缺陷刨出进行确认后，应将缺陷完全清理干净，并对清理区域进行打磨处理，去除刨槽表面的熔渣和渗碳层。

(2)焊接缺陷返修。

(a)焊缝表面的气孔、夹渣用碳刨清除后重焊。母材上若产生弧斑，则要用砂轮机打磨，必要时进行磁粉检查。

(b)焊缝内部的缺陷，根据UT对缺陷的定位，用碳刨清除。对裂纹，碳刨区域两端要向外延伸至各50mm的焊缝金属。

(c)返修焊接时，对于厚板，必须按原有工艺进行先预热、后热处理。预热温度应在前面基础上提高20℃。

(d)焊缝同一部位的返修不宜超过两次。如若超过两次，则要制定专门的返修工艺并报请监理工程师批准。

(e)超声波检查出有缺陷的焊缝后，应从缺陷两端加50mm作为清除部分，并以正式焊缝相同的焊接工艺进行补焊、执行统一的标准和方法进行复检。

7)钢结构厚板焊接控制

(1)钢结构厚板最为主要的特点在于其钢板厚度方向的受力特性。理论计算中一直假定钢结构为各向同性体。中厚板和薄板在轧制过程中通过辊轴反复轧压，其力学性能更加接近于理想的各向同性体。

(2)厚板在轧制过程中由于其厚度较大，钢材微观结构的晶格不能均匀细化，局部的气孔和夹杂等缺陷较难消除，因此问题多集中在防止钢板厚度方向的层状撕裂方面。

(3)厚板多层焊应连续施焊，每一层焊道焊完后应及时清理焊渣及表面飞溅物，在检查时如发现影响焊接质量的缺陷，应消除后再焊。在连续焊接过程中应检测焊接区母材的温度，使层间最低温度与预热温度保持一致，层间预热温度由现场工艺试验确定。如必须中断施焊，应采取适当的后热、保温措施，再焊时应重新预热并根据节点及板厚情况适当提高预热温度。

8) 焊接注意事项

(1) 防风措施。

(a) 焊接作业区风速：手工电弧焊时不得超过 8m/s，CO_2 气体保护焊不得超过 2m/s，否则应采取防风措施。

(b) 利用焊接操作平台，将平台做成基本封闭状态，就能有效防止大风对焊接的影响。

(c) 在操作防护栏四周用阻燃型材料封闭，可防雨、防风。

(2) 防雨、防湿措施。

(a) 焊接需要连续施焊，而天气多变，如遇到雨季，必将影响焊接施工。为此，应采取专门的防雨措施。

(b) 由于操作平台做成全封闭，焊接点可避免直接淋雨。但雨水可顺着管子流淌进焊接区，造成焊接区淬火。

(c) 在焊接区上方做一个防雨棚，围绕管子最上部四周采用防水材料堵住，使雨水不致流淌下去。

(d) 湿度大于 85%时，焊接易产生连续气孔等缺陷。故在密封条件较好的部位（如操作平台处）采取局部除湿措施，以保证顺利施焊。

(3) 其他注意事项。

严禁在焊缝以外的母材上引弧；定位焊必须由持焊工合格证的工人施焊，且应与正式焊缝一样要求；如装有引弧和收弧板，则应在引弧板和引出板上进行引弧和收弧；焊接完成后，应用气割切除引弧板和引出板，留有 2mm 宽，用砂轮机修磨平整。严禁用锤击落。

5. 钢结构安装质量控制

(1) 严格按照施工方案和技术交底实施。

(2) 严格按图纸核对构件编号、方向，确保准确无误。

(3) 安装过程中严格执行工序管理，检查上一道工序，保证本工序，服务下一道工序。

(4) 测量仪器在安装施工中全程跟踪，严格控制构件的垂直度偏差、标高偏差、位置偏差。

7.4　施工安全措施

7.4.1　安全文明施工目标

(1) 杜绝重大施工安全事故，杜绝人员死亡事故，杜绝严重违法乱纪事件。

(2) 杜绝机械事故，杜绝重大火灾事故。

(3) 安全施工负伤率控制在千分之三以内，火灾一般事故控制在全员万分之三以内，一般治安案件发案率控制在全员万分之五以内。

7.4.2　安全管理体系

(1) 以项目经理为安全施工第一责任人，全面负责现场安全施工。

(2) 以施工队长为安全施工直接责任人，具体负责本施工队现场施工区域的安全施工措施。

(3) 以安全文明管理员为安全施工主要监督人，实时监督现场安全施工。

(4) 以班组长为本班组安全施工负责人，执行本班组施工区域的安全施工措施。

(5) 明确安全施工责任，责任到人，层层负责，切实将安全施工落到实处。

(6) 建立落实安全生产责任制，认真做好进场安全、技术交底工作。

(7) 加强"安全第一"的思想教育，坚持"班前交底，班中检查，每周例会"制度。

(8) 加强安全施工宣传工作，在施工现场显著位置放置宣传标语、警示牌等以示提醒。

(9) 管理人员及特种作业人员必须持证上岗，且证、人、证件专业必须吻合，否则不予上岗。

(10) 所有进入施工现场的人员必须佩戴安全帽，作业人员需正确穿戴个人防护用具，安装和搬运构件板材时须佩戴手套，钻孔时须佩戴防护镜，高空作业人员须系安全带，否则不予作业。

(11) 施工用电由专项临电施工组织设计，强调突出线缆架设及线路保护，严格采用三级配电二级保护的三相五线制"TN-S"供电系统，做到"一机一闸一漏电"，漏电保护装置必须灵敏可靠。

(12) 施工机械、器具每天使用前须例行检查，特别是钢丝绳、安全带等保护性器具应坚持每周进行性能检查，确保完好，如出现断胶、断钢丝和缠结须立即更换。

(13) 当风速达到 10m/s 时，应停止吊装工作；当风速达到 15m/s 时，所有工作均须停止。

(14) 吊装工作区应有明显标志，并安排专人警戒，非吊装现场作业人员严禁进入吊装，起重机工作时，起重臂下严禁站人，起重臂回转半径内禁止逗留。

(15) 吊装工作时，高空作业人员应站在操作平台、吊篮、梯子上作业。

(16) 高空作业人员所携带的各种工具及螺栓零件等应有专用工具袋放置，在高空传递物品时，应挂好安全绳，不得随便抛掷，以防伤人。

(17) 吊装时不得在构件上堆放或悬挂零星物件，零星物品须通过专用物品袋上下传递。

(18) 起吊模块时，速度不能太快，不能在高空停留太久，严禁猛开猛降，以防构件脱落。

(19) 构件安装后，应检查各构件的连接和稳定情况，当连接确定安全可靠时，方可松钩、卸索。

7.4.3　防火防触电措施

(1) 现场用电须有专职人员负责安装、维护、管理，严禁非电工人员随意安拆任何用电设备。

(2)各项用电设备须有良好的接地、接零，对于现场用手持电动工具，须有漏电保护器，其操作者必须穿戴绝缘手套、绝缘鞋。

(3)现场临时电源须按国家有关安全规程架设，电源装漏电保护装置，用电设备做好接地、接零。

(4)现场备好消防器材、工具，并注意定期检查消防器具是否完好。

(5)现场有乙炔瓶、氧气瓶搬运须有防震措施，禁止向地下抛掷、猛摔，应避免在阳光下暴晒，并与明火保持安全距离。

(6)施工时须注意防火，乙炔、氧气瓶按规定存放在阴凉处，保证安全距离。

7.4.4　钢结构安装安全管理体系

(1)执行《职业健康与安全管理体系》(OHSAS 18001: 1999)。建立安全生产管理体系，成立以项目经理为首的安全生产管理小组，按施工工序分别确定专职安全员，各生产班组设兼职安全员。

(2)确定工程安全目标：重伤事故及死亡事故为零。

(3)工伤事故不超过一次。

(4)机械事故为零。

(5)确定危险危害因素：可能发生事故的区域、机械设备及人为因素。

(6)建立落实安全生产责任制，认真做好进场安全、技术交底，定期进行安全教育。与各施工队伍签订安全生产责任书。

(7)坚持班前安全活动制度，且班组每日活动有记录。

(8)定期进行安全检查，对现场发现的安全隐患进行整改。

(9)管理人员及特种作业必须持证上岗，且所持证件必须是专业对口。

(10)正确穿戴个人防护用品，所有进入现场作业区的人员必须戴好安全帽，高处作业人员必须系挂安全带。

(11)施工用电由专项临电施工组织设计，强调突出线缆架设及线路保护，严格采用三级配电二级保护的三相五线制"TN-S"供电系统，做到"一机一闸一漏电"，漏电保护装置必须灵敏可靠。

(12)塔吊的安装、拆除、验收、运行、保养、维修执行专项作业指导书。必须做到"四限位两保险"，且灵敏有效，并按规定做好防雷接地。实行机长负责制，做好运转、交班记录。

(13)对所有可能坠落的物体要求：所有物料应堆放平稳，不妨碍通行和装卸，工具应随手放入工具袋，作业中的走道、通道板和登高用具、临边作业部位必须随时清扫干净；拆卸下的物料及余料和废料应及时清理运走，不得随意乱置乱堆或直接往下丢弃；传递物体禁止抛掷。

(14)高处作业的安全设施必须经过验收通过方可进行下道工序的作业。

(15)所有高处作业人员必须经过体检，合格方可进行高空作业。

（16）吊装方面的作业必须有跟随吊装的水平安全网，安装完一段设一固定安全兜网，并进行临边防护安装。

（17）施工中电焊机等施工机械必须采取固定措施存放于高空作业平台上，不得摇晃滚动。登高用钢爬梯必须牢牢固定在钢架上，不得晃动。紧固螺栓和焊接用的挂篮必须安全可靠，挂点进行加强处理。

（18）对焊接区域下方进行清理，清除易燃、易爆物品，防止火花溅落引起危害。

（19）当风速达到 15m/s（6 级以上）时，吊装作业必须停止。

（20）高空作业中的工具及物品必须放在完好的工具袋内，并将工具袋系好固定，不得直接放在高空物件表面上，以免妨碍通行及高空坠物。每道工序完成后作业面上不准留有杂物，以免将物件踢下发生坠落打击。禁止高空抛掷物件，传递物件用绳拴牢。

（21）作业人员应从规定的通道和走道上下来往，不得在单榀桁架上等非规定通道攀爬。如需在桁架上行走时，该桁架上必须事先挂设好钢丝缆绳。高空作业人员行走时必须将安全带扣挂于安全缆绳上。

（22）吊装作业应划定危险区域，挂设安全标志，加强安全警戒。

（23）夜间施工要有足够的照明。

7.4.5　特殊气候条件下施工

1）雨季及大风天气施工措施

（1）成立以项目经理为第一责任人的施工现场的雨季施工领导小组，将方案编制、措施落实、人员教育、材料供应、应急抢险等具体职责落实到主控及相关部门，并明确责任人。

（2）根据不同年度雨季施工的不同内容和特点，提前编制有针对性和切实可行的雨季施工方案，报请业主及监理单位审批，审批合格后，及时落实方案内容。

（3）配备足够的、能够保证雨季施工顺利进行的材料及机具，现场设雨季施工专用供电线路、电闸箱，并设专人随时维护以保证专用供电系统的正常运转。

（4）大型高耸机械及设施（如履带、承重支架等）要提前做好防雷接地工作，遥测电阻值，阻值及接地方法等应符合相关安全技术操作规程及规定。

（5）室外露天的中、小型机械必须按规定加设防雨罩或搭设防雨棚；电闸箱防雨、漏电接地保护装置要灵敏有效，定期检查线路的绝缘情况。

（6）大风天气，所有高耸的设备设施要提前落实防风加固措施，风力达到 6 级或 6 级以上时，应停止履带吊等机械。大风、大雨之后，要重新检查所有大型高耸设备设施的基础，发现问题后，要遵照处理问题检查合格重新施工的程序进行。

（7）下雨天禁止钢结构焊接施工，大风天气不能进行钢结构焊接，只有采取切实可靠的防风措施之后方可进行钢结构焊接。

（8）在施工现场外为本工程设立的材料场地或库房，也要落实好上述雨季施工措施，屋顶要做好防雨，有防潮要求的库房还要做好防潮工作。

（9）构件堆放场地要设置排水系统，使雨水顺畅排出，防止雨水浸泡构件。

（10）雨天要停止大构件的拼装工作。当班要拼装成稳定的锥体，以防倒塌伤人，遇雨、风天气要拉缆风绳固定拼装台。

(11)雨后构件未干之前，不准继续焊接和安装，以防钢构件导电伤人和滑落伤人。

(12)钢结构安装时，安装平台和马道要设护栏、安全网和防滑条。

(13)雨季施工现场机械行走路线，其表面应有横行排水坡度，有条件的可以铺设碎砖、炉渣、砂石或其他防滑材料，必要时可加高加固路基。

(14)电焊机及手持电动工具等做到"一机一闸一漏电"，漏电保护装置必须灵敏可靠。

(15)手持电动工具操作人员必须用绝缘手套，以防触电。

(16)雨季施工期间，要随时掌握气象情况，重大吊装、高空作业等都要事先了解气象预报，确保作业安全。

2)防暴雨袭击方案和措施

(1)暴风雨季节应特别提高警惕，随时做好防暴风雨袭击的准备。设专人关注天气预报，做好记录，并与气象台保持联系，如遇天气变化及时报告工程项目经理，以便采取有效预防措施。

(2)成立以项目经理为领导班子的抢险救灾小组，密切注意现场动态，遇有紧急情况，立刻投入现场进行抢救，使损失降到最低。

(3)科学、合理安排风雨期施工，当风力大于6级时，应停止室外的施工作业，提前安排好各分部分项工程的雨期施工，做到有备无患。

(4)对施工现场材料堆放仓库等临设工程应进行全面详细检查，如有拉结不牢、排水不畅、漏雨、沉陷、变形等情况，应采取措施进行处理，问题严重的必须停止使用。风雨过后，应随时检查，发现问题，重点抢修。

(5)暴风雨到来之前，对施工时堆放在屋顶表面的小型机具、零星材料应堆放加固好，不能固定的东西要及时搬到建筑物内。

(6)所有高空作业施工人员在暴风雨来临之前应停止施工作业，撤离到安全地带。

(7)暴风雨过后要立即对现场的安全设施、电源线路进行仔细检查，发现问题要及时处理，经现场负责人同意方可复工。

3)高温条件下的施工措施

(1)保健措施。

(a)对高温作业人员进行就业前和入暑前的健康检查，检查不合格者均不得在高温条件下作业。

(b)炎热天气组织医务人员到现场进行巡回观察，防治施工人员中暑。

(c)积极与当地气象部门联系，尽量避免在高温天气进行室外大工作量施工。

(d)对高温作业人员供给足够的符合卫生要求的饮料，特别是含盐饮料。

(2)组织措施。

(a)采用合理的劳动作息制度。根据具体情况，在较高气温条件下，适当调整作息时间，早晚工作，中午休息。

(b)改善食堂伙食，确保防暑降温物品及设备的落实。

(c)根据工地实际情况，尽可能调整劳动力的组织工作，采取勤倒班的方法，缩短一次连续作业时间。

7.5　工期保证措施

7.5.1　机械保证

开工前编制详细的机械需用计划，并严格按照计划组织机械进场。

7.5.2　组织保证

(1)实施项目经理责任制，对工程行使、组织、指挥、协调、实施、监督六项基本职能，确保指令畅通、令行禁止、重信誉、守合同。

(2)加强与业主、监理、设计单位的合作与协调，对施工过程中出现的问题及时达成共识；积极协助业主完成材料设备的选择和招标工作，为工程的顺利实施提供良好的环境和条件。

(3)加强同指定分包商的施工协调与进度控制，根据工程进展及时通知指定分包商进场，并为指定分包商的施工创造良好条件。

7.5.3　管理保证

建立现场协调例会制度。每周召开一次现场协调会，通过现场协调的形式，与业主、监理单位、设计单位一起到现场解决现场施工中存在的问题，加强相互之间的协调，提高工作效率，确保进度计划的有效实施。

7.5.4　技术保证

(1)编制针对性强的施工组织和设计方案，按照计划，制定详细的、针对性和可操作性强的施工组织设计和专项方案，采用技术先进、合理可行的施工方法，实行三级技术交底，对重要部位制作施工样板，从而实现项目管理层和操作层对施工工艺、质量标准的熟悉和掌握，使工程有条不紊地按期保质完成。

(2)加强深化设计。项目设深化设计部，采用先进的钢结构深化设计软件，由专职工程师对范围内的工程进行深化设计。

(3)广泛采用新技术、新材料、新工艺。在施工期间，对工程技术难点组织攻关，包括结构变形控制技术、钢结构测量技术、钢结构焊接技术。

7.5.5　物资保证

(1)物资及设备部根据施工进度计划，每月编制物资需用量计划和采购计划，按施工进度计划要求进场。

(2)项目实验员对进场物资及时见证取样送检，并将检测结果及时呈报监理工程师。

7.5.6 劳动力保证

选择实力雄厚的劳务分包商，通过对劳务分包商的业绩和综合实力的考核，在合格劳务分包商中选择长期合作、具有一级资质的成建制队伍作为劳务分包商，工程中标后即签订合同，做好施工前的准备工作，确保其准时进场。

7.6 环 保 措 施

(1)成立专职的施工卫生管理机构，在施工过程中严格遵守国家和地方政府下发的有关环境保护的法律、法规和规章。

(2)施工场地和作业须限制在工程建设允许的范围内，合理布置、规范围挡，做到标牌清楚、齐全，各种标识醒目，施工场地整洁文明。

(3)施工现场设立垃圾站，及时分拣、回收及清运现场垃圾。

(4)现场打磨、拌合、碾压、切割、打孔、剔凿等工序须注意防尘，及时洒水清扫，并有专人负责。

(5)夜间施工时现场应设置明显的禁鸣标注，且禁止人员大声喧哗。

(6)尽量避免或减少预埋件施工过程中的光污染，夜间室外照明灯加设灯罩，透光方向集中在施工范围；电焊作业采取遮挡措施，避免电焊弧光外泄。

附录 A　组合墙肢含钢及配筋信息

表 A.1　C-12-30 结构含钢及配筋信息

楼层	边缘构件		钢构件			墙身分布筋	
	纵筋/配筋率	箍筋	钢板/mm	暗柱/mm	含钢率/%	竖向	水平
12	8⎁18/1.27%		—	—	—	⎁10@200	
11	8⎁18/1.27%		—	—	—	⎁10@200	
10	8⎁18/1.27%		—	—	—	⎁10@200	
9	8⎁18/1.27%		—	—	—	⎁10@200	
8	8⎁18/1.27%		—	400×160×5×12	0.72	⎁10@200	
7	8⎁18/1.27%	⎁10@100	—	400×160×5×12	0.72	⎁10@200	⎁10@200
6	8⎁22/2.45%		—	400×160×5×12	0.72	⎁10@200	
5	8⎁32/4.02%		—	400×160×5×12	0.72	⎁10@200	
4	8⎁40/6.28%		—	400×160×8×15	0.97	⎁10@200	
3	8⎁36/5.09%		5×2800	400×160×10×20	3.00	⎁16@200	
2	8⎁28/3.08%		5×2800	400×160×8×15	2.72	⎁12@200	
1	8⎁32/4.02%		5×2800	400×160×8×15	2.72	⎁16@200	

表 A.2　C-12-40 结构含钢及配筋信息

楼层	边缘构件		钢构件			墙身分布筋	
	纵筋/配筋率	箍筋	钢板/mm	暗柱/mm	含钢率/%	竖向	水平
12	8⎁18/1.27%		—	—	—		
11	8⎁18/1.27%		—	—	—		
10	8⎁18/1.27%		—	—	—		
9	8⎁18/1.27%		—	—	—		
8	8⎁18/1.27%		—	400×160×5×12	0.72		
7	8⎁18/1.27%	⎁10@100	—	400×160×5×12	0.72	⎁10@200	⎁10@200
6	8⎁18/1.27%		—	400×160×5×12	0.72		
5	8⎁28/3.08%		—	400×160×5×12	0.72		
4	8⎁36/5.09%		—	400×160×5×12	0.72		
3	8⎁36/5.09%		5×2800	400×160×10×20	3.00		
2	8⎁28/3.08%		5×2800	400×160×5×12	2.47		
1	8⎁32/4.02%		5×2800	400×160×5×15	2.58		

表 A.3 C-12-50 结构含钢及配筋信息

楼层	边缘构件		钢构件			墙身分布筋	
	纵筋/配筋率	箍筋	钢板/mm	暗柱/mm	含钢率/%	竖向	水平
12	8Φ18/1.27%		—	—	—		Φ10@200
11	8Φ18/1.27%		—	—	—		Φ10@200
10	8Φ18/1.27%		—	—	—		Φ10@200
9	8Φ18/1.27%		—	—	—		Φ10@200
8	8Φ18/1.27%		—	400×160×5×12	0.72		Φ10@200
7	8Φ18/1.27%		—	400×160×5×12	0.72		Φ10@200
6	8Φ18/1.27%	Φ10@100	—	400×160×5×12	0.72	Φ10@200	Φ10@200
5	8Φ25/2.45%		—	400×160×5×12	0.72		Φ10@200
4	8Φ36/5.09%		—	400×160×5×12	0.72		Φ12@200
3	8Φ36/5.09%		5×2800	400×160×5×12	2.47		Φ10@200
2	8Φ20/1.57%		5×2800	400×160×5×12	2.47		Φ10@200
1	8Φ28/3.08%		5×2800	400×160×5×12	2.47		Φ10@200

表 A.4 C-12-60 结构含钢及配筋信息

楼层	边缘构件		钢构件			墙身分布筋	
	纵筋/配筋率	箍筋	钢板/mm	暗柱/mm	含钢率/%	竖向	水平
12	8Φ18/1.27%		—	—	—		
11	8Φ18/1.27%		—	—	—		
10	8Φ18/1.27%		—	—	—		
9	8Φ18/1.27%		—	—	—		
8	8Φ18/1.27%		—	400×160×5×12	0.72		
7	8Φ18/1.27%		—	400×160×5×12	0.72		
6	8Φ18/1.27%	Φ10@100	—	400×160×5×12	0.72	Φ10@200	Φ10@200
5	8Φ18/1.27%		—	400×160×5×12	0.72		
4	8Φ32/4.02%		—	400×160×5×12	0.72		
3	8Φ32/4.02%		5×2800	400×160×5×12	2.47		
2	8Φ18/1.27%		5×2800	400×160×5×12	2.47		
1	8Φ20/1.57%		5×2800	400×160×5×12	2.47		

表 A.5　C-16-30 结构含钢及配筋信息

楼层	边缘构件		钢构件			墙身分布筋	
	纵筋/配筋率	箍筋	钢板/mm	暗柱/mm	含钢率/%	竖向	水平
16	8⌀20/1.26%		—	—	—	⌀12@200	
15	8⌀20/1.26%		—	—	—	⌀12@200	
14	8⌀20/1.26%		—	—	—	⌀12@200	
13	8⌀20/1.26%		—	—	—	⌀12@200	
12	8⌀20/1.26%		—	—	—	⌀12@200	
11	8⌀20/1.26%		—	500×200×8×15	0.97	⌀12@200	
10	8⌀20/1.26%		—	500×200×8×15	0.97	⌀12@200	
9	8⌀20/1.26%		—	500×200×8×15	0.97	⌀12@200	
8	8⌀20/1.26%	⌀12@100	—	500×200×8×15	0.97	⌀12@200	⌀12@200
7	8⌀20/1.26%		—	500×200×8×15	0.97	⌀12@200	
6	8⌀32/3.22%		—	500×200×8×15	0.97	⌀12@200	
5	8⌀36/4.07%		—	500×200×8×15	0.97	⌀16@200	
4	8⌀40/5.03%		—	500×200×10×20	1.26	⌀16@200	
3	8⌀40/5.03%		6×2800	500×200×10×20	2.94	⌀16@200	
2	8⌀25/1.96%		6×2800	500×200×8×15	2.67	⌀12@200	
1	8⌀32/3.27%		6×2800	500×200×8×15	2.67	⌀12@200	

表 A.6　C-16-40 结构含钢及配筋信息

楼层	边缘构件		钢构件			墙身分布筋	
	纵筋/配筋率	箍筋	钢板/mm	暗柱/mm	含钢率/%	竖向	水平
16	8⌀20/1.26%		—	—	—		
15	8⌀20/1.26%		—	—	—		
14	8⌀20/1.26%		—	—	—		
13	8⌀20/1.26%		—	—	—		
12	8⌀20/1.26%		—	—	—		
11	8⌀20/1.26%		—	500×200×8×15	0.97		
10	8⌀20/1.26%		—	500×200×8×15	0.97		
9	8⌀20/1.26%	⌀12@100	—	500×200×8×15	0.97	⌀12@200	⌀12@200
8	8⌀20/1.26%		—	500×200×8×15	0.97		
7	8⌀20/1.26%		—	500×200×8×15	0.97		
6	8⌀28/2.46%		—	500×200×8×15	0.97		
5	8⌀36/4.07%		—	500×200×8×15	0.97		
4	8⌀40/5.03%		—	500×200×8×15	0.97		
3	8⌀40/5.03%		6×2800	500×200×10×20	2.94		
2	8⌀22/1.52%		6×2800	500×200×8×15	2.67		
1	8⌀32/3.27%		6×2800	500×200×8×15	2.67		

表 A.7　C-16-50 结构含钢及配筋信息

楼层	边缘构件		钢构件			墙身分布筋	
	纵筋/配筋率	箍筋	钢板/mm	暗柱/mm	含钢率/%	竖向	水平
16	8Φ20/1.26%		—	—	—		
15	8Φ20/1.26%		—	—	—		
14	8Φ20/1.26%		—	—	—		
13	8Φ20/1.26%		—	—	—		
12	8Φ20/1.26%		—	—	—		
11	8Φ20/1.26%		—	—	—		
10	8Φ20/1.26%		—	—	—		
9	8Φ20/1.26%	Φ12@100	—	500×200×8×15	0.97	Φ12@200	Φ12@200
8	8Φ20/1.26%		—	500×200×8×15	0.97		
7	8Φ20/1.26%		—	500×200×8×15	0.97		
6	8Φ20/1.26%		—	500×200×8×15	0.97		
5	8Φ32/3.22%		—	500×200×8×15	0.97		
4	8Φ40/5.03%		—	500×200×8×15	0.97		
3	8Φ40/5.03%		6×2800	500×200×8×15	2.67		
2	8Φ20/1.26%		6×2800	500×200×8×15	2.67		
1	8Φ25/1.96%		6×2800	500×200×8×15	2.67		

表 A.8　C-16-60 结构含钢及配筋信息

楼层	边缘构件		钢构件			墙身分布筋	
	纵筋/配筋率	箍筋	钢板/mm	暗柱/mm	含钢率/%	竖向	水平
16	8Φ20/1.26%		—	—	—		
15	8Φ20/1.26%		—	—	—		
14	8Φ20/1.26%		—	—	—		
13	8Φ20/1.26%		—	—	—		
12	8Φ20/1.26%		—	—	—		
11	8Φ20/1.26%		—	—	—		
10	8Φ20/1.26%		—	—	—		
9	8Φ20/1.26%	Φ12@100	—	500×200×8×15	0.97%	Φ12@200	Φ12@200
8	8Φ20/1.26%		—	500×200×8×15	0.97		
7	8Φ20/1.26%		—	500×200×8×15	0.97		
6	8Φ20/1.26%		—	500×200×8×15	0.97		
5	8Φ22/1.52%		—	500×200×8×15	0.97		
4	8Φ32/3.22%		—	500×200×8×15	0.97		
3	8Φ32/3.22%		6×2800	500×200×8×15	2.67		
2	8Φ20/1.26%		6×2800	500×200×8×15	2.67		
1	8Φ20/1.26%		6×2800	500×200×8×15	2.67		

表 A.9 C-20-30 结构含钢及配筋信息

楼层	边缘构件		钢构件			墙身分布筋	
	纵筋/配筋率	箍筋	钢板/mm	暗柱/mm	含钢率/%	竖向	水平
20	10⏀20/1.31%		—	—	—	⏀14@200	
19	10⏀20/1.31%		—	—	—	⏀14@200	
18	10⏀20/1.31%		—	—	—	⏀14@200	
17	10⏀20/1.31%		—	—	—	⏀14@200	
16	10⏀20/1.31%		—	—	—	⏀14@200	
15	10⏀20/1.31%		—	—	—	⏀14@200	
14	10⏀20/1.31%		—	500×260×8×25	1.38	⏀14@200	
13	10⏀20/1.31%		—	500×260×8×25	1.38	⏀14@200	
12	10⏀20/1.31%		—	500×260×8×25	1.38	⏀14@200	
11	10⏀20/1.31%	⏀12@100	—	500×260×8×25	1.38	⏀14@200	⏀14@200
10	10⏀20/1.31%		—	500×260×8×25	1.38	⏀14@200	
9	10⏀22/1.58%		—	500×260×8×25	1.38	⏀14@200	
8	10⏀28/2.56%		—	500×260×8×25	1.38	⏀14@200	
7	10⏀36/4.24%		—	500×260×8×25	1.38	⏀14@200	
6	10⏀40/5.24%		—	500×260×8×25	1.38	⏀14@200	
5	12⏀40/6.28%		—	500×260×8×25	1.38	⏀14@200	
4	12⏀40/6.28%		7×2800	500×260×12×25	3.17	⏀20@200	
3	12⏀40/6.28%		7×2800	500×260×12×35	3.58	⏀20@200	
2	10⏀32/3.35%		7×2800	500×260×8×25	3.02	⏀14@200	
1	10⏀36/4.24%		7×2800	500×260×8×25	3.02	⏀14@200	

表 A.10　C-20-40 结构含钢及配筋信息

| 楼层 | 边缘构件 | | 钢构件 | | | 墙身分布筋 | |
	纵筋/配筋率	箍筋	钢板/mm	暗柱/mm	含钢率/%	竖向	水平
20	10⻊20/1.31%		—	—	—		
19	10⻊20/1.31%		—	—	—		
18	10⻊20/1.31%		—	—	—		
17	10⻊20/1.31%		—	—	—		
16	10⻊20/1.31%		—	—	—		
15	10⻊20/1.31%		—	—	—		
14	10⻊20/1.31%		—	500×260×8×25	1.38		
13	10⻊20/1.31%		—	500×260×8×25	1.38		
12	10⻊20/1.31%		—	500×260×8×25	1.38		
11	10⻊20/1.31%		—	500×260×8×25	1.38		
10	10⻊20/1.31%	⻊12@100	—	500×260×8×25	1.38	⻊14@200	⻊14@200
9	10⻊20/1.31%		—	500×260×8×25	1.38		
8	10⻊25/2.05%		—	500×260×8×25	1.38		
7	10⻊32/3.35%		—	500×260×8×25	1.38		
6	10⻊40/5.24%		—	500×260×8×25	1.38		
5	12⻊40/6.28%		—	500×260×8×25	1.38		
4	12⻊40/6.28%		7×2800	500×260×8×25	3.02		
3	12⻊40/6.28%		7×2800	500×260×12×35	3.58		
2	10⻊28/2.56%		7×2800	500×260×8×25	3.02		
1	10⻊32/3.35%		7×2800	500×260×8×25	3.02		

表 A.11　C-20-50 结构含钢及配筋信息

楼层	边缘构件		钢构件			墙身分布筋	
	纵筋/配筋率	箍筋	钢板/mm	暗柱/mm	含钢率/%	竖向	水平
20	10Φ20/1.31%		—	—	—		
19	10Φ20/1.31%		—	—	—		
18	10Φ20/1.31%		—	—	—		
17	10Φ20/1.31%		—	—	—		
16	10Φ20/1.31%		—	—	—		
15	10Φ20/1.31%		—	—	—		
14	10Φ20/1.31%		—	—	—		
13	10Φ20/1.31%		—	500×260×8×25	1.38		
12	10Φ20/1.31%		—	500×260×8×25	1.38		
11	10Φ20/1.31%		—	500×260×8×25	1.38		
10	10Φ20/1.31%	Φ12@100	—	500×260×8×25	1.38	Φ14@200	Φ14@200
9	10Φ20/1.31%		—	500×260×8×25	1.38		
8	10Φ20/1.31%		—	500×260×8×25	1.38		
7	10Φ28/2.57%		—	500×260×8×25	1.38		
6	10Φ36/4.24%		—	500×260×8×25	1.38		
5	10Φ40/5.24%		—	500×260×8×25	1.38		
4	10Φ40/5.24%		7×2800	500×260×8×25	3.02		
3	10Φ40/5.24%		7×2800	500×260×12×25	3.17		
2	10Φ20/1.31%		7×2800	500×260×8×25	3.02		
1	10Φ25/2.05%		7×2800	500×260×8×25	3.02		

表 A.12　C-20-60 结构含钢及配筋信息

楼层	边缘构件		钢构件			墙身分布筋	
	纵筋/配筋率	箍筋	钢板/mm	暗柱/mm	含钢率/%	竖向	水平
20	10Φ20/1.31%		—	—	—		
19	10Φ20/1.31%		—	—	—		
18	10Φ20/1.31%		—	—	—		
17	10Φ20/1.31%		—	—	—		
16	10Φ20/1.31%		—	—	—		
15	10Φ20/1.31%		—	—	—		
14	10Φ20/1.31%		—	—	—		
13	10Φ20/1.31%		—	500×260×8×25	1.38		
12	10Φ20/1.31%		—	500×260×8×25	1.38		
11	10Φ20/1.31%		—	500×260×8×25	1.38		
10	10Φ20/1.31%	Φ12@100	—	500×260×8×25	1.38	Φ14@200	Φ14@200
9	10Φ20/1.31%		—	500×260×8×25	1.38		
8	10Φ20/1.31%		—	500×260×8×25	1.38		
7	10Φ20/1.31%		—	500×260×8×25	1.38		
6	10Φ25/2.05%		—	500×260×8×25	1.38		
5	10Φ32/3.35%		—	500×260×8×25	1.38		
4	10Φ32/3.35%		7×2800	500×260×8×25	3.02		
3	10Φ36/4.24%		7×2800	500×260×12×25	3.17		
2	10Φ20/1.31%		7×2800	500×260×8×25	3.02		
1	10Φ20/1.31%		7×2800	500×260×8×25	3.02		

附录 B 钢连梁截面信息

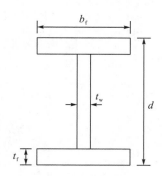

图 B.1 钢连梁截面尺寸示意图

表 B.1 12 层结构钢连梁截面信息 （单位：mm）

结构编号	楼层	d	b_f	t_w	t_f
C-12-30	10～12	240	200	6	20
	7～9	410	200	6.5	30
	4～6	410	200	7.5	30
	1～3	410	200	8	30
C-12-40	10～12	340	200	6	20
	7～9	460	200	7.5	30
	4～6	460	200	9	30
	1～3	460	200	9.5	30
C-12-50	10～12	400	200	6	20
	7～9	560	200	7.5	30
	4～6	570	200	9	35
	1～3	570	200	10	35
C-12-60	10～12	400	200	7	25
	7～9	560	200	9	30
	4～6	570	200	11	35
	1～3	580	200	12	40

表 B.2　16 层结构钢连梁截面信息　　　　　（单位：mm）

结构编号	楼层	d	b_f	t_w	t_f
C-16-30	13～16	240	200	6	20
	9～12	370	200	6	25
	5～8	370	200	7	25
	1～4	380	200	8	30
C-16-40	13～16	300	200	6	20
	9～12	380	200	8	30
	5～8	380	200	9.5	30
	1～4	390	200	10	35
C-16-50	13～16	300	220	8	25
	9～12	410	220	9.5	30
	5～8	420	220	11.5	35
	1～4	420	220	12	35
C-16-60	13～16	350	220	8	25
	9～12	490	220	9	30
	5～8	500	220	11	35
	1～4	500	220	12	35

表 B.3　20 层结构钢连梁截面信息　　　　　（单位：mm）

结构编号	楼层	d	b_f	t_w	t_f
C-20-30	16～20	260	200	6	20
	11～15	360	200	6	20
	6～10	380	200	8	30
	1～5	380	200	8.5	30
C-20-40	16～20	340	220	6	20
	11～15	410	220	8	25
	6～10	420	220	9.5	30
	1～5	420	220	10	30
C-20-50	16～20	350	220	7.5	25
	11～15	480	220	8.5	30
	6～10	490	220	10.5	35
	1～5	490	220	11	35
C-20-60	16～20	390	220	8	25
	11～15	520	220	9.5	30
	6～10	530	220	11	35
	1～5	530	220	12	35

附录 C 动力弹塑性时程分析所用地震加速度原始时程及其反应谱

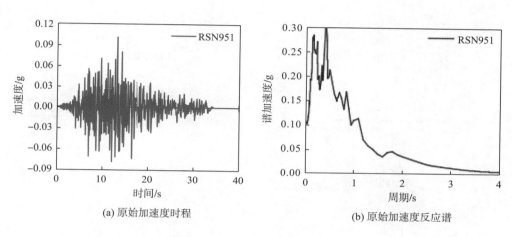

(a) 原始加速度时程

(b) 原始加速度反应谱

图 C.1 实际地震记录 RSN951

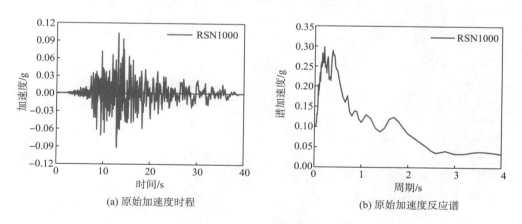

(a) 原始加速度时程

(b) 原始加速度反应谱

图 C.2 实际地震记录 RSN1000

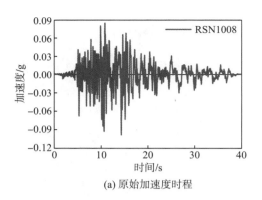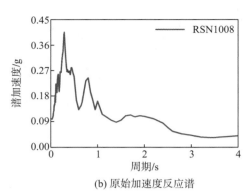

(a) 原始加速度时程   (b) 原始加速度反应谱

图 C.3   实际地震记录 RSN1008

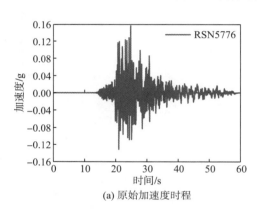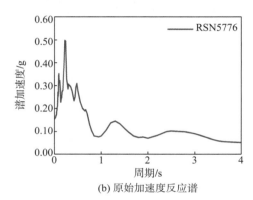

(a) 原始加速度时程   (b) 原始加速度反应谱

图 C.4   实际地震记录 RSN5776

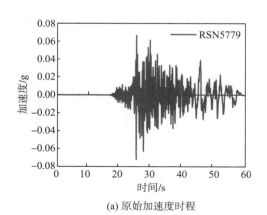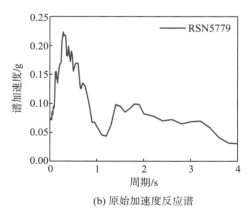

(a) 原始加速度时程   (b) 原始加速度反应谱

图 C.5   实际地震记录 RSN5779

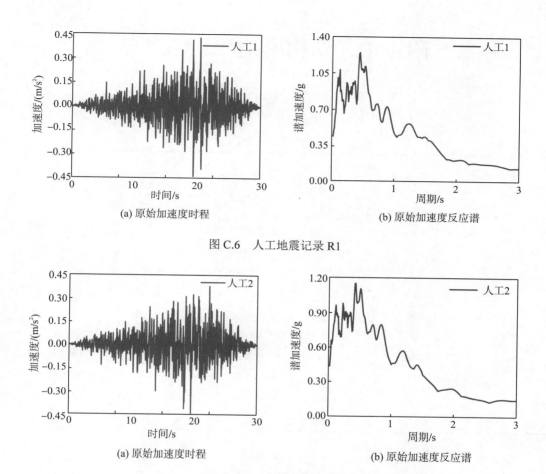

(a) 原始加速度时程

(b) 原始加速度反应谱

图 C.6 人工地震记录 R1

(a) 原始加速度时程

(b) 原始加速度反应谱

图 C.7 人工地震记录 R2

附录 D   结构模型配筋信息

表 D.1   结构 CW-1

层数	连梁		剪力墙		
	上部	下部	端部	体积配箍率	中部
11	600	600	923 (0.92%)	0.71%	2000 (0.25%)
10	700	700	923 (0.92%)	0.71%	2000 (0.25%)
9	800	700	923 (0.92%)	0.71%	2000 (0.25%)
8	800	800	923 (0.92%)	0.71%	2000 (0.25%)
7	900	800	923 (0.92%)	0.71%	2000 (0.25%)
6	900	900	923 (0.92%)	0.71%	2000 (0.25%)
5	900	900	923 (0.92%)	0.71%	2000 (0.25%)
4	900	900	923 (0.92%)	0.71%	2000 (0.25%)
3	800	800	923 (0.92%)	0.71%	2000 (0.25%)
2	700	700	1206 (1.21%)	0.71%	2000 (0.25%)
1	500	400	2210 (2.21%)	0.71%	2000 (0.25%)

表 D.2   结构 CW-2

层数	连梁		剪力墙		
	上部	下部	端部	体积配箍率	中部
11	600	600	923 (0.92%)	0.71%	2000 (0.25%)
10	700	700	923 (0.92%)	0.71%	2000 (0.25%)
9	800	800	923 (0.92%)	0.71%	2000 (0.25%)
8	900	900	923 (0.92%)	0.71%	2000 (0.25%)
7	1000	1000	923 (0.92%)	0.71%	2000 (0.25%)
6	1100	1000	923 (0.92%)	0.71%	2000 (0.25%)
5	1200	1200	923 (0.92%)	0.71%	2000 (0.25%)
4	1200	1100	923 (0.92%)	0.71%	2000 (0.25%)
3	1000	1000	923 (0.92%)	0.71%	2000 (0.25%)
2	800	800	1206 (1.21%)	0.71%	2000 (0.25%)
1	500	500	2661 (2.66%)	0.71%	2000 (0.25%)

表 D.3　结构 CW-3

层数	连梁		剪力墙		
	上部	下部	端部	体积配箍率	中部
11	700	700	923 (0.92%)	0.71%	2000 (0.25%)
10	800	800	923 (0.92%)	0.71%	2000 (0.25%)
9	1000	1000	923 (0.92%)	0.71%	2000 (0.25%)
8	1300	1200	923 (0.92%)	0.71%	2000 (0.25%)
7	1500	1500	923 (0.92%)	0.71%	2000 (0.25%)
6	1800	1700	923 (0.92%)	0.71%	2000 (0.25%)
5	2000	2000	923 (0.92%)	0.71%	2000 (0.25%)
4	2100	2100	1246 (1.25%)	0.71%	2000 (0.25%)
3	2000	2000	2380 (2.38%)	0.71%	2000 (0.25%)
2	1800	1700	3118 (3.12%)	0.71%	2000 (0.25%)
1	1100	1100	4884 (4.88%)	0.71%	2000 (0.25%)

表 D.4　结构 CW-4

层数	连梁		剪力墙		
	上部	下部	端部	体积配箍率	中部
16	600	500	923 (0.92%)	0.71%	2000 (0.25%)
15	700	600	923 (0.92%)	0.71%	2000 (0.25%)
14	700	700	923 (0.92%)	0.71%	2000 (0.25%)
13	800	700	923 (0.92%)	0.71%	2000 (0.25%)
12	800	800	923 (0.92%)	0.71%	2000 (0.25%)
11	900	900	923 (0.92%)	0.71%	2000 (0.25%)
10	1000	900	923 (0.92%)	0.71%	2000 (0.25%)
9	1000	1000	923 (0.92%)	0.71%	2000 (0.25%)
8	1100	1000	923 (0.92%)	0.71%	2000 (0.25%)
7	1100	1000	923 (0.92%)	0.71%	2000 (0.25%)
6	1100	1000	923 (0.92%)	0.71%	2000 (0.25%)
5	1100	1000	923 (0.92%)	0.71%	2000 (0.25%)
4	1000	1000	923 (0.92%)	0.71%	2000 (0.25%)
3	900	900	1608 (1.61%)	0.85%	2000 (0.25%)
2	800	700	1608 (1.61%)	0.85%	2000 (0.25%)
1	500	500	1937 (1.94%)	0.85%	2000 (0.25%)

表 D.5　结构 CW-5

层数	连梁		剪力墙		
	上部	下部	端部	体积配箍率	中部
16	500	500	923 (0.92%)	0.71%	2000 (0.25%)
15	600	600	923 (0.92%)	0.71%	2000 (0.25%)
14	700	700	923 (0.92%)	0.71%	2000 (0.25%)
13	800	800	923 (0.92%)	0.71%	2000 (0.25%)
12	900	900	923 (0.92%)	0.71%	2000 (0.25%)
11	1000	900	923 (0.92%)	0.71%	2000 (0.25%)
10	1100	1000	923 (0.92%)	0.71%	2000 (0.25%)
9	1200	1200	923 (0.92%)	0.71%	2000 (0.25%)
8	1300	1300	923 (0.92%)	0.71%	2000 (0.25%)
7	1400	1400	923 (0.92%)	0.71%	2000 (0.25%)
6	1400	1400	923 (0.92%)	0.71%	2000 (0.25%)
5	1400	1400	923 (0.92%)	0.71%	2000 (0.25%)
4	1300	1300	923 (0.92%)	0.71%	2000 (0.25%)
3	1200	1200	1608 (1.61%)	0.85%	2000 (0.25%)
2	900	900	1608 (1.61%)	0.85%	2000 (0.25%)
1	500	500	2549 (2.55%)	0.85%	2000 (0.25%)

表 D.6　结构 CW-6

层数	连梁		剪力墙		
	上部	下部	端部	体积配箍率	中部
16	700	700	923 (0.92%)	0.71%	2000 (0.25%)
15	700	700	923 (0.92%)	0.71%	2000 (0.25%)
14	700	700	923 (0.92%)	0.71%	2000 (0.25%)
13	800	800	923 (0.92%)	0.71%	2000 (0.25%)
12	1000	900	923 (0.92%)	0.71%	2000 (0.25%)
11	1100	1100	923 (0.92%)	0.71%	2000 (0.25%)
10	1300	1300	923 (0.92%)	0.71%	2000 (0.25%)
9	1500	1500	923 (0.92%)	0.71%	2000 (0.25%)
8	1700	1700	923 (0.92%)	0.71%	2000 (0.25%)
7	2000	2000	923 (0.92%)	0.71%	2000 (0.25%)
6	2100	2100	923 (0.92%)	0.71%	2000 (0.25%)
5	2300	2200	923 (0.92%)	0.71%	2000 (0.25%)
4	2300	2300	1238 (1.24%)	0.71%	2000 (0.25%)
3	2200	2100	2312 (2.31%)	0.85%	2000 (0.25%)
2	1900	1900	2930 (2.93%)	0.85%	2000 (0.25%)
1	1100	1100	4702 (4.7%)	0.85%	2000 (0.25%)

表 D.7 结构 CW-7

层数	连梁		剪力墙		
	上部	下部	端部	体积配箍率	中部
21	600	500	923 (0.92%)	0.71%	2000 (0.25%)
20	600	600	923 (0.92%)	0.71%	2000 (0.25%)
19	700	600	923 (0.92%)	0.71%	2000 (0.25%)
18	800	700	923 (0.92%)	0.71%	2000 (0.25%)
17	800	800	923 (0.92%)	0.71%	2000 (0.25%)
16	900	800	923 (0.92%)	0.71%	2000 (0.25%)
15	900	900	923 (0.92%)	0.71%	2000 (0.25%)
14	1000	900	923 (0.92%)	0.71%	2000 (0.25%)
13	1000	1000	923 (0.92%)	0.71%	2000 (0.25%)
12	1100	1000	923 (0.92%)	0.71%	2000 (0.25%)
11	1100	1100	923 (0.92%)	0.71%	2000 (0.25%)
10	1200	1100	923 (0.92%)	0.71%	2000 (0.25%)
9	1200	1200	923 (0.92%)	0.71%	2000 (0.25%)
8	1300	1200	923 (0.92%)	0.71%	2000 (0.25%)
7	1300	1300	923 (0.92%)	0.71%	2000 (0.25%)
6	1300	1300	923 (0.92%)	0.71%	2000 (0.25%)
5	1300	1200	923 (0.92%)	0.71%	2000 (0.25%)
4	1200	1200	923 (0.92%)	0.71%	2000 (0.25%)
3	1100	1000	1608 (1.61%)	1.41%	2000 (0.25%)
2	900	900	1608 (1.61%)	1.41%	2000 (0.25%)
1	600	600	1850 (1.85%)	1.41%	2000 (0.25%)

表 D.8 结构 CW-8

层数	连梁		剪力墙		
	上部	下部	端部	体积配箍率	中部
21	400	400	923 (0.92%)	0.71%	2000 (0.25%)
20	500	500	923 (0.92%)	0.71%	2000 (0.25%)
19	600	600	923 (0.92%)	0.71%	2000 (0.25%)
18	700	700	923 (0.92%)	0.71%	2000 (0.25%)
17	800	700	923 (0.92%)	0.71%	2000 (0.25%)
16	800	800	923 (0.92%)	0.71%	2000 (0.25%)
15	900	900	923 (0.92%)	0.71%	2000 (0.25%)
14	1000	1000	923 (0.92%)	0.71%	2000 (0.25%)
13	1200	1100	923 (0.92%)	0.71%	2000 (0.25%)
12	1200	1200	923 (0.92%)	0.71%	2000 (0.25%)

层数	连梁		剪力墙		
	上部	下部	端部	体积配箍率	中部
11	1300	1300	923（0.92%）	0.71%	2000（0.25%）
10	1400	1400	923（0.92%）	0.71%	2000（0.25%）
9	1500	1400	923（0.92%）	0.71%	2000（0.25%）
8	1500	1500	923（0.92%）	0.71%	2000（0.25%）
7	1600	1500	923（0.92%）	0.71%	2000（0.25%）
6	1600	1600	923（0.92%）	0.71%	2000（0.25%）
5	1500	1500	923（0.92%）	0.71%	2000（0.25%）
4	1500	1400	923（0.92%）	0.71%	2000（0.25%）
3	1300	1300	1608（1.61%）	1.41%	2000（0.25%）
2	1000	900	1608（1.61%）	1.41%	2000（0.25%）
1	600	600	2248（2.25%）	1.41%	2000（0.25%）

表 D.9　结构 CW-9

层数	连梁		剪力墙		
	上部	下部	端部	体积配箍率	中部
21	700	700	923（0.92%）	0.71%	2000（0.25%）
20	700	700	923（0.92%）	0.71%	2000（0.25%）
19	700	700	923（0.92%）	0.71%	2000（0.25%）
18	700	700	923（0.92%）	0.71%	2000（0.25%）
17	800	800	923（0.92%）	0.71%	2000（0.25%）
16	900	900	923（0.92%）	0.71%	2000（0.25%）
15	1000	1000	923（0.92%）	0.71%	2000（0.25%）
14	1100	1100	923（0.92%）	0.71%	2000（0.25%）
13	1200	1200	923（0.92%）	0.71%	2000（0.25%）
12	1400	1300	923（0.92%）	0.71%	2000（0.25%）
11	1500	1500	923（0.92%）	0.71%	2000（0.25%）
10	1600	1600	923（0.92%）	0.71%	2000（0.25%）
9	1900	1900	923（0.92%）	0.71%	2000（0.25%）
8	2100	2000	923（0.92%）	0.71%	2000（0.25%）
7	2200	2200	923（0.92%）	0.71%	2000（0.25%）
6	2400	2400	923（0.92%）	0.71%	2000（0.25%）
5	2500	2500	923（0.92%）	0.71%	2000（0.25%）
4	2500	2500	923（0.92%）	0.71%	2000（0.25%）
3	2300	2300	1980（1.98%）	1.41%	2000（0.25%）
2	2000	2000	2596（2.6%）	1.41%	2000（0.25%）
1	1200	1200	4452（4.45%）	1.41%	2000（0.25%）

附录 E 非线性动力时程分析所用的 地震动加速度时程及反应谱

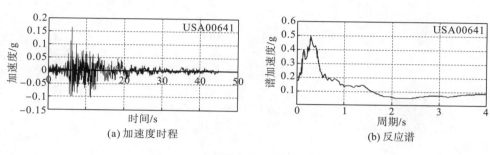

(a) 加速度时程   (b) 反应谱

图 E.1 实际强震记录 USA00641

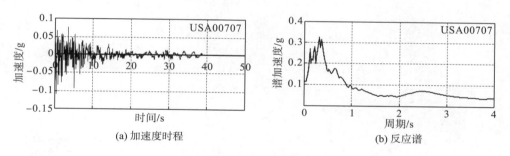

(a) 加速度时程   (b) 反应谱

图 E.2 实际强震记录 USA00707

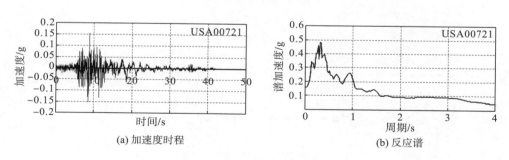

(a) 加速度时程   (b) 反应谱

图 E.3 实际强震记录 USA00721

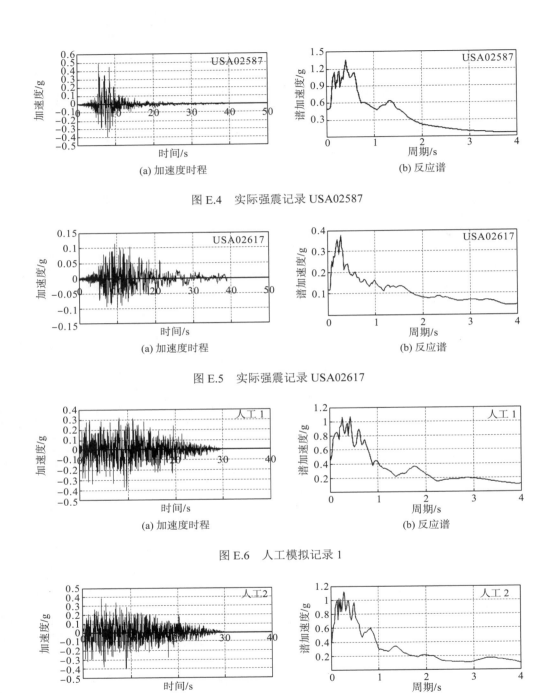

图 E.4　实际强震记录 USA02587

图 E.5　实际强震记录 USA02617

图 E.6　人工模拟记录 1

图 E.7　人工模拟记录 2

附录 F 增量动力分析所用的地震动加速度时程曲线

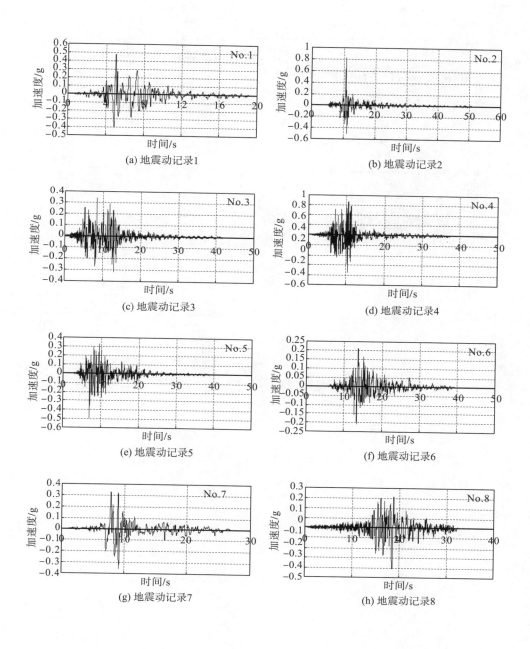

(a) 地震动记录1

(b) 地震动记录2

(c) 地震动记录3

(d) 地震动记录4

(e) 地震动记录5

(f) 地震动记录6

(g) 地震动记录7

(h) 地震动记录8

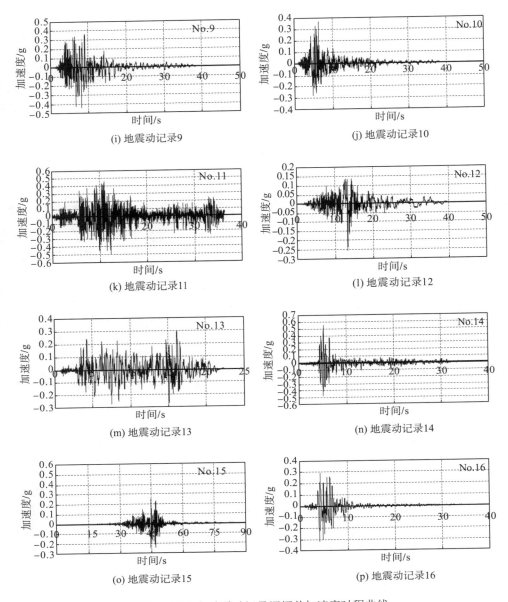

图 F.1　IDA 各地震动记录调幅前加速度时程曲线